本书承蒙国家自然科学基金青年项目（52008276）、重庆市艺术科学研究规划重点项目（20DZ02）、四川美术学院设计学一流学科建设基金资助

地域·绿色

Regional Green Architecture

重庆三倒拐场镇民居气候适应性模式研究

—

Research on the Climate
Responsive Patterns
of Sandaoguai Settlements
in Chongqing

—

赵一舟 著

U0160258

中国建筑工业出版社

图书在版编目（CIP）数据

地域·绿色：重庆三倒拐场镇民居气候适应性模式
研究 = Regional Green Architecture: Research on
the Climate Responsive Patterns of Sandaoguai
Settlements in Chongqing／赵一舟著 . —北京：中
国建筑工业出版社，2021.3
ISBN 978-7-112-25266-4

Ⅰ.①地… Ⅱ.①赵… Ⅲ.①气候影响－民居－建筑
设计－研究－重庆 Ⅳ.①TU241.5

中国版本图书馆CIP数据核字（2020）第109316号

责任编辑：唐　旭　贺　伟
文字编辑：李东禧
书籍设计：锋尚设计
责任校对：芦欣甜

地域·绿色
重庆三倒拐场镇民居气候适应性模式研究

Regional Green Architecture
Research on the Climate Responsive Patterns of Sandaoguai Settlements in Chongqing

赵一舟　著

＊
中国建筑工业出版社出版、发行（北京海淀三里河路9号）
各地新华书店、建筑书店经销
北京锋尚制版有限公司制版
天津图文方嘉印刷有限公司印刷
＊
开本：787毫米×1092毫米　1/16　印张：18½　字数：387千字
2021年3月第一版　2021年3月第一次印刷
定价：128.00元
ISBN 978 - 7 - 112 - 25266 - 4
　　（36019）

版权所有　翻印必究
如有印装质量问题，可寄本社图书出版中心退换
（邮政编码100037）

《地域·绿色 重庆三倒拐场镇民居气候适应性模式研究》一书是赵一舟致力于西部地域绿色建筑理论与实践研究、聚焦乡土建筑、深入调研的代表性成果。本书以当前西部地域绿色建筑基础核心问题和典型研究案例为对象，以"要素构建—数据采集—机理分析—设计应用"为研究路线，综合田野调查、大量民居物理环境实测数据和理论模拟分析，对重庆三倒拐场镇民居气候适应性机理进行了定性与定量相结合的实证研究，完善了以"地域微气候—空间本体—使用主体"为整体关联的民居气候适应性研究体系，并提出现代设计理念与方法，其研究内容与成果为我国西部地域绿色建筑发展提供了有益的理论与实践参照。

我作为赵一舟的博士导师，本书的基础研究内容是她在"十三五"国家重点研发计划项目"基于多元文化的西部地域绿色建筑模式与技术体系"及子课题1"基于建筑文化传承的西部地域绿色建筑学理论与方法"研究路径下的一次可贵探索。同时，也欣慰地在书中看到她基于主持的国家自然科学基金青年项目和重庆市艺术科学研究规划重点项目对基础研究的推进与整合，为进一步凝练西部地域绿色建筑理论与方法提供了扎实的理论基础与一手案例数据支持。

20世纪70年代以来，"可持续发展"理念在全球范围掀起了绿色建筑发展的浪潮。1994年《中国21世纪议程》通过后，中国绿色建筑发展也已取得一系列重要进展。2016年2月中共中央国务院明确提出新时代"建筑八字方针"，绿色与适用、经济、美观成为当前及未来中国建筑发展的基本纲领，由此，可持续发展与体现建筑地域特色成为当代建筑学理论与方法研究领域的重要命题。中国地域广阔，东、西部地区无论在自然、经济、社会、文化等方面均存在差异，其绿色建筑发展也要求探索基于各自特征的道路。其中，西部地区包括陕西、四川、云南、贵州、广西、甘肃、青海、宁夏、西藏、新疆、内蒙古、重庆等12个省、自治区和直辖市，占有全国71%的国土面积和28%的人口，在我国绿色建筑发展的总体版图中占有重要地位。因此，有必要针对西部地区自然条件复杂、民族文化多元、环境脆弱敏感、经济欠发达、发展不均衡等特殊性，深入思考其地域绿色建筑的未来发展方向。

我们团队在对西部地域绿色建筑发展现状的研究中发现：首先，从绿标建筑星级层面看，西部地区绿标建筑中一、二、三星级比例分别为55%、34%和11%。全国绿标建筑的相应比例则分别为41%、40%、19%。相比之下，西部地区的一星级绿标建筑占比偏高，反映出西部地区绿标建筑绿色等级较低的现状，相关研究表明，整体经济水平欠发达和有限的资金投入，恐是西部地区一星级建筑比重较大的主要原因。其次，从技术层面上看，绿标建筑主动式技术得分率更高的现状说明当前西部地区绿色建筑发展尚未充分利用其可再生能源丰富、传统绿色营建智慧深厚等更支撑被动式技术的有利条件，这些条件的深入挖掘和充分利用，或许更有助于西部地区在绿建发展中发挥其资源优势、规避其资源劣势。再次，从建筑地域文化层面上看，当前西部地区绿标建筑反映出对该地区的多元地域原型、民族文化回应不强，对当代建筑的地域属性理解不深刻、表达不充分。

事实上，西部地区的绿色建筑发展并非几十年尺度的建筑思潮或运动，而是该地区在漫长历史时期的营建活动中主动应对极端气候、脆弱环境、有限技术、多元文化等地域特征的长期而综合的营建策略。今天我们所看到的丰富多彩的西部传统民居，其本质是在有限技术手段下、经济—社会—文化综合作用下的整体绿色建筑，形成了朴素的绿色设计理念与技艺。即便以现代绿色建筑的节地、节水、节能、节材、室内环境保护等基本原则来看，这些传统地域建筑也往往表现出优异的绿色性能和巧妙的设计手法。从"绿色建筑"的视角看，它们形成了现代绿色建筑概念出现以前的"前绿色建筑"，或称之为"传统地域绿色建筑"。在西部地区当代绿色建筑发展的今天，应当从地域发展的历史中探寻轨迹，凝练方法，推陈出新，更多地发现传统地域绿色建筑的价值和启示，避免切断绿色建筑发展与该地域总体演进历程、环境背景、文化特征之间的关联。一方面，未来需进一步加强对西部地区传统地域建筑绿色设计原理与技艺的发掘和研究，加强对历史上"地域"如何影响"绿色"的阐释；另一方面，需加强现代绿色建筑设计中对这些绿色设计原理与技艺的继承和更新，延续并深化"地域"与"绿色"的结合。

西部地区的地域绿色建筑发展是涉及地区经济、社会、文化协同发展的重要议题。本书体现了在既往地区建筑学发展基础上对当前西部地域绿色建筑学自身意义和特征的认识，以及具体研究中所注重的方法和模式建构。期待赵一舟在科研、教学、实践中不断深耕，形成更多有益成果，也希望更多同仁参与到地域绿色建筑学的相关研究与讨论中。

单军

2021年春于清华园

近年来，随着"四节一环保"、舒适健康、与自然和谐共生等理念日益深入人心，绿色建筑在政策、产业、市场、设计、技术等多个层面均获得了空前的关注和发展，同时也对绿色建筑的相关研究提出了更高的要求。科技部在"十三五"期间设立了"绿色建筑与建筑工业化"重点研发计划开展技术攻关，其中的一个重点就是推动从建筑师视角开展绿色建筑设计理论、方法与技术体系的创新研发。

本书正是赵一舟博士在参与"十三五"重点研发计划项目研究中的探索，也是其后续课题的重要基础。作为赵一舟的博士联合导师，在此简要谈谈其研究特色。

首先，在研究维度层面，本书基于生物气候设计系列经典理论，针对重庆典型聚落民居和山地建成环境特征，从微气候、竖向和多样性等角度拓展了气候适应性在山地建成环境中的研究维度与具体运用，体现出一舟的学术敏锐性。同时，本书又针对性地将热适应理论及行为调节模式纳入民居气候适应性研究中，使得对民居气候适应性机理的解析更为丰富，为山地民居气候适应性和山地建筑基于气候的绿色化设计创新提供了理论依据。

其次，在研究方法层面，一舟在继承传统建筑空间体型研究方法的基础上，科学运用了绿色建筑性能量化分析方法，与团队多次深入三倒拐场镇进行全年长时段、多空间、多参数的集成实测，建立了空间和性能相结合的样本资料库。进而，综合运用了数据处理、数理统计、气候可视化分析和模拟方法等技术，实现了对山地微气候、气候策略、空间模式、物理环境、人体热适应的科学认知，并构建了一套完整的数据链接与信息交互方法。在此基础上，从设计师视角，巧妙采用了基于空间设计逻辑的实测空间分类与量化比较，实现了对不同民居模式、不同空间组合模式和不同空间单元模式的物理环境差异的细化研究，并探索了从空间模式维度提炼空间与性能耦合关系的具体路径。这些体现了一舟作为优秀青年建筑师的同时，在从事基础科学研究上的深度与精度。

再次，在研究成果层面，一舟通过实证巧妙发现了重庆民居物理环境性能在水平空间组织与竖向空间组织中的特征差异，进而提出重庆场镇民居性能优异的特色空间模式，即：竖向空间模式、多元空间原型模式、山体利用模式，成为本书内容的亮点。

　　绿色建筑的发展是一个涉及全周期、全专业配合的庞大系统，需要各学科各专业的科研探索，更需要建筑师牵头、实现从源头创新和性能提升的绿色建筑。我诚挚欢迎更多像一舟一样的优秀青年学者，从不同学科和专业角度出发，深化绿色建筑设计理论和方法创新，大胆探索，科学求证，积极实践。相信这是以人为本新型城镇化时期的关键。

林波荣

2021年3月于清华园

目录

第1章 | 绪论

1.1 研究背景

1.1.1 当代绿色建筑发展的地域化转向

随着新时期建筑八字方针的提出[①]，绿色和可持续理念已成为新型城镇化时期我国建筑行业发展的主旋律。然而，高新通用绿色技术的不断发展使得当前的绿色建筑设计普遍存在"重后期高新技术叠加"而"轻前期气候空间营建"、"重绿色指标提升"而"轻建筑原型传承"等现象，影响了绿色建筑的可持续发展。近年来，既有研究已证明，脱离了地域环境与本土适宜技术的绿色建筑，实际运行效应往往不佳，甚至比普通建筑更耗能。

吴良镛院士指出21世纪建筑的发展路径是乡土建筑现代化和现代建筑本土化，当前的绿色建筑发展，同样遵循地域建筑绿色化和绿色建筑地域化的双向协同发展路径[②]。刘加平院士及其团队在多年的理论和实践研究中，明确提出"以本土观和地域性为理论基础，以人体需求为依据"的绿色建筑层级理念，系统论述了针对绿色建筑地域属性和绿色属性的研究方法，完善了绿色建筑的理论体系，纠正了当前普遍存在的对绿色建筑"技术至上"的理解误区，构建了可持续的新型绿色建筑秩序。

当代绿色建筑发展的地域化转向主要体现在：1）对传统地域建筑，特别是典型传统民居气候适应性营建经验的再挖掘、再学习，以科学化、定量化的方式提取绿色性能优异的营建模式与设计方法，并纳入现代绿色建筑理论与方法体系；2）以地域气候适应性机制为基础，对适宜技术、地方材料，本土被动式策略的挖掘与提升，并强调绿色建筑的地域基因；3）注重评价标准的地域化，根据地域气候条件和地区特点，在国家绿色建筑相关标准的基础上，出台了一系列适用于不同地区的地方评价标准、设计导则和技术细则等；4）在建筑后评估中，注重绿色建筑的实际运行效应，进而分析其设计与运行的地域适宜性。基于此，在建筑学领域，我们需要不断审视当代绿色建筑的地域化和本土化问题，总结地方传统营建智慧与经验，探索适合我国人居环境可持续发展的地域绿色建筑理论体系与被动

---

① 2015年《中共中央国务院关于进一步加强城市规划建设管理工作的若干意见》提出新时期建筑方针为："适用、经济、绿色、美观"。

② 本研究缘起与基础部分所属国家"十三五"重点研发计划项目"基于多元文化的西部地域绿色建筑模式与技术体系（2017YFC0702400）"提出的研究路径。

式技术体系。

1.1.2　传统民居气候适应性研究的科学化、现代化转向

我国传统民居中蕴含的原生绿色思想源远流长，如：老子提出"人法地、地法天、天法道、道法自然"，柳宗元提出"因其地、全其天、逸其人"，均体现出我国传统文化中与自然环境、地域气候相适应的绿色理念，形成了一系列因地制宜、紧密结合自然的传统空间营建方法，深刻体现在传统聚落规划、建筑和景观设计中。大量研究已表明，传统民居在普遍缺乏机械设备的情况下，具有丰富有效的气候适应性营建手段。在绿色与可持续发展的大背景下，进一步以实证研究揭示民居气候适应性的作用机理，探讨其转化为现代设计方法和适宜技术的应用途径，已成为当前绿色建筑研究的核心问题之一，对当代地域绿色建筑体系的健全发展具有理论和实践的双重指导价值，也是实现当前地域建筑绿色化和绿色建筑地域化双向发展的关键环节（图1.1）。

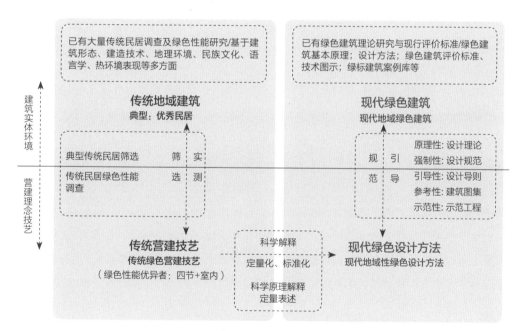

图1.1　传统地域建筑气候适应性科学机理与现代应用的研究路径
（资料来源：本研究所属国家重点研发计划项目子课题1）

一方面，传统民居的气候适应性营建经验已被既往研究广泛关注，伴随绿色建筑技术与研究手段的不断发展，越来越多的研究者以定性与定量结合的方式对传统建筑的气候策略、

技术体系有更客观、深入的解析。通过跨学科融贯，采用新技术、新方法科学揭示民居气候适应性营建经验的特点、构成要素、作用原理等，有助于将传统营建经验、策略和技术纳入现代绿色建筑体系，被建筑师、工程师所理解，对具体的地域气候条件和营建应答机制有科学的认知，并运用到现代设计中，更有针对性地解决发生在我国本土的绿色建筑设计问题，实现传统民居生态智慧的保护和传承。

另一方面，传统民居气候适应性的现代应用是一种面向当代和未来的可持续设计，是一种与地区建筑理论相契合的动态开放的研究体系[①]，旨在指导现代地域绿色建筑设计，倡导当前绿色建筑体系的本土化、地域化回归，避免一味追求高新通用技术带来的弊端。

1.1.3 重庆山地场镇民居气候适应性研究的重要价值

山地传统民居在西南多山地、多民族地区具有大量性和典型性，而既有民居气候适应性相关研究多集中于平地环境和宏观气候区，建筑师所得到的大多数绿色策略和适宜技术也是以平地为主，对山地环境下聚落民居与山地局地微气候相适应的科学机理尚待进一步深入探究，针对山地微气候特征、山体利用、空间模式、性能表征等系统关联的研究需进一步细化与补充，进而从设计原理和设计方法上推动山地聚落民居和山地建筑的绿色发展进程。

山地建成环境是一个动态、多元、开放的复杂系统，因而对其气候适应性研究的视角、理念与方法要拓展到更多维度，即：微气候维度、竖向维度和多样性维度[②]。巴渝地区传统民居受山地、气候、文化、民族等多重因素的影响，多样性和地域性特征极强，重庆山地聚落民居作为其中的典型代表，在应对特殊的山地环境和山水格局时，体现出丰富的气候调节手段与空间营建技术，形成了独特的聚落和建筑营建体系，其所蕴含的气候适应机理、营建模式与被动式技术极具研究价值，在山地建成环境中具有普适性和重要性。与此同时，当前绿色建筑实测设备、模拟工具及大数据处理等手段与技术的进步，为深入研究山地聚落民居气候适应性机理提供了有利的技术支持。因此，有必要基于实测、模拟、大数据处理等绿色建筑前沿量化手段与方法，针对山地立体气候与聚落民居营建的内在生成规律，挖掘山地聚落民居的气候适应性机理与现代应用转化，丰富气候适应性理论在山地建成环境中的发展。

---

① 单军. 建筑与城市的地区性——一种人居环境理念的地区建筑学研究 [M]. 北京：中国建筑工业出版社，2010.
② 张利. 山地建成环境的可持续性 [J]. 世界建筑，2015（09）：18-19.

1.1.4 以三倒拐为例的原因

本研究聚焦山地场镇民居气候适应性研究，选取重庆市长寿区三倒拐场镇民居作为研究案例源于其在本研究范畴内的典型性和重要性。

1）作为三峡库区仅存且保存完好的传统场镇之一，三倒拐场镇整体布局依山就势，聚落街巷空间格局是巴渝沿江场镇体现出尊重地域环境、系统规划设计的典型代表。场镇内建筑以清代至民国时期为主，历史积淀深厚，传统民居以穿斗结构为主，辅以抬梁结构，保存相对完好，为本研究提供了典型且多样的民居样本。同时，三倒拐场镇也是川渝地区为数不多的纵向沿江场镇，其对地形地貌和微气候的应答，既具有山地聚落的共性又具有其特性，值得深入挖掘，对山地建成环境中民居的气候适应性营建和现代绿色建筑设计具有普适意义和借鉴价值。

2）2013年，三倒拐主街区域入围"中国历史文化名街"15强，是重庆地区除磁器口以外唯一进入中国历史文化名街前列的传统街区，蕴含着丰富的巴渝市井文化、民俗文化、乡土宗教文化、码头文化、三峡文化，非物质文化遗产资源丰富。场镇内居民原生态状况较好，为本书基于使用主体维度的研究提供了重要的地域"活态"样本。然而，不仅既有针对该地区的研究十分匮乏，对其气候适应性营建的研究也十分匮乏。对三倒拐场镇民居气候适应性的研究，可以丰富当前气候适应性研究的地区研究，填补该地区的研究空白，并以真实的地方生活、地域建筑文化反观理论研究。

3）区别于完全废弃的"无关注度"传统聚落，或过度旅游商业开发的"强关注度"传统聚落，三倒拐场镇聚落民居属于"弱关注度"一类，像三倒拐场镇这样处于大都市城郊巨变环境下的"弱关注度"传统场镇正是地方传统聚落民居的普遍代表，在我国当前新型城镇化发展下较易被"重写"，亟需本研究命题下的科学探索，为传统民居绿色理念与营建经验的保护与传承更新提供理论与方法依据。

1.2 研究范畴与内容

1.2.1 研究范畴界定

1. 研究视角

1）地域与绿色

地域与绿色相结合，是本研究的基本视角。首先，传统民居气候适应性模式的科学机理需要综合当前地区建筑学和绿色建筑体系的理论与方法。其次，须将地域空间原型与绿色设计原理相结合，才能有助于形成可持续的气候设计方法和适宜技术体系。再次，本研究选取山地环境和三倒拐场镇民居作为典型案例，旨在丰富当前民居气候适应性研究的地域环境类型与地区样本。

2）空间与性能

本研究注重空间与性能的数据链接和信息交互。既往相关研究对于民居样本的数据建立，往往只包括空间的数据信息和三维模型，缺乏空间与性能相结合的数据资料样本，且往往针对单一空间或单一物理环境进行分析。本研究基于大量一手实测数据，建立不同空间组织、不同空间原型的综合环境性能数据链接，从场地—聚落—单体—室内多元空间和环境参数角度量化分析不同空间模式的气候调节机制和物理环境品质，深化民居气候适应性的实证分析。

3）设计与应用

立足建筑设计和建筑师视角，关注当代设计实践，是本研究的根本出发点。一方面，本研究从建筑设计视角出发，构建以空间为主导、综合地域环境与使用主体的研究思路。另一方面，研究旨在从空间维度提出适用的设计方法，为当代建筑设计的绿色化、健康化发展提供补充、指导与借鉴。

2. 概念与范畴界定

1）气候适应性

在有关建筑本体的研究中，气候适应性（Climate responsiveness[①]）的现代研究多是基于生物气候设计理论[②]（Bioclimatic approach to architecture，见2.3.1），分析气象数据、舒适度、气候策略及可用技术之间的关系，进而提出建筑的整合设计方法。建筑的气候适应性主要体现在对不同气候因子（温度/湿度、风速/风向、太阳辐射、日照条件、降水等）的应答方式，和为应对不利气候因素、营造所需的室内物理环境而采取的具体手段。前者体现为建筑气候适应策略，后者体现为建筑气候适应技术。

在有关使用主体热舒适的研究中，气候适应性又体现为基于人体生理、心理、行为调节的适应性热舒适，即热适应[③]（Thermal adaptation，见2.3.1）。基于热适应理论，大量研究

---

① 气候适应性的英文较多，主要包括Climate responsive、Climate-oriented、Climate adaptation等。在相关英文文献中，使用Climate responsive较多；而热适应则基本一致为Thermal adaptation。

② Victor Olgyay. Design with Climate: Bioclimatic Approach to Architectural Regionalism [M]. Princeton University Press, Revised edition, 2015.

③ Nicol J F, Humphreys M A. Thermal comfort as part of a self-regulating system [J]. Building Research and Practice, 1973, 6（3）; Brager G S, dE Dear R J. Thermal adaptation in the built environment: a literature review [J]. Energy and Buildings, 1998, 27: 83-96.

提出了多种人体热舒适气候适应性模型[①]，并针对不同气候区、不同建筑类型分析了中性温度、可接受范围、主控变量等。

本书关于三倒拐场镇民居的气候适应性研究，涵盖了上述两方面，并构建了基于建筑本体和使用主体的气候适应性关联机制，即：民居气候适应性既包括基于空间营建对地域气候的应答（Climate-responsive design patterns），也包括基于使用主体热舒适对地域气候的应答（Climate-responsive use patterns），还包括使用主体在空间中的热适应调节（Thermal adaptation）和空间为使用者提供的适应机会（Adaptive opportunity）。民居气候适应性的舒适度调控，既包括技术性的舒适（空间营建），也包括非技术性的舒适（热适应）。同时，本研究既可看作是该地区传统民居绿色性能的使用后评估研究（POE, Post Occupancy Evaluation），也可看作是民居绿色更新和现代地域绿色建筑设计的预研究（Pre-study）；既包括对三倒拐场镇民居气候适应性整体关联机制和作用机理的分析，也包括对单项气候策略与营建技术的解析。

2）模式

克里斯多弗·亚历山大（Christopher Alexander）的"模式语言（Pattern language）"可被理解为对建成环境内在规律的揭示，即一系列的子系统组成的复杂化、抽象化、结构化的逻辑关系。本书涉及的"气候适应性模式"可被理解为包含了地域微气候、空间本体和使用主体等不同子系统组成的复杂而有序的"关联"，不同子系统按照一定的逻辑关系组合在一起。传统民居气候适应性模式的研究，即为明晰不同子系统、不同要素之间的作用机制，既包括空间营建模式的研究，也包括使用主体热适应调节模式的研究，还包括此两者之间的气候适应性关联机制。

3）科学机理与现代应用

本研究的重点是传统民居气候适应性的科学机理与现代应用。科学机理是指在既往对民居绿色经验的研究基础上，量化分析外场气候因子、民居空间营建模式及气候调节性能的耦合关系，并以实证研究揭示气候、空间、人之间的相互作用机制，而不是仅研究技术策略或物理性能指标。现代应用是在科学机理的基础上，重在将传统民居性能优异的营建模式与方法、技术进行现代转化，形成可以纳入现代绿色建筑体系的设计方法与适宜技术。

4）重庆三倒拐场镇民居研究范围

本研究主要针对重庆三倒拐场镇内的传统民居开展气候适应性研究。在空间调研范围上，三倒拐场镇的地理范围在历史上曾发生多次演变，对于历史上的一些地理记录和

[①] 杨柳，闫海燕，茅艳，杨茜. 人体热舒适的气候适应基础［M］. 北京：科学出版社，2017.

建筑记录也较为匮乏，因此，本研究重点关注当代三倒拐场镇内的传统民居，以三倒拐主街、和平街为主（聚落范围见2.2.1）。在单体调研范围上，本研究力求对三倒拐场镇所有正在使用或保存较为完整的百余栋传统建筑进行全覆盖调查，对其中部分已经破败不堪的危房或正在拆除的建筑，因不能保证其空间模式提取和数据收集的准确性，暂不做采样。

1.2.2　研究内容

本研究将重庆山地场镇民居气候适应性的科学机理和现代应用作为主要研究内容，基于"要素构建—数据采集—机理分析—设计应用"的研究路线，以三倒拐场镇民居为研究案例，针对山地立体微气候特征和聚落民居多样性特征，构建以"地域微气候—空间本体—使用主体"为基本要素的研究体系，并基于大量现场实测数据和理论模拟分析，深入剖析传统民居气候适应性空间营建模式，明晰其气候适应性的科学机理，进而提取性能优异的空间模式与设计方法，并探讨将其转化为现代设计方法与适宜技术的途径。

本研究对三倒拐场镇100余栋民居进行全面调查，选取25栋传统民居进行详细调研和测绘，并重点选取10栋典型民居进行长时段、多参数、多空间的物理环境实测，建立三倒拐场镇民居多维样本资料库。同时，从环境需求和热适应调节对使用主体进行主观调查统计。具体研究内容主要包括：

1. 构建适用于三倒拐场镇民居的气候适应性研究要素与研究体系

1）在基本理论梳理基础上，针对三倒拐场镇民居特征，构建以"地域微气候—空间本体—使用主体"三个基本要素及对应的六个细分层面的研究体系。

2）制定建筑学综合的实地调研框架和实测方案。

2. 山地地域微气候及主导气候策略可视化分析

1）在重庆地域气候层面，运用Climate Consultant气候分析软件，基于宏观气象数据与人体参考热舒适范围，对重庆地域气候特征进行可视化分析。

2）在山地微气候层面，结合实测数据，提取三倒拐场镇山地微气候特征。

3）基于生物气候模型，运用Climate Consultant气候分析软件，分析16项设计策略的有效性和有效程度。

3. 三倒拐场镇民居基于空间本体的气候适应性

1）在空间营建模式层面，从聚落、建筑、界面三个空间层次归纳提取三倒拐场镇民居的空间组织特征和典型空间原型，分析其气候调节作用，并从气候策略角度分析典型空间原型的组合模式。

2）在物理环境性能层面，量化分析不同民居热湿环境、风环境、光环境、室内空气品质等综合环境性能；比较分析不同空间组织、不同空间原型的物理环境特征及气候调节作用；明晰性能优异的空间原型、组合模式与技术措施。

4．三倒拐场镇民居基于使用主体的气候适应性

1）在环境需求层面，分析室内环境主观评价、适应性热舒适范围，并综合多因素，明晰环境需求的差异性和层级性，为明确室内环境调控目标提供基准参照。

2）在热适应调节层面，分析衣着习惯、门窗通风模式、降温采暖及设备使用模式、功能空间使用模式及使用主体通过自发营建形成的不同绿色技术措施等。

3）建立使用主体环境需求、热适应调节与空间模式的气候适应性关联机制。

5．三倒拐场镇民居气候适应性机理分析，并提出现代设计方法和应用途径

1）分析三倒拐场镇民居以"地域微气候—空间本体—使用主体"为整体关联的气候适应性机制。

2）基于三倒拐场镇民居气候适应性机理和性能优异的空间营建模式，提出适宜的现代设计理念、方法与技术策略。

1.3 研究目的与意义

1.3.1 补充民居气候适应性的类型研究、地区研究和样本数据库

类型研究——既往民居气候适应性研究中，对于山地传统民居的研究较为匮乏，而实际建成环境中，山地传统民居在西南多山地、多民族地区具有大量性和典型性，本书以重庆山地场镇民居这一重要类型为研究对象，挖掘其气候应答方式、调控手段、作用机理等，以期补充既有民居气候适应性的典型类型研究。

地区研究——地区研究是乡土建筑和建筑生物气候设计研究的必要手段，而民居气候适应性研究也需要扎实的地区研究作为支撑。一方面，民居气候适应性科学研究必须扎根地域，通过一个个地区典型案例来呈现其共性与特性规律；另一方面，民居气候适应性的现代应用必须结合特定的地域气候、建筑文化和适宜技术，并最终落实在指导具体的地区实践中。本研究以重庆山地地域环境为背景，选取三倒拐场镇民居为案例，对其地域微气候、地域建筑原型、地区人文生境以及使用主体生活模式进行全面考察，并提取其气候适应性设计

方法用于同地区的乡土建筑方案创作中，以期补充民居气候适应性的地区研究。

样本数据库——既往民居气候适应性研究多侧重空间模式层面的样本库构建，缺少空间与性能关联的样本数据链接。本研究基于大量一手实测数据，有效补充了三倒拐山地微气候因子和民居物理环境性能数据库，为山地传统民居气候适应性的可持续研究和本研究所属的"十三五"国家重点研发计划项目课题组提供了重要的基础数据支持和样本资料。

1.3.2　丰富民居气候适应性的研究维度

一方面，重庆三倒拐场镇民居山地建成环境的复杂性，使得本研究对其气候适应性研究的视角、理念与方法要拓展到微气候维度、竖向维度和多样性维度，并将研究重点内容拓展到了山地微气候因子、竖向空间组织和多元空间原型等层面。

另一方面，本研究将人体热舒适气候适应性理论、模型与方法纳入民居气候适应性研究中，拓展基于使用主体的民居气候适应性研究，并建立起人体热适应与空间营建的气候适应性关联，使研究内容不仅包括空间层面的气候调控机制与营建模式，还包括使用主体层面的气候调控需求与行为调节模式，以及空间为使用者提供的适应机会等，丰富了基于山地微气候、空间、人为整体关联的气候适应性研究。

1.3.3　资鉴西部山地建筑绿色设计实践，呼吁关注与可持续发展

本研究最直接的现实价值在于从山地聚落民居中发掘其性能优异的气候营建模式与作用机理，为当代山地建筑绿色设计的地方实践提供指导与参照，以期在现代绿色建筑设计中实现"地域基因"的传承优化，并从设计源头创造建筑的先天"绿色基因"，为地域建筑的绿色化和绿色建筑的地域化、山地聚落民居气候适应机理的科学化与现代化提供具体实现路径。此外，伴随新型城镇化和乡村振兴的不断发展，以三倒拐场镇民居为代表的山地聚落民居面临着"建设性"的潜在危机，对其气候适应性的综合研究，亦是一种"抢救式"研究——在运用现代方法进行科学研究与评估的基础上，呼吁关注并保护传统绿色营建理念与模式，进而有机融合现代适宜技术，为传统建筑的永续发展注入绿色动力。

1.4 既有研究综述

1.4.1 国内外相关研究综述

1. 民居气候适应性的早期研究脉络

民居气候适应性在1920年代开始被职业建筑体系关注，之后伴随地域主义的兴起、生物气候理论的建立、绿色建筑和可持续建筑的发展而逐步体系化，在2000年之后开展了更多量化分析和设计实践，研究内容从早期的侧重宏观描述、形式研究、定性分析逐步发展为侧重中微观论证、机理研究和量化分析（表1.1）。

民居气候适应性研究脉络

表1.1

阶段	发展	代表性研究
1920~1950年代，早期关注	国际式泛滥，职业体系开始向民居学习气候适应性和环境应答策略	1936年，竺可桢从气象学角度阐释民居屋顶形式的形成； 1945年，Hassan Fathy New Gourna民居设计
1950~1970年代，地域建筑研究的重要组成，基础理论形成	地域主义/乡土主义兴起，民居气候适应性作为地域建筑、特别是乡土建筑的重要属性与特征开始被广泛关注和系统研究； 建筑生物气候理论与方法基本形成	1954年，Jean Dollfus在全球范围内论述气候因素与民居屋顶形式； 1958年，夏昌世论述亚热带建筑降温问题； 1960年，Charles Correa "form follows climate"管式住宅设计、遮阳设计； 1963年，Victor Olgyay建立生物气候理论，著Design with Climate: Bioclimatic Approach to Architectural Regionalism； 1965年，陈伯齐从气候适应性角度论述天井与南方城市住宅建筑； 1969年，Amos Rapoport的House Form and Culture与Paul Oliver的Shelter and Society均有民居气候适应性的论述
1970~1990年代，绿色建筑分支，成为独立专题研究	1960年代和1970年代的环境问题和能源危机促成了绿色建筑与可持续思潮，民居的气候适应性开始成为一类较为独立的研究专题	1978年、1981年，陆元鼎分析南方传统建筑的通风与防热设计； 1986年，Hassan Fathy的Natural Energy and Vernacular Architecture，捕风塔设计； 1987年，Paul Oliver的Dwellings: The Vernacular House World Wide论述民居与气候的关联

阶段	发展	代表性研究
1990年后，研究手段更为多元，增加量化分析	1980年代末可持续建筑概念提出；1990年代中后期，随着测试仪器和计算机设备的发展，民居气候适应性开始转入实测研究，建筑技术和暖通工程研究者加入	Paul Oliver的Encyclopedia of Vernacular Architecture of the World以气候类型分类对各地民居的气候适应性方式加以分析；Ian L. Mcharg提出设计结合自然
2000年后，大量研究团队加入，实证研究和实践成果更为丰富	研究学术团体以高校为主，开始大量实证研究并将研究成果应用于设计实践，形成一批新型生态民居设计	西安建筑科技大学、清华大学、同济大学、浙江大学、华南理工大学、东南大学、哈尔滨工业大学、重庆大学、华中科技大学、天津大学、湖南大学等研究团队均有大量成果产出

（资料来源：作者绘）

2. 侧重传统民居气候适应性机理科学化的实证研究

随着实测工具、模拟技术和统计方法的不断发展，民居气候适应性的研究更多转向量化实证分析，借助实地调研和物理环境测试获得了更加科学的结论与成果。传统民居气候适应性营建模式与性能总结的代表作《绿色建筑：西部实践》（刘加平等，2015），通过实测和模拟结合、研究与设计结合的方式，集中揭示了一系列西部典型民居的气候适应性机理和绿色营建模式，研究范围包括云南、西藏、新疆、四川等代表性地区。近年来探讨不同气候区不同典型民居气候适应性原理与性能的研究不断增多，研究内容主要有以下侧重方面：1) 侧重气候策略排序与气候变化：Amin Mohammadia等（2018）研究了伊朗布什尔（Bushehr）地区传统民居气候适应性策略有效性和有效程度排序、Mobark M. Osman等（2019）基于气候变化因子，分析了苏丹干热气候区在2015~2070年的适应性设计策略与变化趋势。Lingjiang Huang等（2016）分析了西藏民居冬季适应干冷气候的策略。2) 侧重微气候与地形地貌：在微气候方面，主要集中在城市设计和公共建筑微气候研究，尤以城市公共空间和城市热岛效应与微气候营造为主（Maria Alejandra Del Rio等，2019；Giovanni Litti等，2018；A.M. Broadbent，2018）。针对山地微气候的研究较少，且始于近几年：在聚落层面，齐羚等（2018）研究了京津冀地区传统村落格局与微气候适应性的关系，分析了不同聚落外部空间形态的风热环境特征及舒适度。在建筑层面，少数研究涉及山地环境的研究主要针对山地垂直气候带或水平气候带差异导致的不同民居类型比较分析，如谭良斌等（2012）分析了云南不同山地气候区民居从聚落、建筑到建造技术的适应性模式和差异[①]。高

[①] 国家青年基金结题报告：云南典型山地民居的气候适应机理研究（项目号：51208237），http://output.nsfc.gov.cn/conclusionProject/51208237。

源（2015）将西部湿热湿冷地区山地地形分为河谷川塬地形、低山丘陵地形、中/高山地形，并分别针对陕西省南部山区、甘肃省南部山区、四川省东北部/中部偏西北山区、四川省东南部山区、重庆山区、贵州省北部山区的气候适应性策略进行了研究。近年，西安建筑科技大学完成了一系列有关山地聚落民居的气候适应性研究，包括陕南山地聚落（贾鹏，2015）、坡地型传统聚落（梁健，2014）、靠山型传统聚落（曹萌萌，2014）、沟谷型传统聚落（翟静，2014），均从聚落空间外部形态、聚落空间内部形态、单体民居空间形态等层面分析民居气候适应性特征。3）侧重典型空间原型及空间模式：主要针对冷巷、天井、庭院、坡屋顶以及特定民居类型的空间模式及其气候适应性进行研究（Zujian Huang，2019；郝石盟、宋晔皓，2016；Susanne Bodach，2014；Shaoqing Gou，2015；陈全荣等，2013；田银城，2013）。此外，较为典型的空间原型为捕风塔，如Fatemeh Jomehzadeh（2017）研究了捕风塔传统到现代的演变形式和气候调节作用。此外，在空间模式上也产生了新的概念和方法，肖毅强等（2015）提出"气候空间"的概念，将岭南传统民居的"气候空间"分为传统村落的"街巷+内院"空间、城镇中竹筒屋的"通廊+天井"空间，以及近代城市建筑的"外廊"或"骑楼"热缓冲空间。4）侧重技术与性能分析：Sanyogita Manu（2019）对印度凉爽气候区的气候适应性策略进行了实测和模拟的综合评价；Fang'ai Chi（2019）通过系统的实测和性能模拟量化分析了民居被动式要素（门、窗、屋顶、墙面、地基）和被动式空间（天井、檐廊、敞厅）在营造和调节室内热湿环境、风环境、光环境的策略效应。Parinaz Motealleh（2018）通过量化研究给出了伊朗布什尔地区有效的气候策略；Amin Mohammadi（2018）运用Design Builder计算了伊朗布什尔（Bushehr）地区传统民居气候适应性策略效应，指出遮阳、自然通风和外墙材料可有效降低12%～34%不舒适度，并节约26%～46%能耗。5）侧重对比分析：主要包括不同类型民居对比（陆莹等，2017），传统民居与现代民居对比（A.S.Dili等，2011），不同气候区、不同类型民居综合比较（Maria Philokyprou等，2017），垂直气候带不同民居类型比较（谭良斌等，2012）。6）侧重综合环境因素分析：Maria Philokyprou等（2017）针对塞浦路斯传统民居，综合研究了地中海气候、山地地形及其他环境因素对民居的影响以及民居绿色营建经验。周婷（2014）从自然环境、社会文化环境、经济技术环境研究了湘西土家族建筑演变的适应性机制。7）侧重数理计算和空间尺度计算：高源等（2015）通过对西部湿热湿冷地区山地农村民居建造尺寸变量的分析，首次提出了该区域常见山地民居（坡屋顶、平屋顶）体形系数计算的一般公式，并根据该公式计算分析了西部湿热湿冷地区各区域山地农村民居适宜建造体形尺寸。肖毅强等（2015）运用数字技术模拟分析指出岭南民居典型气候空间原型的尺度优选范围。

梳理近五年相关实证类研究可发现，在研究分布上，以中国、印度、尼泊尔以及东南亚一些国家为主，以干热、湿热、亚热带等气候区和平地环境为主，针对山地环境的研究较少；在研究对象上，界面构造和技术策略的研究要多于空间策略的研究，界面和单体建筑的研究要多于聚落研究，空间本体研究多于使用主体研究；在生物气候策略分析上，采用气候分析工具的研究增多，以Climate Consultant和Weather Tool为主，也有研究采用Givoni、Mahoney等列表法；在量化方法上，实测与模拟相结合的研究增多，数理模型统计计算空间参数、气候策略效应的研究也逐渐增多，部分研究开始运用热成像分析、综合室内环境实测分析；在研究成果上，主要从性能特点、设计方法、营建技术三方面阐述传统民居气候适应性，以窑洞民居、广府民居、巴渝民居等为主要类型，实证量化研究增多（表1.2）。

民居气候适应性相关实证研究分类及数量比较　　　　　　　　　　表1.2

气候区	●典型气候区　●微气候　○山地微气候
研究对象	●界面　●建筑　○聚落　○使用主体
工具与技术	●Weather Tool　●Ecotect　○Climate Consultant ○Phoenics　●Energy Building/Design Builder ○SPSS　○Stata　○其他编程工具
生物气候分析	●气候分析软件　●生物气候图法　○生物气候列表法
量化方法	●物理环境实地测试　●性能模拟　●曲线图分析　○统计计算 ○热成像　●实验平台测试

注：●较多；●中等；○较少
（资料来源：作者绘）

3. 侧重传统民居气候适应性机理的现代应用转化研究

近年来探讨传统建筑气候适应性策略与技术的现代应用研究逐渐增多，以实证研究、模拟量化分析和绿色建筑技术相结合探索适宜技术体系成为本领域的前沿方向，既包括对不同地域、不同民居适宜气候策略的现代转化研究，也包括对既有气候适应性技术的更新提升。本领域相关探索以高校和研究机构为主，包括清华大学、西安建筑科技大学、重庆大学、浙江大学、同济大学、东南大学、昆明理工大学、华南理工大学等，分别结合各自所在地区的气候、资源及实验室，发展出适合传统及现代建筑的气候、环境适应性新技术，并先后建成了一批新型乡土民居和现代地域绿色建筑：如重庆大学的重庆市低能耗建筑技术综合应用示范楼的成果应用；昆明理工大学从"地区化"出发的云南住区环境可持续发展模式研究、IMS体系傣族新民居试点工程等；西安建筑科技大学的黄土高原绿色窑居建筑、新型夯土生态住宅、西北生态民居、长江上游绿色乡村生土民居、川西地震灾后重建乡土绿色建筑等。相关课题研究包括国家自然科学基金重点项目"西藏高原节能居住建筑体系研究"、国家自然科学基金项目"西北地区传统生土民居建筑的再生与发展模式研究"、"基于建筑地区性的环境适应性设计模式和策略研究"、"基于建筑物理性能的夏热冬冷地区绿色农宅建筑设计策略研究"、"岭南汉民系乡村聚落可持续发展度研究"等。在现代绿色设计与传统建筑设计方法结合方面，张彤等（2010）提出与"空气调节（Air-conditioning）"相对应的"空间调节（Space-conditioning）"概念，并基于实际绿色建筑工程从低体形系数、形体自遮阳、高性能热绝缘围护结构、可调控遮阳表皮、自然通风、天然采光、生态绿化等七个方面介绍在前期设计中采用的空间调节策略与技术。针对重庆山地建成环境的研究包括：基于可持续发展的传统技术现代化（周铁军，2000）、基于巴渝传统民居被动式降温模式的村镇住区设计研究（刘江乔，2014）、应对气候的建筑设计——在重庆湿热山地条件下的研究（李愉，2006）、结合湿热气候的建筑形体设计（李强，2004）等。

既往研究中，传统民居气候适应性机理及绿色营建经验的现代应用已取得了诸多实践成果，但多集中在围护结构技术提升，如新材料、新部品的研发，或多运用在传统民居的优化更新或新型生态民居的设计，需在不同类型绿色建筑设计中进一步拓展应用。

4. 侧重人体热适应与行为调节研究

以热适应理论（Thermal adaptation）为基础的相关研究多以暖通和技术专业为主，研究人体热舒适模型和范围是最为主要的一部分，在针对重庆地区的研究中，已有多位学者基于大量现场调查，研究了该地区使用者的适应性热舒适机理、热平衡方程、中性温度、冬夏两季热舒适温度范围等（刘晶，2007；茅艳，2007；刘红，2007；曹彬，2012）。对于使用模式与行为调节的研究是热适应理论的另一主要研究方向。在现代建筑中，热适应行为调节主要关注行为类型、调节规律、行为调节统计模型及行为调节与能耗的关系等，如Verhallen TM等认为使用方式（如房间设定温度、窗帘、走廊门的开关等）和建筑特点（如保温、邻室传热等）是影响采暖能耗的两个主要因素；金振星（2011）系统研究了我国不同气候区居民热适应行为和适应性热舒适范围；李兆坚等通过调查测试认为住宅空调行为的节能潜力和耗能潜力均很大；朱光俊等通过模拟分析认为，室内人员作息、空调控制温度、开启空调的容忍温度是影响空调能耗的重要因素。在民居研究中，早期对于使用者行为调节模式多为定性研究，且多基于乡土建筑研究视角，相关研究指出在阿拉伯国家、土耳其、伊朗等诸多地区的乡土住宅中均存在季节性或时段性的迁移使用。地中海地区也存在"双住宅"形式，希腊地区民居常在竖向上分为冬室和夏室，且围护结构相应分为轻薄型和厚重型。随着热适应理论的发展与成熟，近年关于民居气候适应性的研究更多是基于人体热适应原理与模型，量化分析民居中行为调节模式，如：Li Qindi等（2011）指出使用者行为模式是福建土楼民居能耗明显低于现代住宅的重要原因；DU Xiaoyu等（2014）指出成都地区传统民居具有多样化的热环境，为使用者提供了更多的适应机会；郝石盟（2016）统计渝东南典型民居使用者的空间使用模式、设备使用模式、着装习惯及服装热阻等，并指出传统民居的气候适应性包括最大化给予使用者行为调节的适应机会；Xu Chenchen（2018）等量化研究了南京传统民居中的热适应行为调节规律及统计模型。

总体而言，热适应理论在民居中的应用较少，但民居中的热舒适范围、热适应行为调节具有特殊性，需要深入挖掘，目前已被纳入一些最新的民居气候适应性研究中。

5．侧重重庆传统聚落民居气候适应性与物理环境性能研究

重庆传统民居作为巴渝传统民居中的典型代表，一直是民居气候适应性研究的重要类型。其中，以重庆大学、西南交通大学、四川大学的研究成果最为丰富，主要包括：巴渝地区夯土民居室内热环境（杨真静、田瀚元，2015）及场镇民居可持续更新（杨真静、熊珂，2016）、重庆场镇型传统民居室内热环境优化适宜技术研究——以安居古镇典型民居为例（熊珂，2015）、重庆地区传统民居通风优化策略研究（缪佳伟，2014）、重庆地区传统民居光环境优化设计策略研究（翟逸波，2014）、基于巴渝传统民居被动式降温模式的村镇住区设计研究（刘江乔，2014）、川西民居气候适应性设计策略与应用研究（王显英，2013）、重庆地区乡土建筑气候适应性研究（王文婧，2011）、改善重庆地区村镇住宅热湿环境的节能围护结构研究（任鑫佳，2010）、重庆地区建筑创作的地域性研究（卢峰，2004）等。

在重庆聚落民居的研究中，针对山地微气候和竖向空间的研究较少，较多沿用平地类民居的研究框架和方法，缺少针对山地环境补充和调整气候适应性研究方法的探索，对山地环境民居气候适应内在机理的挖掘需进一步深化。

6．重庆三倒拐场镇相关研究

目前建筑学、景观学、城市规划学等相关领域针对重庆三倒拐地区的研究相对匮乏，已有的少数研究主要集中在对其历史研究和规划保护层面，仅有的几篇学术研究包括：重庆市长寿区总体风貌规划设计（赵霞、徐明，2012）、场所感受视角下的历史街区文脉影响研究——基于重庆市三倒拐历史街区的实证分析（魏猛，2018）、打造长寿旅游规划形象战略（牟红，2002）、基于社会网络重建的历史街区保护与更新研究——以重庆市长寿区三倒拐历史街区为例（赵万民等，2008）、长寿三倒拐——拐进时间的空隙安放心灵（张飞，2011），以及对长寿区山地城镇绿色系统生态规划的研究（偶春等，2013）。

既有研究中，有关重庆三倒拐场镇民居气候适应性、绿色营建模式的研究尚属空白。

相关文献研究总结如表1.3所示：

方向	研究内容	手段与方法	代表性研究	趋势与不足
经典理论与方法	建筑生物气候设计理论与方法（Bioclimatic design）	生物气候图法、列表法	Victor Olgyay，1963/2015；Baruch Givoni，1998；闵天怡，2017；日本建筑学会，2015；杨柳，2003/2010	①多学科融贯；②气候分区更细化，关注微气候；③关注地域空间原型与绿色技术的结合；④关注热舒适与节能设计的结合
	民居气候适应性理论、方法、特征	定性为主、定量为辅；多气候区、多类型民居	Maria Philokyprou等，2019；黄凌江，2011；FATHY H，1986	
	西部地域绿色建筑学、地域建筑绿色化+绿色建筑地域化	多学科交叉	刘加平等，2015；王竹等，2001	
	热适应、热舒适	实地实验、数理模型计算	O.Fanger，1970；Auliciems、Nicol、Humphreys、de Dear、Brager及Cooper等；杨柳、闫海燕等，2017	
气候适应性因素	地域气候因素	累年气候因子、微气候因子、气候变化	以气象网络数据及气候分析工具为主，Climate Consultant、Weather Tool等	Zhijia Huang，2017；Lingjiang Huang，2016；Abdulbasit Almhafdy，2013	①气候分区类型和纬度更多元，但对山地微气候的研究较少；②将人体热适应理论与空间气候适应性相结合的研究较少
	地形因素	主要针对不同地形，特别是山地导致的不同气候带的气象差异进行对比分析	GIS、实测、地方气象站数据等	齐羚等，2018；Maria Philokyprou，2017；S. Aysha、Monto Mani，2017；贾鹏，2015；曾丽平，2015；高源，2015；曹萌萌，2014；翟静，2014；谢浩，2014	
	使用者热适应因素	基于建筑技术和暖通专业的热舒适模型计算、适应行为模型计算、热适应模式气候分析计算	热舒适现场测试、热适应模型、热适应行为统计与模型、环境行为学调研统计	Chenchen Xu，2018；Beatriz Montalbán Pozas，2016；Xiaoyu Du，2014；Li Qindi，2011；重庆地区热舒适相关研究：郝石盟，2016；曹彬，2012；刘晶，2007；茅艳，2007	
		基于建筑设计专业，将热舒适与室内环境需求、适应行为与空间模式相结合			

方向		研究内容	手段与方法	代表性研究	趋势与不足
气候适应性因素	其他因素	社会文化、经济技术等因素	多以文献研究和定性分析为主	Gasser Gamil Abdel-Azim, 2018；Maria Philokyprou, 2017；Bhaswati Ray, 2018	①气候分区类型和纬度更多元，但对山地微气候的研究较少；②将人体热适应理论与空间气候适应性相结合的研究较少
气候适应性机理	空间分析	以单体民居和围护结构性能分析为主，部分研究包括聚落布局形态	类型学、物理环境实测、热工性能实测、环境模拟、热成像	Zujian Huang, 2019；闵天怡等，2015；Shaoqing Gou, 2015；Susanne Bodach, 2014；姚杰等，2014；张涛, 2013；ODACH S, 2014；陈全荣，2013；张乾，2012	①实测数据量增大；模拟手段更加丰富；②数理统计模型计算方法更多；对物理环境性能综合实测较少；③研究对象以单体民居和围护结构为主，从聚落到单体到围护结构关联研究较少；④实测和模拟相结合进行空间细化研究较少；⑤针对山地聚落民居及竖向空间研究少
		气候空间尺度、优化参数范围	模拟为主，实测为辅，模拟主要参变量，数理模型计算	Fang'ai Chi, 2019；Fatemeh Jomehzadeh, 2017；肖毅强等，2015	
	对比分析	不同水平气候区民居类型；不同垂直气候带民居类型；传统与现代对比；不同气候区、不同类型民居综合比较	实测+模拟；不同气候区各1~2栋，最多共6~7栋；不同垂直气候带各1~2栋，共3~5栋；传统、现代各1~2栋，共2~4栋	陆莹等，2017；Maria Philokyprou等，2017；郝石盟等，2016；Rana Soleymanpour, 2015；高源等，2015；Susanne Bodac, 2014；谭良斌等，2012	
	性能分析	以热湿环境为主，或以热环境、风环境、光环境的单项分析为主	实测+模拟	Sanyogita Manu,2019；缪佳伟, 2014；翟逸波, 2014；Shaoqing Gou,2015；李珺杰，2015；Amin Mohammadia, 2018；Shaoqing Gou, 2015；S. S. Chandel, 2016	
		综合分析热湿环境、光环境、风环境及室内空气品质	实测+模拟、热成像		
		气候策略效应分析	生物气候图、表气候分析工具、实测+模拟		
		能耗分析	模拟为主		

方向	研究内容		手段与方法	代表性研究	趋势与不足
气候适应性设计方法	民居优化更新	提出的气候适应性设计方法多对应所研究民居的优化与更新	提出设计方法；提出新民居原型；开展工程实践	饶永，2017；高源，2015；熊珂，2017；杨真静，2016；张桂，2015；王显英，2013；崔文河，2014；何文芳，2009；刘加平等，2015	新的设计方法多用于民居改建或更新，较少用于现代建筑或新乡土建筑设计
		新型生态民居设计			
	新建筑设计应用	提出传统营建智慧的现代转化途径	提出具体转化方式；提出适宜技术体系	Mobark M. Osman，2019；Carlos E. Barroso，2018；Ying Wang，2016；张彤，2016；刘江乔，2014；卢鹏、周若祁、刘燕辉等，2007	
		基于传统营建模式的新建筑设计与适宜技术体系			

(资料来源：作者绘)

1.4.2 既有研究评述

1. 研究趋势

1）从"技术导向"到"设计导向"，从"空气调节"到"空间调节"[①]。

以往建筑设计和建筑技术专业的相对分离，使得有关民居气候适应性的实证研究基本都由建筑技术和暖通专业研究完成，因而更多关注围护结构热工性能等技术层面的分析。而近年来，在绿色建筑领域，一系列基于建筑设计视角的研究开始探索建筑空间模式和气候适应策略的耦合关系，更加注重强调前期空间设计的节能贡献率，特别是在传统聚落和地域建筑实践中，提倡以空间为核心的低技术、被动式设计探索。基于空间模式和空间调节的气候适应性设计成为当下绿色建筑体系的重要研究内容。

2）量化分析手段与方法更为普及，且不断进步。

随着实测工具的不断进步，多参数集成、远程数据传输、大量数据云端储存已成为新的工具手段，部分研究开始对复杂气候和多空间室内环境进行实测。模拟工具的普及，也对民居气候适应性机理的验证和可视化分析提供了有利的技术支持。数理统计模型的运用，如相关性分析、主成分分析、敏感性分析等拓展了既往较为简单的曲线图分析，使得民居气候适应性的量化分析更为深入，如提取控制性参变量、明确空间尺度范围等。

---

① 张彤. 空间调节——绿色建筑的需求侧调控［J］. 城市环境设计，2016（03）:353+352.

3）理论和方法体系更为全面，更加注重现代应用。

当前民居气候适应性研究将生物气候设计原理与方法、人体热适应理论以及统计学的相关计算模型均纳入其中，使得民居气候适应性研究更加系统化、科学化，也有利于更好地将实证研究成果转化为现代设计方法。

2．研究不足

1）多以平地环境和水平空间分析为主，对于山地环境和竖向空间的实证研究少。多以单一民居或单一民居类比为主，量化比较分析不同空间组织和不同空间原型的少。

2）在夏热冬冷山地地区，基于"地域微气候—空间—人"相关联的实证研究相对较少，兼顾山地微气候、多维空间组织、多元空间原型、空间与性能、空间与使用主体的综合研究及一手数据相对欠缺。在热适应研究中，多以暖通专业的热适应模型为主，对于传统民居中热适应行为调节的研究较少，尤其缺乏对自发营建形成的气候应答策略与技术措施的研究。将热适应需求及行为调节方式对应运用到空间模式设计的研究较少。

3）多将实证分析结果用于民居改建或农宅类单一建筑类型，转化成现代设计方法并针对现代建筑、当代乡土建筑提出设计方法与技术策略的较少。

1.4.3　需进一步研究的内容

1）需进一步开展长时段、多参数、多测点的集成实测，补充山地微气候和民居物理环境实测数据库。

由于山地地形、山水格局等多因素的共同作用，山地建成环境具有显著的立体微气候特征，也正是由于山地微气候的复杂性，在既有民居气候适应性研究中少有涉及，对不同地域山地微气候的数据收集与量化分析尚待补充。山地环境中的风环境具有特殊性，往往与区域的主导风向和风速不同，需要以地方性风场（山谷风、水陆风）为主导因素，分析建筑的自然通风策略及物理环境性能。因此，有必要针对山地场镇民居开展室内外全年长时段、多测点、多因子的气候数据采集与实测，为民居气候适应性量化分析提供数据支撑。

2）需进一步关注山地地形、立体气候特征和聚落民居空间多样性特征，对比不同空间模式的气候适应性差异和气候调节机制。

一方面，山地地形和垂直立体气候会直接影响竖向空间的形态与组织关系，借由竖向空间研究山地聚落民居气候适应性更契合山地建成环境的空间生成规律，有助于探索空间与气候的内在耦合机制，具有广泛的研究价值和地域普适性，但在既有研究中获得的关注较少。另一方面，既往类比研究多针对不同气候区、不同类型的民居，缺乏对同类民居或相似民居不同空间模式的对比，而山地聚落多样性的特征导致其空间模式具有多种变化形式，有必要明晰不同空间模式之间的差异，有利于明晰气候策略的共性原理、适用条件以及空间模式的组合等，这也是山地建筑气候适应性设计重要性和特殊性的体现。

3）需进一步基于热适应理论研究民居中使用主体的气候适应性模式。

由于传统民居中空间的多样性和复合性，使用者的热适应行为调节更加多元，体现出了与建筑更为丰富的关联性，与现代建筑中使用者的热适应行为有所区别，需基于热适应理论与现场调研方法，量化研究基于使用主体的气候适应性行为调节类型与规律，揭示行为调节模式与空间的气候适应性关联机制。

4）需进一步结合绿色建筑体系，探索民居气候适应性策略的现代应用转化。

针对民居气候适应性的研究需结合现代绿色建筑体系新方法、新技术，探索传统营建经验与地方适宜技术的融合方式、应用途径和现代设计方法，为现代绿色建筑提供方法指导，丰富民居气候适应性研究的实践应用价值。

1.5 研究方法与框架

1.5.1 研究方法

1. 主要研究方法

1）案例研究：本研究选取三倒拐场镇民居为典型研究案例，并在全面调查的基础上，选取典型民居、典型空间进行实测，旨在以聚焦式的案例研究深入挖掘其气候适应机理，以小见大，为民居气候适应性研究提供理论与方法参照。

2）生物气候分析法：运用生物气候设计图法及相关气候分析软件工具，针对民居气候设计过程，策略有效性、有效程度及主导气候策略排序等进行分析。

3）综合运用地区建筑学、建筑类型学及建筑环境学分析法：综合运用地区建筑学、建筑类型学对环境、聚落、建筑、界面等不同因素的提取和相互关系的分析方法，以及绿色建筑对物理环境的分类与测试方法、对人体热适应的研究方法等，系统研究空间与性能、空间与主体的关联作用规律。

4）大数据与统计学分析法：量化分析是揭示民居气候适应性科学机理的关键所在，本研究收集大量一手实测数据和问卷调查信息，进而结合大数据研究方法，通过计算机编程对实测数据进行处理，并综合相关数理统计方法（相关性分析、因子分析等）、数据分析模型

（线性回归模型），明晰民居气候适应性策略排序、影响因子和控制性参数。

5）建筑学内部有机结合、多学科融贯：本研究首先强调建筑学内部建筑设计、建筑技术、建筑环境学、环境行为学、绿色建筑等多专业、多方向的有机统一，与此同时，本研究内容使得其必须综合建筑学、地理学、气候学、文化人类学等多学科融贯的研究方法。

2．具体研究手段

1）文献研究：有关三倒拐场镇的研究较为稀缺，有必要挖掘地方志等资料，对其历史、环境及特征进行深入的历史研究。同时，国内外既有民居气候适应性研究较为分散繁杂，有必要根据研究重点进行归纳梳理。

2）参与式观察：借鉴人类学的"深描"（Thick description），深入观察当地的人文生境状况，特别是居民的生活模式、空间使用模式以及自发营建模式等。

3）空间测绘：对典型样本逐一进行详细测绘，绘制平面图、立面图、剖面图，建立三维数字模型。

4）物理环境实测：针对重点实测样本，测定温湿度、风速、风温、照度、PM2.5、CO_2、PMV值等，并采集红外热成像，积累大量实测数据。

5）问卷调查：通过半结构式入户访谈、行为方式统计、设备使用统计、室内环境主观评价等，掌握使用者绿色需求、主观适应性等一手资料。

6）计算机编程和数理模型统计计算：运用Stata、计算机编程进行大数据清理、合并、计算，运用Stata、SPSS、Excel等进行相关性、线性回归计算及曲线图分析、极值分析等。

7）生物气候分析：运用Climate Consultant气候分析工具和生物气候图，对地域气候因子进行可视化分析，对多项生物气候策略的有效性及有效程度进行分析，提取主导气候策略。

8）理论模拟：运用Phoenics进行不同民居风环境理论模拟，包括仅热压作用、热压与风压共同作用的室内温度、风压、风速模拟对比。

1.5.2　研究框架

本书共分为八章，内容框架如图1.2所示：

第1章为绪论，阐述了研究背景、意义、内容和方法，对既往相关研究进行了梳理和评述。

第2章为三倒拐场镇民居概况、特征及气候适应性要素构建，建立了三倒拐场镇民居气候适应性研究体系和实地调研测试方法。

第3章为三倒拐场镇地域微气候特征与气候策略分析。

第4、5章为基于空间本体的气候适应性研究，包括空间营建模式和物理环境性能分析。

第6章为基于使用主体的气候适应性研究，包括环境需求、热适应行为调节和外部环境/技术自发营建调适，以及使用主体热适应调节与空间模式的关联性分析。

第7章为三倒拐场镇民居气候适应性机理分析与现代设计方法探索。

第8章为结论与展望，对全书主要研究内容和成果进行了总结，以及对趋势进行了展望。

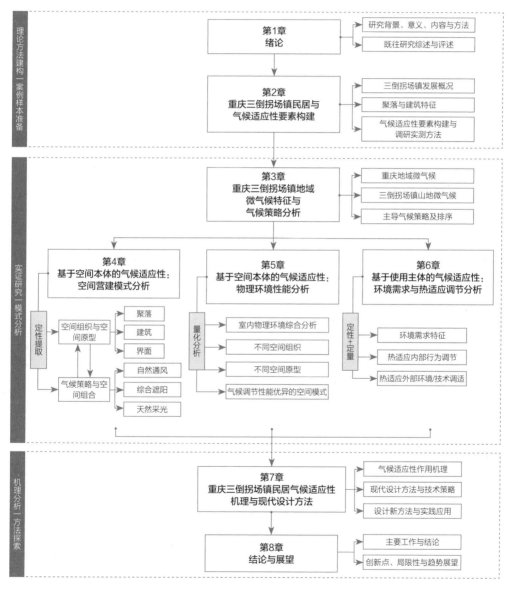

图1.2　本书研究框架
（资料来源：作者绘）

第 2 章 | 重庆三倒拐场镇民居与气候
适应性要素构建

既有民居气候适应性的实证研究方法虽已有较为成熟的体系，但基本是沿用建筑环境学、暖通专业等对现代绿色建筑的研究方法，针对传统民居特征，特别是山地传统民居，以建筑学综合视角对研究方法、研究框架和实测方案进行调整和补充的较少。

本章首先概述了三倒拐场镇民居的发展情况（2.1），并在实地调查基础上，分析归纳其聚落形态、建筑类型特征（2.2）。而后梳理了生物气候设计理论、热适应理论、地区建筑学、建筑类型学等基础理论，并结合三倒拐场镇民居特征，提出建筑学综合视角的民居气候适应性研究要素、研究体系和实地调研测试方法（2.3），为分析其气候适应性机理奠定理论基础与案例准备。

2.1 三倒拐场镇民居概况

2.1.1 区位概况

三倒拐场镇民居位于重庆市长寿区主城区（图2.1a）。2001年，长寿撤县设区，成为重庆特大城市的卫星城，也是近年发展建设速度快、变化大的城郊之一。长寿区位于重庆主城以东沿江下游，紧依两江新区，地处市境中部腹心，东经106°49′~107°27′、北纬29°43′~30°12′[①]。长寿区属于三峡库区生态经济区和重庆1小时经济圈内，地跨长江南北，东南与涪陵区为邻，西南与渝北区、巴南区为邻，东北接垫江县，西北接四川邻水县。在新的总体规划中，长寿隶属重庆都市区空间结构中重点打造的城郊组团之一——长寿—涪陵城镇组群（图2.1b）。

三倒拐场镇位于现长寿主城区西南部[②]，地处桃花溪和长江交汇处（长江长寿段北岸），整个场镇从江边沿山脊依山而建，形成了重庆地区为数不多的纵向沿江场镇（图2.2）。三倒拐场镇是原长寿新县城凤城与老县城河街两大城市组团的主要通道，又是商业繁华之区，故素称"悬崖上的天街"。长寿县城早期一直设于长江边的河街，清朝中后期迁移至铜鼓坎之上的凤山顶部，形成新旧两个县城，习惯上称城河二街。凤山上的新城叫凤城，是长寿的政治和文化中心；河街的老县城是水陆交通枢纽，成为商贸物流中心和工业制造中心。三倒拐场镇即为新旧城区的纽带，将一上一下新旧两座县城连接成一个整体。

---

① 资料来源：重庆市长寿区政府网。
② 现长寿主城区包括桃花新城、北部新区、凤城老城、晏家园区、江南钢城五个主要功能组团。

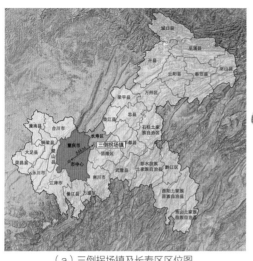
（a）三倒拐场镇及长寿区区位图

（b）长寿总体规划在重庆都市区的空间结构定位

图2.1　长寿区区位图及在重庆都市区的空间发展结构定位

（资料来源：根据长寿区规划局资料改绘）

2.1.2　历史沿革

　　历史上，长寿、垫江、梁平等均位于明月山与黄草山的狭长槽地，长寿河街码头因其区位成为这些地方与长江大通道的重要联系要塞和交通枢纽，因而也成为长寿县城的首选之地，发展成长寿县的政治、文化、经济中心。大约在明代中叶，开始建造后街和上后街，即现在三倒拐的下半部分。到了清嘉庆四年（1799），县署迁往凤山新署街（即现在的凤城），但河街仍是长寿地区的经济文化中心，为方便民众往来，修建三倒拐，与上下后街相通，长寿县志中记述到："时有三倒拐共二里，与新街、长乐街、下

图2.2　现存三倒拐场镇区位图

（资料来源：根据长寿区规划局资料改绘）

后街、上后街、上鱼市街相通，皆相连接由城至江岸码头之大道。"[①]对于河街的具体起源时间虽尚未有明确的定论，但根据长寿区文化局的考究发现，河街作为长寿县城的时间，长达

---

① 资料来源：重庆市长寿区史志。

1184年，由此可推知三倒拐场镇（尤其是下后街部分）的起源至少应在1000年以上。

三倒拐场镇的兴盛经历了两个重要阶段：一是嘉庆七年（1802）长寿县城从河街正式迁入城内凤城，长寿县城分为新、老两个县城，三倒拐则成为连接新旧县城的交通枢纽，往来人流增大，居住人口增多，因而加快了街区的发展。二是抗日战争时期，河街成为抗战大后方的四大工业基地之一，企业内迁，商贾云集，成为河街历史上最为繁荣的时期。除众多企业入驻、产业工人增多外，国民政府水电工程总处入驻定慧寺，重庆联中入驻乐群中学，军政部第十一陆军医院入驻武庙，金融、邮政、电信、交通、港口、医院、学校等机构云集，使得三倒拐场镇及其周边居住人口、物资流动、商贸经济纷纷增多，造就了三倒拐最为鼎盛的时代，呈现出难得的兴旺气象。

之后，繁荣的局面开始变化，随着1964年10月连接新老县城的缆车建成通车和三峡工程移民，长寿经济中心北移，很多工商机构迁入城内办公，很多居民纷纷迁入城内，到20世纪80年代，三倒拐场镇几乎完全冷清下来，部分传统民居也由于年久失修、无人居住而破损、荒废，场镇内虽仍保持着较为原生的居住形态，但却失去了昔日的繁华盛况。2013年，三倒拐主街区域入围"中国历史文化名街"15强。2015年，长寿区将三倒拐场镇列入重点保护建筑群。现阶段，三倒拐场镇以抢救、保护、修缮和适度更新利用为主（图2.3、图2.4）。

2.1.3 自然环境概况

三倒拐场镇最为突出的自然环境特征即为其所处的山水环境。在地形地貌上，三倒拐场镇所属的重庆市素有"山城"之称，山地及丘陵面积占比高达95%[1]，独特的山地环境是最重要的自然环境特征之一。三倒拐场镇所在的长寿区也属于多山地区，全境山区约占总面积的18%，深丘占35%，浅丘占42%，江湖水面占5%，海拔多在300米以上[2]。三倒拐场镇地处浅丘地带，南北上下高差达200余米，东西两侧为山谷缓坡而下，场镇所处山地地形坡度大，起伏度大，因紧邻长江和桃花溪交汇处，绝对高程相对较低（图2.5）。在水系分布上，长寿区水系众多，主要包括一江、二湖、三河、十三溪：黄金水道长江穿流南部，流经20.9公里，支流龙溪河、大洪河、御临河及桃花溪等3河13溪纵贯全境（图2.6）。三倒拐场镇南部一直延伸至长江，东部山谷处即为桃花溪，东南角可俯瞰桃花溪与长江交汇处。

在地域气候上，三倒拐场镇首先受重庆宏观气候影响，属于我国西南部典型的夏热冬冷地区，气候具有两极性和矛盾性，且常年湿度高、静风率高、日照率低。同时，三倒拐场镇

---

① 数据：中国国家地理。
② 长寿区境内最低海拔为长江黄草峡出口黄尾岭江面175.6米（三峡电站175米蓄水后）。

明代中叶—后街、上后街

元朝末年改置长寿县，县址在今凤城街道河街，此地濒临长江。当时，河街是全县的政治、文化、经济中心，十分繁华。大约在明代中叶，开始建造后街和上后街，这就是现在三倒拐的下半部分。

清嘉庆—新旧联系通道

清嘉庆四年（1799），江苏状元石韫玉从翰林院出守重庆，来长视察，因"周览原隰，相度厥基，故治濒流，不可营造"，决定将县署迁往凤山新署街即现在的凤城。但河街仍是经济和文化的中心，为方便民众往来，修建了三倒拐，与上下后街相通，当时，河街与城内居住的人口大体相当，两地往来均由三倒拐。

发展 → **繁荣**

兴盛

抗战时期—后勤保障基地

在抗战时期，三倒拐是长寿最繁华的地段，民族工业发达，有面粉厂、盐、茶等店铺100余家，为重庆提供了大量的粮食、蔬菜、肉类等后勤保障物资，为中国抗日战争和世界反法西斯战争的胜利做出了一定的贡献。三倒拐中部原有一座武庙，抗战时期曾作为国民政府第十一陆军医院，接受在前线负伤的军人疗伤。

现阶段 ← **衰落**

传统风貌区

长寿区人民政府于2015年8月确定和公布了28处保护性建筑名录，其中包括三倒拐古建筑群。现阶段的三倒拐以抢救、保护、更新、激活为主要目标，展现明清古建筑风貌及活力街区再现。

河畔小街

改革开放后，随着经济的迅速发展，生活水平和交通条件的改善，许多住户搬迁，加之现代交通业的蓬勃发展导致水运交通衰弱。三倒拐作为水路转运的必经通道的作用逐渐被取代，渐渐没落。

图2.3　三倒拐场镇发展脉络
（资料来源：长寿规划局及四川美术学院）

（a）老河街码头

（b）老新桥集市（三倒拐下口）

（c）20世纪80年代三倒拐下口临江码头

（d）原三倒拐及河街整体场镇

图2.4　原三倒拐场镇及临江码头历史资料

（资料来源：长寿区文化局）

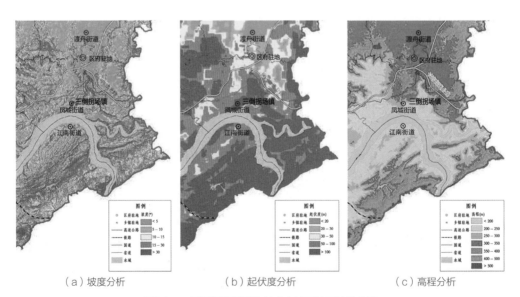

（a）坡度分析　　　　　　　（b）起伏度分析　　　　　　　（c）高程分析

图2.5　三倒拐场镇及周边长寿主城区地形地貌分析

（资料来源：长寿区规划局）

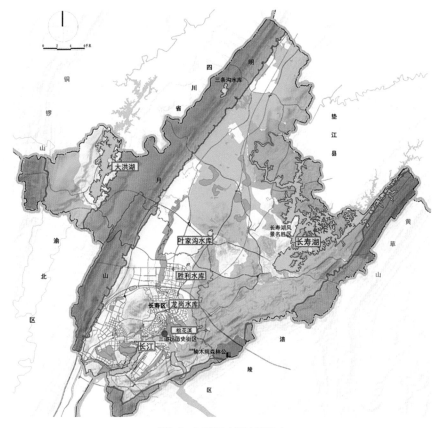

图2.6　长寿区主要水系分布

（资料来源：长寿区规划局）

又受长寿区和局地微气候环境影响，长寿区内因长寿湖及多条江河、溪水的特殊作用，使得该地区比重庆主城区的气候略温和一些，三倒拐场镇自身的山水格局，又使得山地立体微气候和地方性风场对其影响最为直接。

2.1.4　人文生境概况

1．商业文化和码头文化突出

三倒拐场镇是长寿重要的码头和商业区。从重庆、宜昌、汉口、南京、上海等地借水道运至长寿的盐、糖、花纱、百货，或经长寿运往外地的大米、粮食、土特产品，其转运通道即为三倒拐。因客商往返，货物进出，三倒拐内茶馆酒肆、盐糖百货、手工作坊等各应运而生。小吃荟萃也是三倒拐场镇商业文化的一大特色，曾生活在三倒拐的老人回忆起三倒拐里的各种小吃，更是津津乐道，如数家珍。

2．非物质文化遗产丰富

由于商业的持久繁荣，三倒拐留下了丰富的非物质文化遗产资源，关于三倒拐的诗歌、散文、故事、绘画、摄影、影视等类别的艺术作品达400余件[①]。入选市级非物质文化遗产名录的长寿血豆腐制作工艺非常普遍，每到年节，家家户户都制作血豆腐。龙舞狮舞表演、唢呐吹奏、锣鼓敲打、荷叶说书、川剧打闹等特色文化活动也十分丰富。一些民间手工艺也被列为区级非物质文化遗产项目，如泡菜制作、老咸菜腌制、河水豆腐制作等。

3．文化古迹丰富

三倒拐场镇及其周边建有不少文物古迹，如：河街右侧经原文里门有文庙（今凤二校），旁有魁星楼（今凤二校幼儿园）；出武厢门右行有吉祥寺、武庙、龙神祠、书院、文昌宫等，武厢门左行至天桓门有状元桥。另外，三倒拐周边还有区级文物保护单位东汉崖墓群、石佛寺石刻、清代南门遗址、林庄学堂旧址，以及市级抗战遗址桃花电站、国民政府26兵工厂等。

4．当前民生环境变化

随着长寿撤县设区，新城区建设逐步完善，当地人对现代生活、工作、娱乐的需求使得很多原住民，特别是年轻一代开始迁往新区，导致三倒拐地区的居民逐渐向老龄化、低收入化发展，且总体居住人口有逐渐下降的趋势。

2.2 三倒拐场镇民居形态与类型特征

2.2.1 三倒拐场镇聚落形态特征

三倒拐街区呈南北纵向位于凤山伸向长江的支脉山脊上，北高南低，上部最高点火神街海拔为310.8米，下部长寿大桥延长段为171.8米，相对高差为139米（黄海高程）。整个街区的地形特征为满头状山坡，东、西、南三个方向坡向明显。古街周边山环水抱，南接码头临长江，西北靠城市住区和学校，东部为山丘缓坡和耕地，临桃花溪（图2.7）。

三倒拐场镇起点为城内铜鼓坎（即现在上缆车站附近火神街老城墙下河街的城门处），终点为河街电影院和文庙口，全长2.5公里，石梯5000余级，整个街面全由青石砌就。

三倒拐场镇由两个主街和不同支路组成（图2.8～图2.10）：

---

① 数据资料由长寿区文化局提供。

图2.7 三倒拐场镇航拍及东南部桃花溪和长江
（资料来源：作者摄）

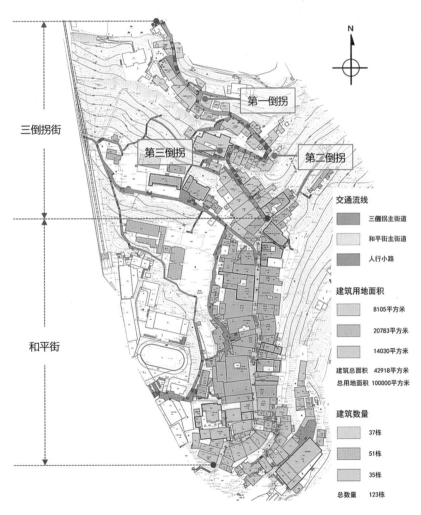

图2.8 现三倒拐场镇整体街巷及建筑分布
（资料来源：根据四川美术学院资料改绘）

三倒拐街　　　　　　　　　　和平街

1号巷道　　　　　　　　　　5号巷道

2号巷道　　　　3号巷道　　　　步道

街巷情况统计表

类型	街巷名称	街巷状态	功能特征	街巷DH比	空间适应性
历史街道空间	三倒拐街	连接上下城通道，青石板路，多阶梯，石板下排水沟渠自然排放	生活、商业	1~1.5	有三处拐弯，每一处拐弯有多步石阶，空间比较舒适
	和平街	与三倒拐一起构成整个连接上下城的通道，街道平坦	生活、商业	1~1.5	和平街两侧多为一二层建筑，空间尺度宜人
历史巷道空间	八角井街	青石板街道	生活	1~1.5	三倒拐第一个分支，自然生活街巷，尺度宜人
	1号巷道	有高差，青石板及部分普通石板阶梯	生活	>1	连接八角井街和和平街之间的通道，目前使用率低
传统巷道空间	3号巷道	高差较大，青石阶梯	生活、交通	0.8~1	主要交通连接作用，通往电影院的开敞空间
	4号巷道	有高差	交通	1~1.2	主要交通作用
	5号巷道	青石板路	生活、交通	1~1.2	从三倒拐主街通向武庙的一条直通道路，空间宜人
缆车道	缆车道	—	—	—	从望江路到临江路的一条直接通道，解决居民上下城不便的问题
开敞空间	开敞空间1	三倒拐上城入口	生活	—	面积较大，是现状入口处
	开敞空间2、3、4	街巷转折处公共活动空间	生活	—	主要提供居民日常聊天、集体活动的空间
	开敞空间5	现状为麻将馆，原为电影院	生活	—	比较有历史，之前为室外影院场地

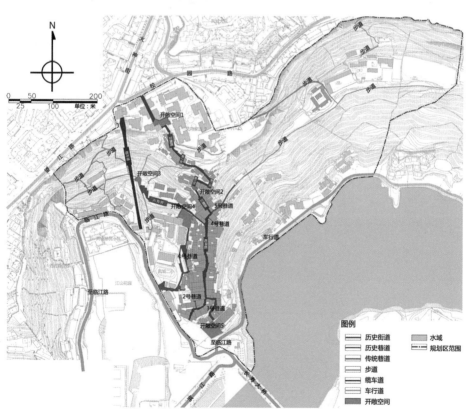

图2.9　三倒拐场镇街巷空间机理

（资料来源：根据四川美术学院资料改绘）

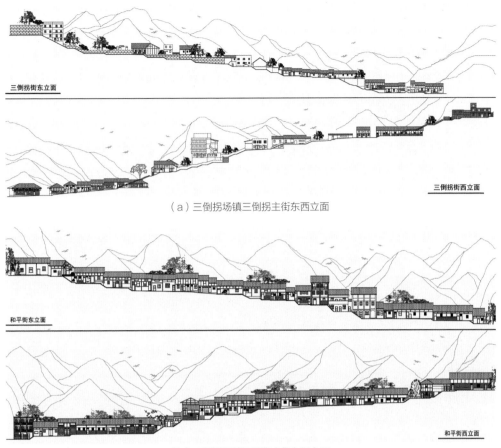

（a）三倒拐场镇三倒拐主街东西立面

（b）三倒拐场镇和平街主街东西立面

图2.10　三倒拐场镇主要沿街东西立面
（资料来源：重庆大学建筑城规学院）

1）三倒拐主街：从铜鼓坎城门到武厢门栅子口，街道长约1000米，宽约4米，因地势陡峭险峻，街道被迫依山就势盘旋而行，上下高差大，且具有连续转角空间，出现三道转弯，形成立体的"之"字形布局。由于长寿方言称"转弯"叫"倒拐"，于是这条街道被形象地起名为"三倒拐"，后来也被称为"三道拐"。三倒拐主街原被当地人习惯分为上三倒拐和下三倒拐，后被统称为三倒拐，并由当地管理部门对房屋进行了重新编号。

2）和平街主街：从武厢门栅子口到河街电影院和凤城二小附近的文庙口，街道长约1500米，宽约4~5米，上下高差相对平缓。和平街原分为上后街和下后街：上后街始于武厢门，至显真相馆岔路口；下后街始于显真相馆，分为两条支路，一条止于河街电影院，一条止于与新街交接的文庙口，后将上下后街统一更名为和平街。

3）八角井支路：从和平街李家洋楼向西则为八角井支路，可穿过缆车站轨道斜上经西岩观老城门进入城内。

4）武厢门支路：从三倒拐与武厢门交汇处，向东有一条通往武庙和原长寿一中的支路，可以经三洞沟通往城风林庄坝、北门口和桃花街。

2.2.2 三倒拐场镇民居类型特征

三倒拐场镇现存古建筑多达64栋，面积逾2万平方米，主要建筑年代为清代至民国时期，以穿斗结构为主，辅以抬梁结构，小青瓦屋面，屋顶悬山式和歇山式相结合，传统建筑占比高（图2.11a），功能类型丰富（图2.11b）。

1. 总体类型分析

1）建筑年代：建筑修建时期主要分为清末民初、近代（1949～1960）和现代（1960～1980），比例约为：清末民初建筑：近代建筑：现代建筑=75：18：7（以建筑基底面积比例分）（图2.11c）。

2）建筑层数：主要建筑层数包括四类，占比为：一层：两层：三层/四层=46：41：13（以建筑基底面积比例分）。其中，传统民居沿街侧以一层建筑为主，临山谷常有吊层空间（图2.11d）。

3）建筑结构材料：按穿斗木结构、基于穿斗木结构进行后期改建的砖木结构、砖混结构进行分类，占比为：穿斗木结构：砖木结构：砖混结构=8：69：23（以建筑基底面积比例分）（图2.11e）。

4）建筑形式分析：三倒拐场镇民居有着明显的山地建筑特色，以吊脚式和天井内廊式来顺应山势的变化，同时又结合地形具有很多自由式的建筑布局（图2.11f）。

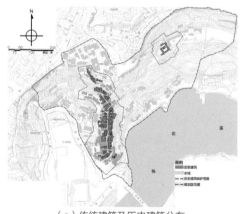

（a）传统建筑及历史建筑分布

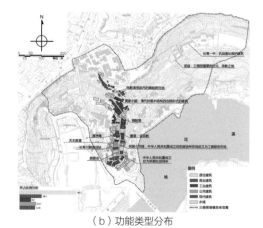

（b）功能类型分布

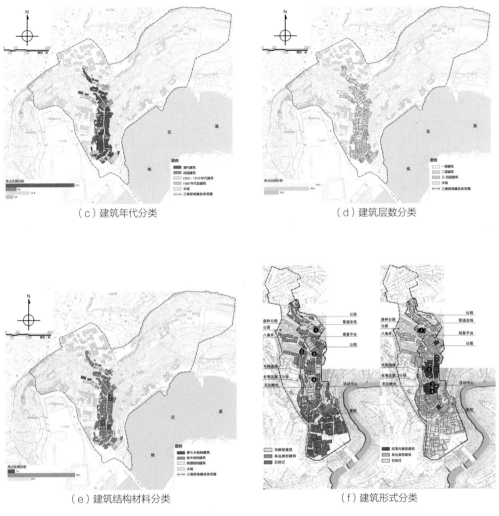

（c）建筑年代分类　　　　　　　　　　　　　（d）建筑层数分类

（e）建筑结构材料分类　　　　　　　　　　　（f）建筑形式分类

图2.11　三倒拐场镇建筑类型分析

（资料来源：根据四川美术学院、重庆大学建筑城规学院资料及现场调研补充绘制）

2．单体空间组织分析

1）水平组织：三倒拐场镇民居平面形式主要包括天井式、竹筒式和自由式等。其中，竹筒式也有很多变形，且天井式和竹筒式也存在一定的结合，形成天井内廊式（图2.12）。

2）竖向组织：三倒拐场镇纵向沿江布局的特征使得其民居剖面形式多样，竖向空间组织丰富多变，建筑内部常存在不同的高差，剖面形式包括吊层式、爬坡式、吊层跌落式及天井平层式等（图2.13）。

天井式

竹筒式

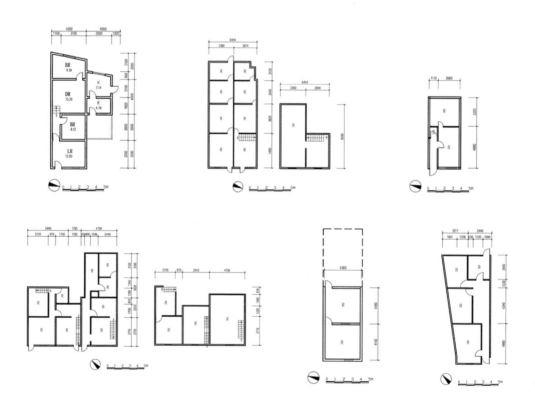

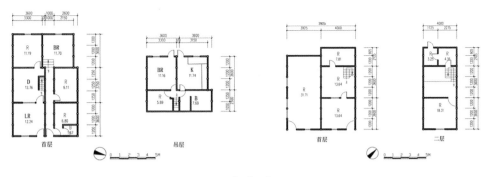

自由式

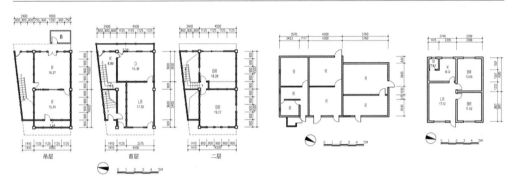

图2.12 三倒拐场镇民居典型平面类型

（资料来源：刘可、支业繁、作者绘）

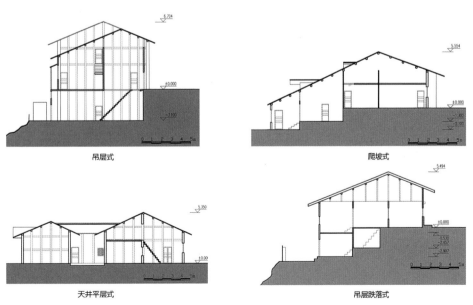

图2.13 三倒拐场镇民居典型剖面类型

（资料来源：刘可、作者绘）

2.3　三倒拐场镇民居气候适应性要素构建与调研实测方法

2.3.1　民居气候适应性研究的理论基础

1. 建筑生物气候设计理论

建筑生物气候设计（Bioclimatic approach to architecture）始于Victor Olgyay、Aladar Olgyay等学者自1950年代开始的系列研究，并在其《Design with Climate: Bioclimatic Approach to Architectural Regionalism》（1963）一书中系统提出了"生物气候建筑地方主义"理论与"生物气候设计"方法。生物气候设计将气候/环境、建筑与人体热舒适进行了关联与整合，其理论与方法一直延续至今并不断发展。Olgyay运用曲线图揭示了达到室内温度平衡的基本过程包括微气候调节、建筑调节和设备调节（图2.14a），进而将生物气候设计划分为四个主要步骤：1）对建筑所处地区的宏观气象数据进行分析；2）根据人体热舒适需求对各项气候因子进行评估；3）综合气候因子与热舒适需求选择相应的气候策略和可用技术；4）建筑整合设计（图2.14b）。基于生物气候设计理论，Olgyay建立了生物气候设计方法模型——生物气候图法（Biocliamte Chart），将主导气候因子与人体热舒适范围以焓湿图方式表示，将设计策略的有效范围以图示方式表达，成为直观、有效的可视化设计方法和工具。此后，Baruch Givoni、Donald Watson、Povl Ole Fanger、O. H. Koenigsberger、John Evans、杨柳等诸多学者又进一步发展了不同类型的生物气候图法和列表法（图2.15）。随着计算机技术的发展，研发了多种气候分析软件和工具，如Climate Consultant, Weather Tool等，可基于不同的热舒适模型，分季节、分时段给出多种不同气候策略的有效程度。生物气候设计理论的原理、方法和工具，特别是其构建的气候、绿色策略及人体舒适的整体关系，为民居气候适应性的科学化研究提供了理论依据和方法路径。

2. 热适应理论

20世纪70年代，以Humpherys等为代表的学者们提出了"热适应（Thermal adaptation）"理论。相对于早期以人工气候实验室为主的热舒适研究，热适应理论强调人不是既定物理环境（热环境）的被动接受者，而是从行为适应（调节）、生理适应（习服）[①]、心理适应（习惯与期望）[②]三个层面对建筑物理环境具有能动的积极调试。人体的热适应调节会受到室外

[①] 生理适应是指通过人的遗传适应（代际之间）或生理响应（个体生命周期内）等生理改变使人体逐渐适应一定地域的热环境及其变化。广义的生理适应包括所有为维持体温适应热环境而进行的生理响应，主要体现在体温调节、出汗机能、水盐代谢、心血管系统功能的适应性变化等方面。
[②] 心理适应是根据热经历和热期望而致使感官产生变化，改变了对客观环境的感受和反应。

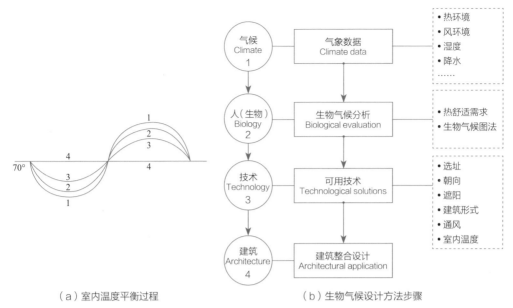

（a）室内温度平衡过程　　　　　（b）生物气候设计方法步骤

图2.14　建筑生物气候设计路径

（资料来源：根据文献绘制[①]）

生物气候模型		热舒适数据分析						舒适条件界定	提出设计策略	
方法	工作基础	空气温度	相对湿度	平均辐射温度	气流速度	衣服热阻	代谢率		性能目标	设计策略
Ologay法	生物气候图	○	○	□	□	△	△	夏季舒适区 冬季舒适区 （静态）	普适目标	采暖：太阳辐射 降温：通风、蒸发冷却、遮阳
Givoni法	建筑生物气候图	○	○	□	□	△	△		普适目标	采暖：主/被动式太阳能、高性能保温材料 降温：通风、常规除湿、高热质夜间通风、蒸发降温 通用：加湿
Watson法	建筑生物气候图	○	○	□	□	△	△		具体目标	采暖：传统采暖、被动式太阳能采暖 降温：机械蒸发冷却、热舒适通风、高热质、空调降温 通用：机械增湿/除湿
Mahoney法	生物气候列表	○	○	△	△	△	△	24个舒适区（动态）	具体目标	保温 降温：空气流动（通风）、遮阳 通用：平面/空间布局、房间开口比例、墙体/屋顶材料构造、防雨
Evans法	热舒适三角	○	△	△	△	△	△	系列舒适区（动态）	具体目标	采暖：太阳辐射、室内得热 降温：自然通风、夜间通风、蒸发冷却 通用：增湿、选择性通风、建筑蓄热/冷体

注：○相关；□设为常数；△无关或不考虑

图2.15　建筑生物气候设计方法模型比较与发展历程

（资料来源：文献［147］）

---

① Victor Olgyay. Design with Climate: Bioclimatic Approach to Architectural Regionalism［M］. Princeton University Press, New and expanded edition, 2015: 11-13.

气候环境和室内气候环境的共同影响，在与环境的不断交互作用中逐渐形成适应，并相应减弱不舒适感。基于人体热适应理论的室内环境热舒适范围是一个动态变化的模糊集合，随室外季节、人群组成、生活及行为习惯、着装习服、社会文化形态的不同而具有差异。

基于热适应理论，既有研究主要分为两方面：

1）用以计算人体热舒适范围的气候适应性模型和不同条件下的热舒适范围计算。

以提高人体热舒适度、节约建筑能耗为目标，Humphreys和de Dear等学者基于几十年的调查研究结果，提出了一种新的热舒适模型——人体热舒适气候适应模型。热适应模型是基于大量实地实验数据收集和统计运算，建立人体中性温度与室外温度或相关气候因子的回归模型，基础热适应模型形式简单，有利于设计师理解和运用，也便于在实际建筑气候设计中应用。此后，相关研究者建立了多种不同的热适应模型，包括基于稳态PMV的修正PMV模型、AMV模型、热适应单因素模型和双因素模型等。由于热适应模型来源于真实的现场实验统计研究而非人工气候实验室，因此可以更为精确地反映调研地区使用主体对气候的适应性，所得结果反过来又可以更有针对性地指导所在地区的室内热湿环境设计。在热适应模型统计的基础上，大量既有研究还分析了不同情况下人体热舒适范围差异和变化规律，主要呈现在季节差异、建筑类型差异和城乡差异等方面，如：村镇人群可接受的温度范围更广，对环境变化的适应力更强，尤以冬季更为突出；自然条件下，热舒适温度受室外气候影响大于室内微气候的影响等。

2）热适应行为调节模式和统计模型。

首先，在热适应方式层面，Brager G S, de Dear R J（1998）等学者的早前研究主要针对室内热适应方式，划分为行为调节[①]、生理适应和心理适应。其中，热适应行为调节与建筑空间关联最为紧密，主要包括个人调节（增减衣物）、技术/环境调节（开关空调采暖设备等）以及生活习惯调节（如空间使用的季节性变化）等。在近年的研究中，Salman Shooshtarian等（2018）拓展了室外热适应方式，划分为环境/技术调节（外部微气候营造）、行为调节（主要包括室内热适应行为调节和生理适应）、心理适应（与室内热适应方式相同）（图2.16）。传统民居由于室内外的紧密关联，恰恰体现了室内外热适应调节的综合，既包括较为丰富的室内热适应方式，还包括对外部环境的自发营建改造。

其次，在热适应行为调节类型层面，既有研究主要包括窗户开关、窗帘/百叶开启、空调使用、风扇使用、衣着调整等，并计算不同条件下（不同季节、不同建筑类型、不同人群等）各行为调节模式发生的概率、与室外气候的回归模型等。在与建筑关联的机制层面，既有研究提出了适应机会（Adaptive opportunity）（Baker & Standeven, 1996；Nikolopoulou & Steemers, 2003）和适应约束（Adaptive constraints）的概念，用以描述建筑给予使用者适应

---

① Chatonnet和Cabanac指出："人类的行为性体温调节已得到充分发展，渐成优势，并有取代其他形式体温调节的倾向。"

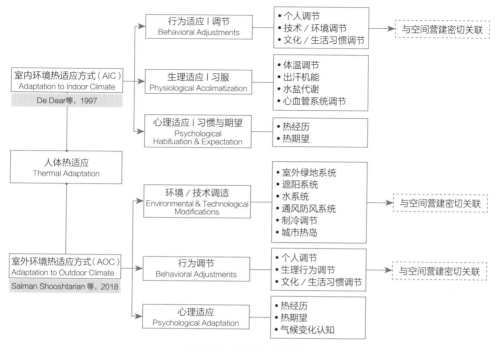

图2.16　热适应方式分类
（资料来源：根据文献［160］–［163］绘制）

性调节的程度。适应机会和适应约束与建筑围护结构设计（门窗位置/尺寸、启闭方式、遮阳调控方式等）、内部功能与空间布局或环境控制系统（空调采暖系统的布局和控制方式）的特性相关，且人体热舒适范围的宽度取决于适应机会的有效性和可行性，适应机会越多，则越容易获得热舒适。基于热适应行为调节与建筑的关联机制，早期的部分研究已经提出了相关的设计原则，如：在建筑设计中应有意识地提供，或者至少是允许热环境在时间和空间上的变化；在空间上，应设计不同区域的差异化热环境，以满足使用者个体的热舒适需求；在时间上，应让室内温度随室外气候适度偏移并处于动态变化中，以促使和鼓励诸如增减衣着和开闭窗户等行为的发生。

　　设计是基于环境需求而满足热适应调节的一种手段（Broadbent、Coutts、Tapper、Demuzere & Beringer，2018；Elnabawi、Hamza & Dudek，2016），热适应理论提出的动态舒适范围和行为调节机制，很好地契合了传统民居非稳态的室内物理环境特征和丰富的行为调节模式，为解析传统民居使用主体的环境需求和行为调节模式，建立行为调节模式与空间营建模式之间的气候适应关联提供了理论依据和研究方法。传统民居由于较少依赖机械设备调控，使用者形成了更为丰富的热适应行为调节方式和不同于城市建筑的热适应调节规律，其行为调节模式与建筑空间模式关联更为紧密，因此，有必要根据传统民居中使用者的热适应需求特征与调节特点对热适应理论中的行为调节类型进行补充和调整。

3．地区建筑学、建筑类型学及建筑环境学相关理论

地区建筑学对乡土建筑的研究已较为系统和深入，其中，综合建筑类型学、宅形理论等对于乡土建筑原型及空间营建技术的研究为民居气候适应性的空间系统分析奠定了坚实的理论与方法基础。建筑环境学的相关理论则为量化分析民居气候适应性提供了科学依据。

1）在空间类型与模式研究上，民居气候适应性研究重点在于从生物气候策略角度，以气候调节作用原理及效应为依据，对民居的空间进行类型学再解析，以此分析传统空间营建模式的气候适应性机理。

2）地区建筑理论中强调空间原型的重要性，指出传统民居中的不同空间原型包含了对地方生活与环境问题相适宜的解决方式，在地方营建中被人们普遍认可并自觉运用，进而从中获取不断调节、演化、优化的方法，可以说，地域原型确立并维持了地区建筑发展演变的方向与秩序①，传统民居的气候适应性也离不开不同空间原型的调控作用。同时，地区建筑学又提倡面向当下和未来的可持续视野，构建多元、开放的体系，这也为民居气候适应性的现代化提供了实践路径。

3）Amos Rapoport在《宅形与文化》中揭示了主体行为通过调适与修正与客体空间主观能动的相互关系，为人体热适应调节在民居中的研究提供了理论补充。同时，宅形理论也提出用量度描述气候限定因素，并指出"社会文化因素"（Socio-culture factors）对民居空间生成的重要作用。综合考虑基于使用主体的社会文化、生活习惯、行为调适和自发营建等气候适应性影响因素与模式规律，有助于避免唯气候论或唯技术论，拓展基于使用主体的民居气候适应性研究。

4）建筑环境学中涵盖的现代绿色建筑设计方法、标准及物理环境实测与模拟技术等，均为民居气候适应性的分析提供了量化方法和性能评估标准。同时，建筑环境学中对于气候调控原理的阐释与基础理论，为民居气候适应性的空间模式分类提供了参照，也为揭示不同空间模式气候调节作用机制提供相关理论阐释。

2.3.2 三倒拐场镇民居气候适应性要素构建

1．三倒拐场镇民居气候适应性基本要素

综合基础理论与三倒拐场镇民居特征可知，在山地建成环境下，三倒拐场镇民居气候适应性机制的核心在于建立起地域微气候（既包括所在地区的地域气候，也包括山地微气

---

① 常青院士指出："就间接或直接的生活经验和空间记忆而言，任何建筑本质上都来自合目的性或合象征性的意象原型（Archetype）。存真与延新构成历史环境进化的一体两面，而深究在地原型，对二者都是不可或缺的前提。"

候）、建筑、人三者之间的动态联系，即首
先要明确地域微气候特征，进而分析建筑空
间与使用主体以何种方式进行应答，以及空
间与使用主体的相互作用关系。其气候适应
性的整体机制是三者之间的互动关联，具体
表征体现在基于空间营建的气候适应性策略
与技术和基于使用主体热舒适的气候适应性
需求与调节，以及热适应行为调节（使用主
体）与适应机会（空间本体）之间的气候适
应性关联（图2.17）。

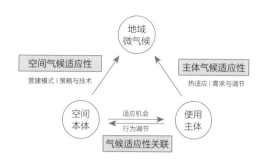

图2.17 三倒拐场镇民居气候适应基本要素
（资料来源：作者绘）

2. 三倒拐场镇民居气候适应性基本过程

基于地域微气候、建筑、人三个基本要素，三倒拐场镇民居的气候适应性又可划分为包含三个基本层级、六个主要部分的适应过程（图2.18）：第一，基于山地地域微气候（外场气候条件）和使用主体环境需求（室内物理环境调控需求），明确主导生物气候策略及其效应。第二，基于主导气候策略选择适宜的空间营建模式与技术，同时营造相应的物理环境性能。第三，空间所营造的物理环境将在一定程度上满足使用主体的环境需求，并提供适应机会，未满足的部分将产生相应的行为调节加以适应与改善，或辅以机械设备进一步调控。同时，这一适应过程也具有双向互动性：第一，主导气候策略体现了对山地地域微气候的动态适应。第二，传统民居空间营建模式为气候策略提供了可用技术，而物理环境性能既是空间营建模式的量化表征，也可验证其气候策略与技术有效性及有效程度。第三，使用主体依据环境需求会对室内物理环境产生主观评价，热适应调节会作用于空间使用的动态互动中，尽可能改善不舒适感以达到环境需求。

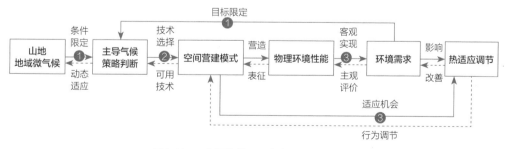

图2.18 三倒拐场镇民居气候适应基本过程
（资料来源：作者绘）

3．三倒拐场镇民居气候适应性研究体系

如图2.19所示，针对三倒拐场镇民居，本书构建以"地域微气候—空间本体—使用主体"三个基本要素为整体关联的研究体系，并依据其民居气候适应的基本过程，将三个基本研究要素细分为对应的六个方面：地域微气候包括山地地域微气候特征和主导气候策略，拓展以山地微气候为要素的气候环境分析内容；空间本体包括空间营建模式和物理环境性能，建立空间与性能的数据链接和信息交互；使用主体包括环境需求和热适应调节，建立热适应调节与空间营建模式的气候适应性关联。

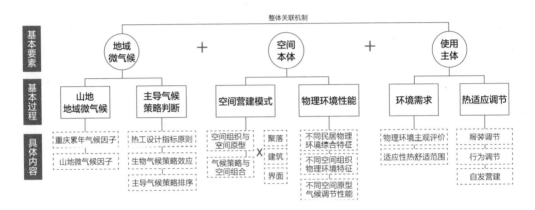

图2.19　三倒拐场镇民居气候适应性研究体系
（资料来源：作者绘）

2.3.3　实地调研与实测方法

1．三倒拐场镇传统民居调研

本研究针对现存三倒拐地区100余栋建筑[①]进行了全面调研（表2.1），在既有建筑信息记录基础上，对三倒拐场镇民居的建筑基本信息与现状资料进行了梳理和补充，详细信息参见附录A。

实地调研概况　　　　　　　　　　　　　　　　　　表2.1

调研次序	时间	季节	调研主要内容
第1次	2016/08/05～2016/08/12	夏季	全部建筑田野调查 基础资料收集

---

① 根据实际建筑情况进行了合并，实际门牌编号近150栋。

调研次序	时间	季节	调研主要内容
第2次	2017/03/03 ~ 2017/03/09	过渡季（春）	建筑田野调查、典型民居测绘 实测设备布点
第3次	2017/6/24 ~ 2017/07/02	夏季	建筑田野调查、典型民居测绘 实测设备数据采集、检查及新增布点、热成像拍摄 半结构式访谈及问卷调研
第4次	2017/9/28 ~ 2017/10/7	过渡季（秋）	典型民居测绘 实测设备数据采集、检查/充电/更换 热舒适、风速等多点实测 半结构式访谈及问卷调研
第5次	2018/12/15 ~ 2018/12/22	冬季	实测设备数据采集、新增布点 热舒适、风速等实测 热成像拍摄
第6次	2018/01/02 ~ 2018/01/07	冬季极端	实测设备数据采集、检查/充电/更换 热舒适、风速等多点实测 半结构式访谈及问卷调研
第7次	2018/07/14 ~ 2018/07/30	夏季极端	典型民居补测绘 实测设备数据采集、检查/充电/更换 热舒适、风速等实测 热成像拍摄 半结构式访谈及问卷调研

（资料来源：作者绘）

2．长时段、多民居、多空间、多参数集成实测

既往研究多针对典型单一民居或特定空间模式进行实测，多民居、多空间的现场实测较少，而每多一栋民居，实测工作量就会大大增加。本研究选取了10栋代表性民居进行建筑物理环境的详细测试，其中6栋民居为长时段多空间实测，4栋民居为典型空间原型对比实测。同时，还选取了多种不同的空间原型和空间组织形式在同一时段进行对比测试。实测参数主要涉及室内外温度、相对湿度、照度、PM2.5、CO_2、风速、风温、热成像分析等（实测方法、仪器及参数见5.1）。

3．调研实测方案

基于上述构建的研究要素和研究体系，详细的实地调研方案与实测框架如表2.2所示：

A	B		C		
A1 地域 微气候	B1	重庆累年 气候因子	C1	热湿环境	温度、相对湿度
			C2	风环境	风速、风温、风向
			C3	日照条件	太阳辐射、云层覆盖率、日照时数
	B2	三倒拐山地 微气候因子	C4	聚落外部热湿环境	温度、相对湿度
			C5	聚落外部风环境	风速、风温
			C6	不同民居室外热湿环境	温度、相对湿度
			C7	不同民居室外风环境	风速、风温
			C8	山地地表热工特性	深度、温度
A2 空间本体	B3	基本信息	C9	建成年代	
			C10	基本形制	
			C11	主要功能	
			C12	其他信息	
	B4	空间营建	C13	测绘图纸	
			C14	三维模型	
			C15	图片记录	
			C16	航拍视频	
	B5	物理环境	C17	热湿环境	温度、相对湿度
			C18	风环境	风速、风温
			C19	光环境	照度
			C20	室内空气质量	PM2.5、CO_2
			C21	围护结构性能	热流、红外热成像
A3 使用主体	B6	使用者信息	C22	人口学特征统计	性别/年龄、家庭组成
			C23	基本生活信息	工作、经济条件等
	B7	环境需求与评价	C24	室内环境主观评价	热湿环境、风环境、光环境
			C25	适应性热舒适现场调查	
			C26	其他需求	差异、层级
	B8	行为调节	C27	衣着习惯	服装热阻
			C28	空间使用模式	
			C29	门窗通风模式	
			C30	采暖降温方式	
			C31	设备使用模式	
	B9	自发营建技术	C32	自然通风	
			C33	综合遮阳	
			C34	天然采光	
			C35	隔热保温	
			C36	其他技术	

（资料来源：作者绘）

2.4 本章小结

本章首先从地理区位、历史沿革、自然环境、人文生境环境等方面对三倒拐场镇的发展进行了概述，并基于对三倒拐场镇100余栋民居的全面调查和25栋传统民居的详细调研，分析了三倒拐场镇聚落形态特征与民居类型特征。

其次，根据基础理论梳理（生物气候设计理论、热适应理论、地区建筑学及宅形理论等），提出三倒拐场镇民居气候适应性的研究应包括地域微气候、空间本体、使用主体三个基本要素，研究的核心在于建立起三者之间的动态联系，即：民居气候适应性研究首先要明确地域微气候特征，而后分析建筑空间与使用主体以何种方式进行应答，以及空间本体与使用主体的相互作用关系。同时，针对三倒拐场镇民居特征，将三个研究要素细分为对应的六个层面：地域微气候包括三倒拐山地微气候特征和主导气候策略，拓展以山地微气候为要素的气候环境分析内容；建筑空间包括空间营建模式和物理环境性能，建立空间与性能的数据链接和信息交互；使用主体包括环境需求和热适应调节，并建立热适应与空间模式的气候适应性关联。

最后，基于构建的气候适应性研究要素及研究体系，制定了详细的现场调研和实测方案。

第 3 章 | 重庆三倒拐场镇地域微气候特征与气候策略分析

既往民居气候适应性研究中对所在地区的气候特征多侧重定性描述和气象数据罗列，对气候因子的图表可视化分析不足，也较为缺乏对山地微气候特征及变化规律的分析，针对特定地域和民居类型研究气候策略量化排序的较少。

本章首先运用Climate Consultant气候分析软件详细对重庆多气候因子与参考热舒适范围进行可视化分析（3.1）。其次，结合实测数据，分析三倒拐场镇局地热湿环境、地方性风场与宏观气象数据的差异和特点，并针对山地环境分析山体与地表的热工特性（3.2）。最后，基于生物气候图法和Climate Consultant气候策略分析，明晰16项气候策略的效应排序，并综合建筑热工设计要求、生物气候策略及山地微气候特征，提出适用于三倒拐场镇民居的主导气候策略与排序（3.3）。

3.1　重庆地域气候特征

本节综合国家气象信息中心数据和重庆地区人体热舒适范围，运用Climate Consultant 6.0（Build 11, Mar 27, 2017）[①]气候分析工具，对重庆地域气候进行多因子可视化分析，力求更直观、全面地揭示三倒拐场镇民居所处的地域气候条件及其动态变化规律。累年气象数据选取重庆（沙坪坝气象站）典型气象年数据（Chinese Standard Weather Data，CSWD[②]），该数据库源于《中国建筑热环境分析专用气象数据集》。

3.1.1　热湿环境

重庆属于典型的夏热冬冷地区，年平均温度18.4℃，夏季7～8月基本均为高温期，最高温度可达38～42℃以上，日均温度为27℃左右，日均温度变化范围在28.8～32.3℃之间。冬季相较于寒冷地区气温较为温和，平均温度为8～10℃，最低温度基本维持在3～5℃，极端低温可降至2.8℃。夏季昼夜温差相对较大，过渡季和冬季昼夜温差小（图3.1、图3.2）。逐

---

① 当前使用较为广泛的气候分析软件主要为Weather Tool，Climate Consultant等。相比于Weather Tool，Climate Consultant的数据可进行不同时段、不同季节的可视化分析与统计。在利用生物气候图法分析被动式策略时，可以自选舒适模式，且提供更多被动式设计策略供选择，特别是基于第四种——适应性热舒适模式对自然通风策略的单项分析，以及风扇驱动通风降温等策略，与三倒拐场镇民居环境条件和使用模式更为契合，因此本研究选用Climate Consultant进行地域气候特征及被动式气候策略分析。Climate Consultant 6.0软件来源：www.aud.ucla.edu/energy-design-tools。
② 中国气象信息中心与清华大学建筑技术科学系合作的《中国建筑热环境分析专用气象数据集》收集了1971～2003年全国270个地面气象台站的实测数据。

月日均相对湿度高，夏季相对湿度昼夜差值较大，冬季差值小，全年日均相对湿度大于80%占比62%，60%～80%之间占比29%，仅在过渡季和夏季下午部分时段相对湿度有所降低，在40%～60%之间（图3.3、图3.4），属于我国典型高湿区。在热舒适范围上，基于软件分析和适用于我国夏热冬冷地区的热适应模型计算均可看出[①]，过渡季较为舒适，夏季和冬季均有大部分时段不在舒适范围内（图3.1灰色部分、图3.5）。总体而言，重庆地区热湿环境主要特征为：夏季湿热且高温期长；冬季湿冷，但相较于寒冷地区温度相对温和；过渡季较为温和适宜；全年高湿，且过渡季和冬季湿度更高。

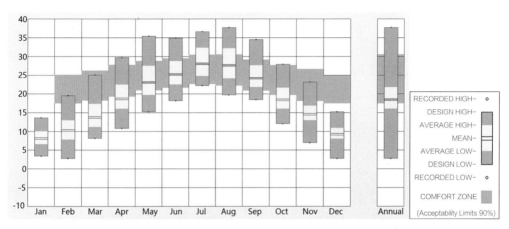

图3.1 重庆月均及年均温度（℃）分布（灰色部分为热舒适范围[②]）
（资料来源：运用Climate Consultant绘制）

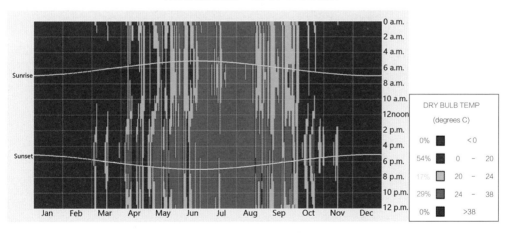

图3.2 重庆各月逐时温度变化分布及日出日落时间
（资料来源：运用Climate Consultant绘制）

---

① 适用于我国夏热冬冷地区热适应模型：Tn=0.326tout+16.862，16.5<Tn<27.8，R=0.9070，可接受范围为16.5～27.8℃。杨柳，闫海燕，茅艳，杨茜. 人体热舒适的气候适应基础［M］. 北京：科学出版社，2017.
② Climate Consultant中适应性热舒适模式的舒适范围虽为软件中舒适范围最为宽泛且动态变化（16～28℃），但其舒适范围仍比本研究实际调查和既往研究统计的重庆地区居民舒适范围略偏高。

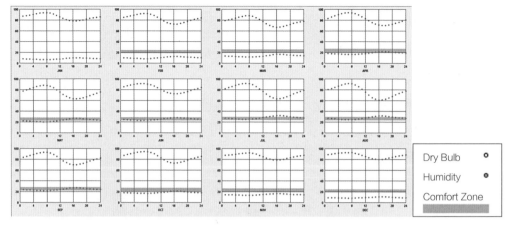

图3.3　逐月日均温度与相对湿度变化（灰色部分为热舒适范围）

（资料来源：运用Climate Consultant绘制）

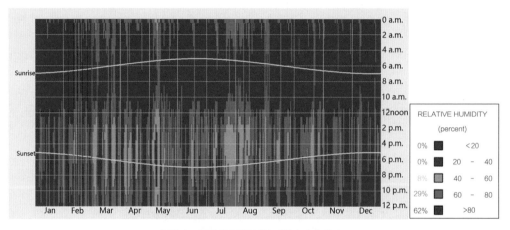

图3.4　重庆各月逐时相对湿度变化分布

（资料来源：运用Climate Consultant绘制）

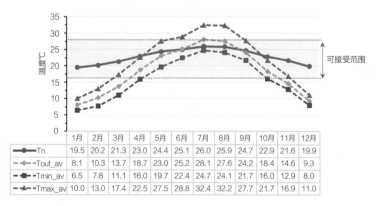

	1月	2月	3月	4月	5月	6月	7月	8月	9月	10月	11月	12月
Tn	19.5	20.2	21.3	23.0	24.4	25.1	26.0	25.9	24.7	22.9	21.6	19.9
Tout_av	8.1	10.3	13.7	18.7	23.0	25.2	28.1	27.6	24.2	18.4	14.6	9.3
Tmin_av	6.5	7.8	11.1	16.0	19.7	22.4	24.7	24.1	21.7	16.0	12.9	8.0
Tmax_av	10.0	13.0	17.4	22.5	27.5	28.8	32.4	32.2	27.7	21.7	16.9	11.0

图3.5　重庆地区中性温度、可接受范围与本调研期间重庆全年温度

（资料来源：作者绘）

3.1.2 风环境

在宏观层面（图3.6～图3.9），重庆全年日均风速仅为1.45m/s，日均风速变化范围为0.1～3m/s，全年风速小于2m/s占比49%，2～3m/s占比39%。日最大风速出现在下午时段，年最大风速出现在6～8月，可达7m/s。由于整体风速较低、静风率高，在冬季和过渡季雾气较为浓重，也被形象地称为"雾都"。

在微观层面，重庆以山地、丘陵为主，长江、嘉陵江、大小河流等水系密布，形成的山水格局也导致重庆地区局地微气候变化丰富，与宏观气象数据存在差异，而局地立体微气候对建筑的影响更为直接，尤其是山地引起的局地风环境会出现优于宏观气象条件的情况，从而形成有助于改善区域内建筑、街道等空间环境的小气候。

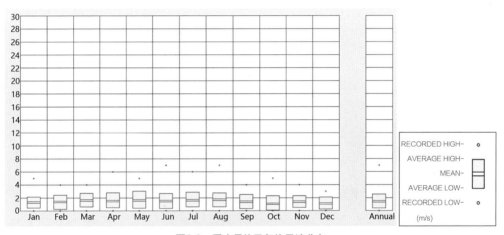

图3.6　重庆月均及年均风速分布
（资料来源：运用Climate Consultant绘制）

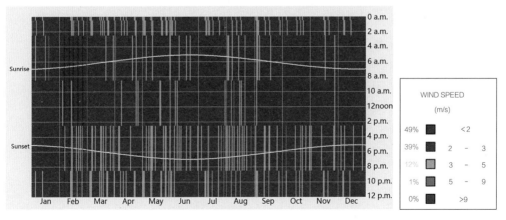

图3.7　重庆各月逐时风速变化分布
（资料来源：运用Climate Consultant绘制）

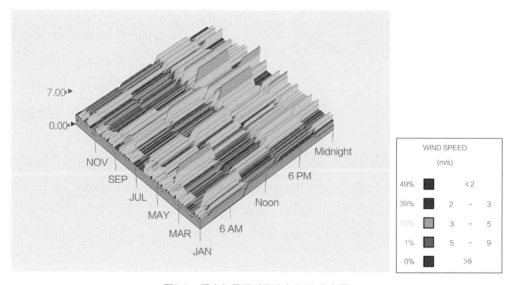

図3.8　重庆各月逐时风速变化3D分布图
（资料来源：运用Climate Consultant绘制）

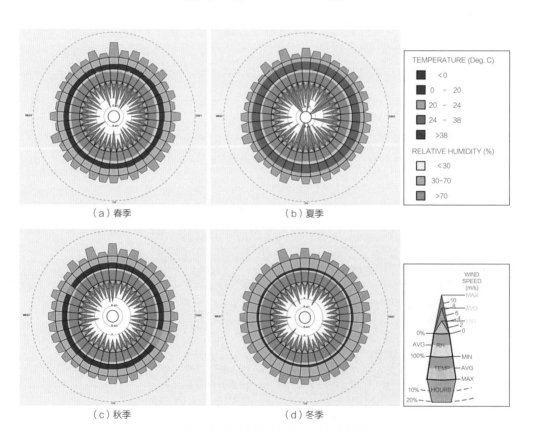

（a）春季　　　　　　　　　　（b）夏季

（c）秋季　　　　　　　　　　（d）冬季

图3.9　重庆各季节风向、风温、风速变化分布图
（资料来源：运用Climate Consultant绘制）

3.1.3　日照条件

重庆地区太阳辐射总量低，其中，夏季略高，冬季及过渡季均处于低水平，尤其是冬季，平均辐射仅在110～120Wh/sq.m之间（图3.10、图3.11）。重庆天空云量覆盖率较高，年均总云量在80%左右，最高云量可达90%以上（图3.12）。同时，重庆日照率低，年日照百分率在20%左右，是我国日照最少的地区之一，在《建筑采光设计标准》GB 5003-2013中属于V级光气候区。综上，重庆地区总体日照特征为：日照率低，云层覆盖率高。

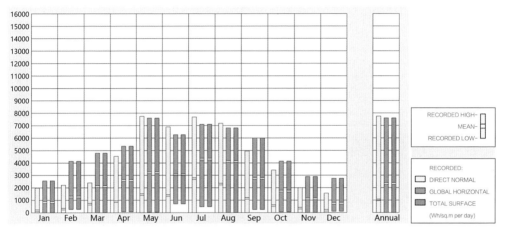

图3.10　重庆逐月及全年日均太阳辐射分布
（资料来源：运用Climate Consultant绘制）

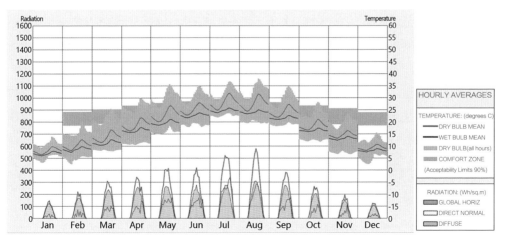

图3.11　重庆逐月日均每小时温度变化及太阳辐射变化（灰色部分为热舒适范围）
（资料来源：运用Climate Consultant绘制）

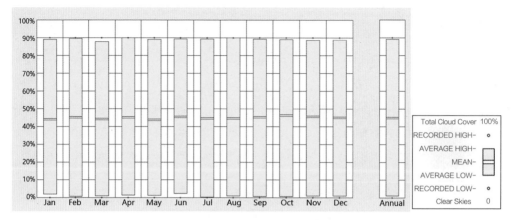

图3.12　重庆月均及年均天空云层覆盖量
（资料来源：运用Climate Consultant绘制）

3.2　三倒拐场镇山地微气候特征

3.2.1　热湿环境差异

　　三倒拐场镇所处的长寿区水系众多（2.1.3），且位于重庆市北部，因此长寿区温度整体比重庆主城区略低，夏季典型月平均温差小，冬季典型月平均温差大。在本研究全年的实测时段内，长寿区各季节典型月平均温度比重庆主城区低0.4～0.9℃，不同季节温度整体比重庆市区变化略大，冬夏两季典型月平均温差比重庆市区高0.5℃（表3.1）。

　　三倒拐场镇聚落外环境中，不同测点之间温湿度也具有一定差异。总体而言，不同高程地段温度不同，从北部山脊入口延伸至下端新桥及临江路平均温度依次略有降低，上部三倒拐主街段平均温度比下部和平街主阶段平均温度高0.5～0.8℃左右（表3.2），东西两侧植被丰富处温度较低。聚落不同区段的温度差异也导致在研究三倒拐场镇民居气候适应性时，有必要对每栋建筑外场环境进行单独实测。

长寿区与重庆主城区不同季节温度差异　　　表3.1

典型季节月	主城区/平均（℃）			长寿区/平均（℃）		
	最高温度	平均温度	最低温度	最高温度	平均温度	最低温度
夏季典型月	35.8	31.1	26.5	35.4	30.7	26.1
过渡季典型月	22.6	19.9	17.2	22.1	19.2	16.4
冬季典型月	10.1	8.0	6.0	9.2	7.1	5.0

（数据来源：中国天气网）

三倒拐聚落外部不同季节温度差异　　　表3.2

典型季节月	三倒拐街上部区段/平均（℃）			和平街下部区段/平均（℃）		
	最高温度	平均温度	最低温度	最高温度	平均温度	最低温度
夏季典型月	36.3	31.4	26.5	35.7	30.8	25.9
过渡季典型月	21.8	18.2	14.6	21.2	17.7	14.2
冬季典型月	10.3	8.1	5.9	9.8	7.3	4.8

（资料来源：作者绘）

3.2.2　地方性风场

不同于平地建成环境，山地建成环境的主导风向具有独特性。由于受山谷风和水陆风的共同作用，使得主导风向具有昼夜周期性规律，且往往与统一的气象数据有明显差异，其中：山谷风[①]的基本过程是白天由山谷向山上吹，夜间由山上向山谷吹，有助于在白天将山谷遮阴处的冷空气带入聚落，将夜晚聚落的热空气带出；水陆风的基本过程是白天从水面向陆地吹，夜间从陆地向水面吹，有利于在白天将经由水面的冷空气带入聚落，而在夜晚将聚落内的热空气带出。三倒拐场镇所处的整体山水格局产生了明显区别于宏观地域气候的地方性风场，既包括山谷风也包括水陆风，其沿山脊纵向布局的特点也使得整个场镇具有显著的垂直立体风场特征（图3.13）。

---

① 山谷风是因山坡上和坡前谷中同高度上自由大气间有温差而形成的地方性风。由于山顶与谷底附近空气之间的热力差异而引起白天风从谷底吹向山顶，这种风称"谷风（Valley breeze）"；到夜晚，风从山顶吹向谷底称"山风（Mountain breeze）"。山风和谷风总称为山谷风。山谷风是以24小时为周期的一种地方性风。参见：张家诚，林之光.中国气候：上海科学技术出版社，1985。

3.2.3 山体与地表热工特性

山地环境下，山体和地形本身成为地表环境要素的重要部分，其全年相对稳定的热工性能可被建筑充分利用，与平原设置地下室原理类似。但山地环境下，不一定要大量开挖地下空间，而是可以充分利用山体形成半掩体、吊脚楼等空间形式。如图3.14所示，地表温度具有常年的相对稳定性，深度越深，温度波动越稳定，0.5m深处温度变化范围在9～27℃左右，2m深处温度变化范围在12～25℃左右，4m深处温度变化范围在14～23℃左右，不同深度年均温度基本保持在18℃左右。

图3.13 三倒拐场镇地方性风场作用示意
（资料来源：作者绘）

重庆山地场镇民居积累了丰富的接地方式和适地设计经验，局地微气候与地形地貌特征在山地建筑体系中已有广泛且系统的研究，但在当前绿色设计的前期气候分析中，对于局地微气候，特别是山体热工性能利用方面的分析还不够深入。通过地表环境数据分析可知，山体热工性能利用对于山地建筑的绿色设计也十分重要。

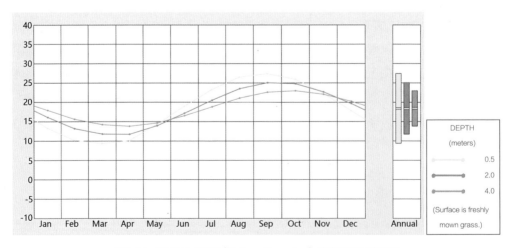

图3.14 重庆不同深度（0.5m、2m、4m）地表月均温度变化
（资料来源：运用Climate Consultant绘制）

3.3 主导气候策略排序分析

3.3.1 建筑热工分区及设计要求

根据《民用建筑热工设计规范》GB 50176-2016热工分区，重庆属于夏热冬冷3B级区[①]。建筑热工设计的总体策略应满足隔热、保温设计要求，并强调自然通风和遮阳设计（表3.3）。

建筑热工设计一级区划指标及设计原则   表3.3

区划名称		区划指标		设计原则
		主要指标	辅助指标	
一级区划	夏热冬冷地区（3）	$0℃<t_{min.m}≪10℃$ $25℃<t_{max.m}≪30℃$	$0≪d_{≪5}<90$ $40≪d_{≫25}<110$	必须满足夏季防热要求，适当兼顾冬季保温
二级区划	夏热冬冷B区（3B）	$700≤HDD18<1200$		应满足隔热、保温设计要求，强调自然通风、遮阳设计

（资料来源：摘自《民用建筑热工设计规范》GB 50176-2016）

3.3.2 生物气候策略分析

虽然各类气候分析工具可供选择的气候设计策略较为有限，提供的被动式设计策略组合也比较简单，且均是以热湿环境优化为主，没有考虑光环境、室内空气质量等其他室内物理环境因素，但对于快速分析地域气候特征，帮助建筑师从设计策略角度认知地域气候与人体热舒适之间的关系，是十分有效的工具和手段。对传统民居而言，相较于其他物理环境因素，热湿环境也是影响舒适度的重要因素之一，民居中所体现的很多营建方式也是以热湿环境为主。因此，在对传统民居气候适应性开展定性与定量研究之前，利用气候分析软件进行地域气候及气候设计策略分析是必要的。

利用气候分析工具所得到的气候设计策略与优化程度也可与传统民居的营建经验进行相互印证。一方面，针对特定地域气候，气候分析工具可根据使用需求细分为多种气候图表分

---

① 《夏热冬冷地区居住建筑节能设计标准》JGJ 134-2001：夏热冬冷地区是我国五个建筑热工设计分区之一，该地区共涉及16个省、市、自治区，面积约为180万平方公里，人口5.5亿左右，国内生产总值约占全国的48%。具体范围覆盖陇海线以南，南岭以北，四川盆地以东的长江中下游地区。该地区是我国人口最为密集、经济最为发达的区域之一。

析，或多种气候设计策略分析，如：可分析同一时段、同一季节不同策略的效应，或同一策略在不同季节、不同昼夜的效应，有助于判断和辨析传统民居中不同被动式设计的有效性、有效时段、有效程度及优先级，进而对传统民居中所蕴含的绿色营建模式有更深入的认识。另一方面，传统民居中的营建模式也可能出现与气候分析工具有较大差异或矛盾之处，通过进一步实测验证或模拟计算，科学分析这些差异，不仅可以更深刻地理解传统民居中气候适应性策略与技术的作用机理，辨析其效果优劣和影响因素，同时还可通过传统民居实际性能优异的营建模式反观、纠正基于宏观气候数据得出的气候设计策略的不足。两者相辅相成，更有利于提出适用于特定地域气候条件下的绿色设计策略。

Climate Consultant基于生物气候图法，提供了16项设计策略，并表示在同一焓湿图（Psychrometric chart）上（图3.16）。在热舒适模型设定方面，Climate Consultant共设有四种热舒适模型，依次为：California Energy Code 2013舒适模型（系统默认模式）、ASHRAE Standard 55中的PMV舒适模型、2005年ASHRAE基础手册舒适模型、ASHRAE Standard 55-2010中的适应性热舒适模型（表3.4）。本研究选用第四种——适应性热舒适模式，分析重庆地区气候及自然通风策略的优化舒适比，在此基础上，叠加第三种热舒适模式分析其他各项被动式策略，并将其温度舒适范围设定为16～28℃[1]（默认值为20～23℃）[2]。

通过分析全年及各月被动式设计策略有效性及优化百分比（图3.15、图3.16、表3.5），可得以下结论：

1）从总体舒适度优化百分比上看（图3.17），自然通风、风扇驱动通风和除湿，对于改善重庆地区室内热湿环境作用显著，尤其是在夏季和过渡季，是应优先选择的被动式策略。其中，自然通风和风扇驱动通风全年可将舒适百分比提高37.2%，单纯除湿舒适百分比提高为31.3%，制冷且必要时除湿占9.6%。窗户遮阳在5～9月均有一定的作用（图3.18），夏季对室内热舒适的提升较为明显，7、8月可将舒适百分比分别提高22.8%和22%。

2）由于重庆常年高湿，因此除湿作用效果明显，而直接蒸发降温和二次蒸发降温策略基本不适用。

3）因重庆常年太阳辐射强度和日照率低，被动式太阳能对热舒适的优化提升潜力低，特别是在冬季需要采暖时，被动式太阳能得热可起到的作用有限。

---

① 根据重庆市《居住建筑节能65%（绿色建筑）设计标准》DBJ 50-071-2016中对室内环境的要求设定，包含短期逗留，为16～28℃。《夏热冬冷地区居住建筑节能设计标准》JGJ 134-2001中冬夏两季室内热环境设计指标的温度范围亦为16～28℃。因此，调整软件默认边界值，设定为16～28℃。

② 仅基于第四种热舒适模式无法分析其他被动式策略。而两种模式叠加，并设定更为宽泛的舒适范围边界值，均是为了更接近我国居民使用情况及民居的实际情况，但鉴于软件自身设定限制，舒适范围仍会与实际有一定的偏差。同时，就民居气候适应性模式研究而言，利用气候分析软件形成的建筑生物气候分析只是作为参考，对策略有效程度的具体精确度要求不高，更注重排序和比较关系，因而有一定的偏差是可以接受的。

	热舒适模型	舒适模式设置特点	舒适范围	适用空间类型
第一种	California Energy Code 2013舒适模型	一个舒适区，舒适范围最高温度和最低温度保持不变，以集中暖通空间环境为基准，舒适范围较为狭窄（用户可自主设定部分参数）	静态；狭窄	集中暖通系统空间
第二种	ASHRAE Standard 55 中的PMV舒适模型	冬、夏两个舒适区，舒适范围以PMV模型为准，比集中暖通空间环境宽泛（用户可自主设定部分参数）	动态；较为宽泛	暖通系统+自然通风空间
第三种	2005年ASHRAE基础手册舒适模型	冬、夏两个舒适区，舒适范围为设定值，相对较为宽泛，并给出了冬夏不同衣着量对应的温度变化范围（用户可自主设定部分参数）	动态；较为宽泛	暖通系统+自然通风空间
第四种	ASHRAE Standard 55-2010中的适应性热舒适模型	冬、夏两个舒适区，舒适范围宽泛，完全自然通风环境，没有任何机械设备，使用者可以自由启闭窗户、进行服装调节，新陈代谢率为1.0~1.3Met（用户可自主设定舒适度接受百分比）	动态；宽泛，且逐月变化	完全自然通风空间

（资料来源：作者绘）

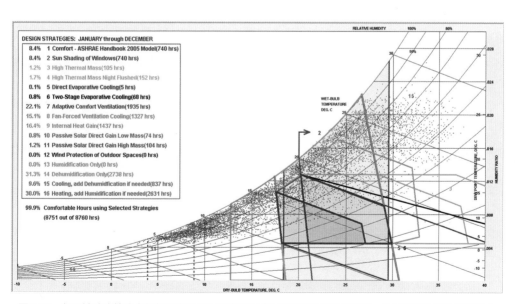

图3.15 各项被动式策略全年舒适度优化百分比分析（左侧蓝框为冬季舒适区，右侧蓝框为夏季舒适区）

（资料来源：运用Climate Consultant绘制）

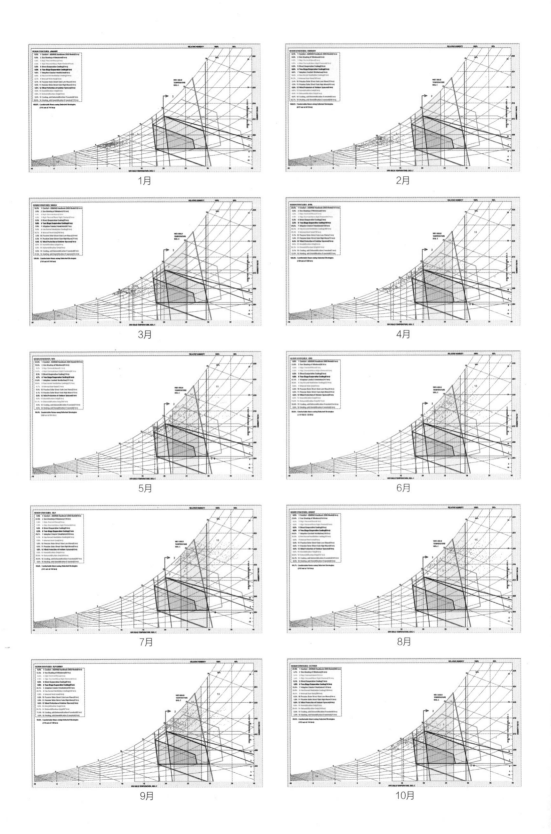

1月

2月

3月

4月

5月

6月

7月

8月

9月

10月

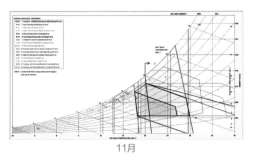
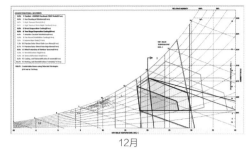

11月   12月

图3.16　各项被动式策略逐月舒适度优化百分比分析

（资料来源：运用Climate Consultant绘制）

各项被动式策略在1~12月各月占比统计（％）　　　　　表3.5

控制方式	1月	2月	3月	4月	5月	6月	7月	8月	9月	10月	11月	12月	全年
1舒适时段	—	0.7	16.9	20.0	24.5	0.6	—	—	—	27.6	4.0	—	8.4
2窗户遮阳	—	—	2.0	9.0	12.8	13.6	22.8	22.0	13.3	4.7	—	—	8.4
3高蓄热	—	—	—	3.5	8.2	1.7	—	—	—	2.4	—	—	1.2
4高蓄热+夜间散热	—	—	—	6.0	12.0	3.2	—	—	—	2.6	—	—	1.7
5直接蒸发降温	—	—	—	0.3	0.3	0.6	—	—	—	0.1	—	—	0.1
6二次蒸发降温	—	—	—	2.2	4.7	1.5	0.3	0.1	—	1.9	—	—	0.8
7自然通风降温	—	—	9.0	20.8	31.0	47.4	49.7	45.0	42.1	15.9	2.8	—	22.1
8风扇驱动通风降温	—	—	—	14.9	36.6	30.8	9.1	12.5	46.1	18.5	—	—	15.1
9内部蓄热①	0.7	15.3	34.7	43.6	9.7	4.2	—	—	—	40.1	73.1	2.8	16.4
10被动太阳能得热+低蓄热	0.7	2.4	3.5	1.3	0.1	—	—	—	—	2.6	1.2	—	0.8
11被动太阳能得热+高蓄热	0.5	1.5	5.0	4.3	—	0.1	—	—	—	2.8	2.9	0.7	1.2
12户外空间的防风保护	—	—	—	—	—	—	—	—	—	—	—	—	—
13单纯加湿	—	—	—	—	—	—	—	—	—	—	—	—	—
14单纯除湿	—	—	—	12.2	51.1	74.6	46.9	50.0	84.3	12.9	—	—	31.3
15制冷，必要时除湿	—	—	—	0.6	9.9	20.0	35.9	36.2	11.4	—	—	—	9.6
16采暖，必要时加湿	98.5	82.7	47.6	12.9	—	—	—	—	—	3.0	22.4	96.0	30.0

（资料来源：作者绘）

---

① Climate Consultant中给出的内部蓄热（Internal heat gain）是指建筑由于使用者及设备产生的蓄热，根据不同
　建筑类型、人员密度等不同会有很大差异，该项策略用于民居分析会有一定偏差，仅供参考。若去掉，则其占比
　会累积至第16项采暖策略中。

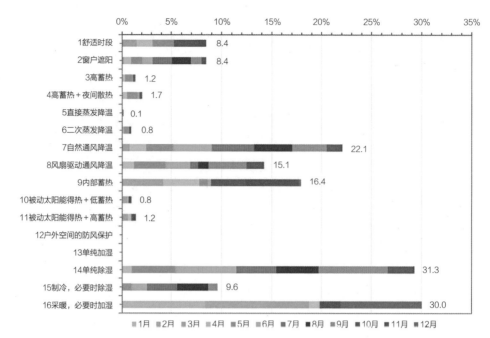

图3.17　各项被动式策略逐月舒适优化百分比统计

（资料来源：作者绘）

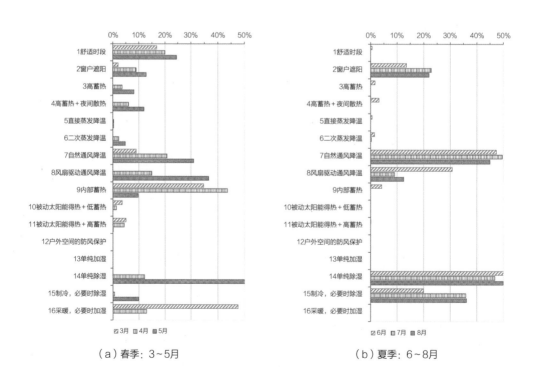

（a）春季：3~5月　　　　　　　　　　　（b）夏季：6~8月

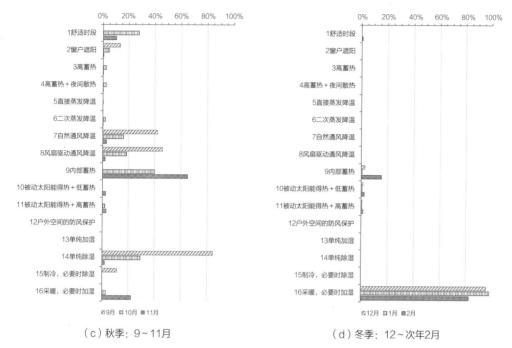

（c）秋季：9~11月　　　　　　　　　　（d）冬季：12~次年2月

图3.18　不同被动式设计策略在各季节舒适优化百分比分布

（资料来源：作者绘）

4）高蓄热、高蓄热+夜间散热以及户外防风等策略在重庆地区均不太适用。其中，高蓄热+夜间散热仅在春季有一定的改善作用，但综合全年看，效果甚微。

5）重庆夏热冬冷的气候特点，使得夏冬两季在部分时段必须采取机械设备制冷和采暖[1]。

6）在仅选定适应性热舒适模式的情况下，单独分析自然通风策略可知，对于完全自然通风的建筑，自然通风策略在3~11月均有调节作用，在5~10月浅绿色区域可覆盖较大面积的舒适区域，夏季更可将舒适百分比提高50%（图3.19、图3.20），全年可将舒适时段增加近80天（1935小时）。

3.3.3　主导气候策略排序

综合三倒拐场镇微气候特征、热工设计要求和生物气候策略效应，就全年而言，自然通

---

① Climate Consultant中给出的内部蓄热（Internal heat gain）是指建筑由于使用者及设备产生的热，根据不同建筑类型、人员密度等不同会有较大差异，该项策略用于民居分析会有一定偏差，若去掉，则其占比会累积至采暖策略中（特别是冬季期间）。采暖在全年的占比相对较大，是因为前文提到的软件中舒适范围相对偏高，导致采暖策略占比提升。

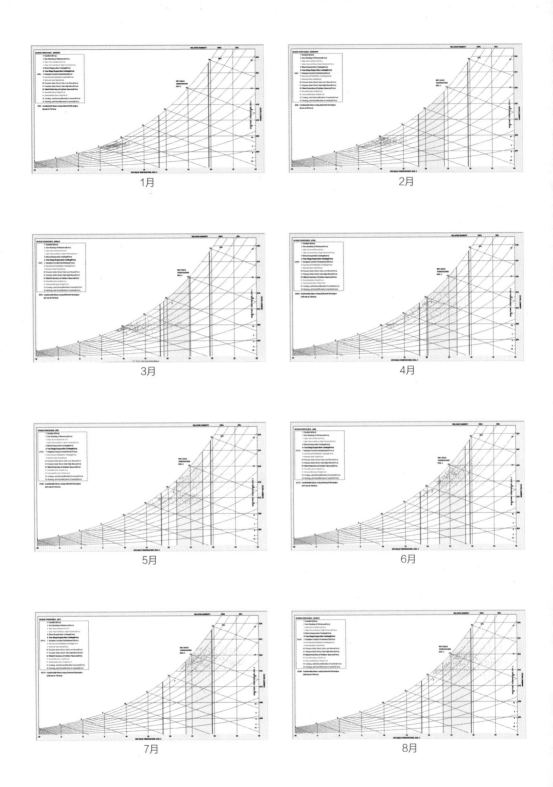

1月

2月

3月

4月

5月

6月

7月

8月

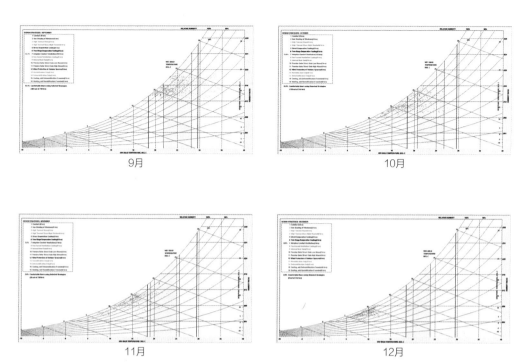

9月   10月

11月   12月

图3.19　自然通风策略优化逐月百分比分析（第四种——适应性热舒适模式①）
（资料来源：运用Climate Consultant绘制）

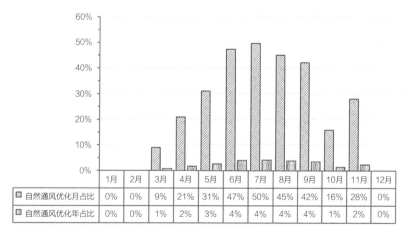

	1月	2月	3月	4月	5月	6月	7月	8月	9月	10月	11月	12月
自然通风优化月占比	0%	0%	9%	21%	31%	47%	50%	45%	42%	16%	28%	0%
自然通风优化年占比	0%	0%	1%	2%	3%	4%	4%	4%	4%	1%	2%	0%

图3.20　自然通风单项策略优化月百分比与年百分比（第四种——适应性热舒适模式）
（资料来源：作者绘）

---

① 仅选择第四种——适应性热舒适模式，不叠加任何其他热舒适模式。

风、综合遮阳是最为主要的被动式策略，且针对三倒拐场镇的布局特点，尤其应以迎纳地方性风场和利用竖向高差促进热压通风为主，以此规避重庆宏观风速低、静风率高的不利因素。在主动式策略方面，由于夏季和冬季均有时段超出舒适区，且常年高湿，因此应优先采用必要的除湿和制冷设备，其次兼顾采暖设施。

综合主导策略全年效应，可得适宜的气候策略排序为：除湿≈保温得热（采暖）＞自然通风＞风扇驱动通风＞制冷，必要时除湿≈内部蓄热＞制冷，必要时除湿＞窗户遮阳。其中，保温/采暖是基于较高的舒适标准和现代绿色建筑设计标准要求，但事实上，由于传统民居重夏轻冬的策略倾向和居民较为宽泛的舒适范围，保温/采暖的优先级应适当后置。

3.4 本章小结

本章运用Climate Consultant气候分析软件，基于累年宏观气象数据，详细对重庆地域气候特征与人体适应性热舒适参考范围进行可视化分析，归纳重庆地域气候特征主要包括：1）夏季湿热且高温期长；冬季湿冷，但相较于寒冷地区温度相对温和；过渡季较为温和适宜；全年高湿，日均相对湿度大于80%占比62%，60%～80%之间占比29%，且过渡季和冬季湿度高。2）宏观风速低，静风率高，但山地引起的局地风场和微气候特征显著。3）日照率低，云层覆盖率高。

结合实测数据，明晰了三倒拐场镇民居山地微气候特征，包括：1）热湿环境与主城区存在差异，温度相对偏低且湿度较大；2）具有显著的立体地方性风场，平均风速高于宏观累年数据，且具有山谷风和水陆风的昼夜立体循环规律；3）山体与地表具有相对稳定的热工特性，年均温度基本保持在18℃左右。

基于生物气候图法，运用Climate Consultant分析了16项气候设计策略在重庆地区的有效程度，主要结论为：1）自然通风、风扇驱动通风和除湿，对于改善民居室内热湿环境作用显著，是应优先选择的被动式策略。其中，自然通风和风扇驱动通风全年可将舒适百分比提高37.2%；自然通风在6～9月舒适度提升均在42%以上，7月最高，可达50%，全年可将舒适时段增加近80天（1935小时）；单纯除湿全年可将舒适百分比提高31.3%，制冷且必要时除湿可提高9.6%。2）窗户遮阳在5～9月均有一定作用，对夏季室内热舒适的改善较为明显，7、8月可将舒适百分比分别提高22.8%和22%。3）被动式太阳能得热、直接蒸发与二次蒸发降温、高蓄热、户外防风等策略均不太适用。4）由于重庆地区夏热冬冷的气候特征，在夏季和冬季均有部分时段有必要采取主动措施进行制冷和采暖。

　　综合地域气候特征分析、热工设计要求和生物气候策略分析，提出了适用于该地区及类似山地地区的主导气候策略排序：除湿≈保温得热（采暖）＞自然通风＞风扇驱动通风＞制冷，必要时除湿≈内部蓄热＞制冷，必要时除湿＞窗户遮阳。其中，针对三倒拐场镇民居特点，非机械手段的除湿也需以自然通风为主，因此自然通风对三倒拐场镇民居尤为重要，且应以迎纳山地立体风场和利用竖向高差促进热压通风为主，以此规避重庆宏观风速低、静风率高的不利因素。保温/采暖是基于较高的舒适标准和现代绿色建筑设计标准要求，但事实上，由于传统民居重夏轻冬的策略倾向和使用者较为宽泛的舒适范围，保温/采暖的优先级应适当后置。主导气候策略及其效应排序可作为进一步提取和分析三倒拐场镇传统民居气候适应性营建模式的基准参照。

第 4 章 | 基于空间本体的气候适应性：空间营建模式分析

空间形态丰富，营建方式灵活多变是重庆山地场镇民居的主要特点，因而具有较多繁杂的空间类型名称和多样的空间拓扑变化，而对气候适应性设计而言，很多繁杂的营建名称所指代的空间具有作用和类型的同源性，如：屋面出檐，按传统营建方式可分为"单挑出檐"、"双挑出檐"、"转角出檐"等，但其主要的气候调节作用均属于综合遮阳类；又如一些辅助用房，可包括"偏厦"、"拖厢"、"梭厢"等，均属于气候缓冲类。对三倒拐场镇民居气候适应性的研究重点在于以气候调节作用原理及效应为依据，对民居空间名称和变化方式进行适当合并与再分类，从而更清晰地提取与气候设计密切关联的典型空间模式，为性能量化分析和机理分析奠定基础。此外，既往研究多从单向的空间营建角度分析气候调节作用，或从气候策略角度分析空间营建方式，且多侧重围护结构性能。这种单向的分析路径易忽略民居不同空间层级在气候策略上的关联性和不同气候策略在空间上的复合性。

本章从双向交互路径对三倒拐场镇民居的气候适应性营建模式进行提取与解析：一方面，从空间营建角度，按聚落、建筑、界面不同空间层级提取与气候策略相关的空间模式并分析其环境调节作用；另一方面，从主导气候策略角度，按自然通风、综合遮阳、天然采光等分析聚落、建筑、界面空间的组合模式及应变措施。

本章首先对三倒拐场镇典型民居气候适应性营建模式进行了梳理与统计（附录B），分别从聚落（4.1）、建筑（4.2）、界面（4.3）三个空间层级对三倒拐场镇民居的空间模式和气候调节作用进行了提取与分析。在此基础上，综合聚落、建筑、界面三个空间层级，分析自然通风、综合遮阳、天然采光等主导气候策略的主要方式、组合模式及应变措施（4.4）。最后，基于空间模式与气候策略的有机关联，进一步归纳总结三倒拐场镇民居气候适应性空间营建的总体特征（4.5）。

4.1　聚落空间组织与空间原型分析

4.1.1　山地微气候与朝向选择

1. 尊重整体山水格局，适应局地微气候

在传统人居环境营建中，自然山水的整体格局是聚落营建的基础。在山地环境中，地形地貌条件复杂，立体微气候特征显著，聚落选址和朝向选择常受到地形因素的多种限制

和局地微气候的重要影响[①]。从2.2.1对三倒拐场镇聚落形态的初步分析可以看出，三倒拐场镇聚落的营建模式，一方面尊重所处山地环境的整体山水格局，同时兼具商业、码头、交通运输等多种功能；另一方面，三倒拐场镇的总体布局也有利于将所处山体与水系形成的立体微气候引入聚落主街和建筑内部。此外，在山地地形条件复杂的情况下，需优先将平坝或缓坡地段的良田好土用于耕种，三倒拐场镇聚落沿山脊的纵向布局也为东侧较为平坦的耕地让出空间。

2. 迎纳地方性主导风向

山地建成环境中的地方性风场[②]（3.2.2）是聚落布局的重要影响因素。三倒拐场镇聚落选址和朝向选择综合迎纳了局地山谷风和水陆风，主街顺山势而下迎向南面的长江，与主街垂直的大小冷巷迎向东西两侧的山谷，东侧同时朝向桃花溪。三倒拐场镇的聚落布局与朝向选择也说明在山地建成环境中，地方性风场的主导作用比宏观气象的夏季主导风向更为重要[③]（图4.1）。

图4.1　三倒拐场镇山水格局引起的地方性风场（颜色代表昼夜循环方向变化）
（资料来源：作者绘）

---

① 赵万民. 巴渝古镇聚居空间研究［M］. 南京：东南大学出版社，2011.
② 地方性风场包括海陆风（水陆风）和山谷风，均是以24小时为周期变化的地方性风。
③ 这也在一定程度上契合了重庆市《绿色建筑评价标准》中强调建筑要朝向通风时段主导风向，而不是夏季主导风向。

3．朝向受日照因素影响低

由于重庆地区全年日照率低，民居朝向往往对日照方位没有严格的限定，在三倒拐地区，大部分民居都呈现东西朝向（东偏南10°～西偏北10°为主），只有少数位于街道拐角处或开阔处的建筑朝向有适度偏转。三倒拐场镇聚落的整体朝向并没有与一般宏观数据显示的重庆地区适宜的南北朝向一致，这也反映出相比于日照，山地立体微气候和局地主导风向是聚落朝向选择更为重要的影响因素，而日照因素的影响相对较低。这既符合重庆地区日照率低的气候特点，又积极应对了建筑全年对自然通风的策略需要，也与重庆市《绿色建筑评价标准》DBJ 50/T-066-2014中将日照改为一般性标准的特点相契合[①]。同时，三倒拐场镇聚落的东西朝向还巧妙结合了建筑的竹筒式布局特征，将大进深的山墙面朝向西南和东北，建筑通过互遮阳减少南向辐射，而窄面宽朝向东西方向，并在东西向辅以茂盛的绿化，以此减少辐射吸收量。

还需指出的是，从场镇型民居中部分建筑朝向的变化也可以看出风向对建筑朝向选择的主导作用。在三倒拐地区，三倒拐主街30号黄家院子的朝向与周围建筑成东偏南近35°的差异，一方面是由于该建筑位于主街道的拐角处，另一方面，该建筑位于山地微地形的山脊处，因此建筑迎向与主街道平行的主导风向，同时其山墙面朝向山谷，并在山墙面加设挑廊，以促进通风。

4.1.2 互遮阳体系

重庆场镇聚落营建的另一典型特征即为建筑的互遮阳体系。三倒拐场镇民居互遮阳体系主要分为两种：1）建筑南北方向山墙利用山地高差形成高低错落的互遮阳；2）沿主街两侧建筑在东西方向的互遮阳。此外，三倒拐场镇东西两侧绿化院坝丰富，并沿等高线逐级下跌，形成错落的绿化层次，是有效的环境遮阳方式。

在建筑互遮阳方面，南北山墙面和主街东西主立面的互遮阳体系使整个场镇聚落和单体民居均尽可能争取了夏季南向和西向的遮阳最大化，降低建筑界面的太阳辐射得热。互遮阳体系虽然会使得民居在冬季的日照得热受到一定影响，但由于重庆地区冬季日照率很低，因此，互遮阳体系也在一定程度上体现了三倒拐场镇民居对于全年季节和气候因素的综合权衡（图4.2）。

在环境遮阳方面[②]，主街拐角和支路分叉处均有参天的黄葛树，既构成了三倒拐的文化景观，也起到良好的遮阴效果（图4.3）。场镇东西两侧形成了多个大小不一的绿化院坝，并结合山体绿化，高大灌木较多，整个聚落掩映在树丛中（图4.4）。

---

① 《绿色建筑评价标准》GB/T 50378-2014中，日照是作为强制性标准。而在重庆的地方标准中，将日照作为一般性标准。从传统民居的聚落朝向选择，也可以看出这一做法的地域科学性，即，相比于日照，主导风向对于聚落和建筑的朝向影响更为重要。
② 研究表明，树木改善夏季室外热环境的效果最好，其次是草坪，灌木略差（林波荣，2004）。

（a）夏季日照率高　　　　　　　　　　　　（b）冬季和过渡季日照率低且多雾

图4.2　三倒拐场镇主街道冬夏两季日照对比

（资料来源：作者绘）

图4.3　三倒拐主街高大灌木遮阳

（资料来源：作者摄）

图4.4　三倒拐聚落南向互遮阳与东西两侧绿化遮阳
（资料来源：作者摄）

4.1.3　聚落空间原型提取与分析

空间原型1：纵向狭长主街

狭长主街是巴渝场镇聚落层面的主要空间原型之一，对于纵向型沿江场镇而言，垂直等高线形成的纵向狭长主街更是极具山地特征的典型空间形态，其一方面适应了地形，另一方面也是出于商业考虑——连续的街道空间便于商业活动的开展，较为狭窄的街道公共空间也有助于维系热闹的氛围。

狭长主街的气候调节作用包括：1）促进街道及聚落自然通风。三倒拐场镇的主街和主要支路高宽比在1∶1~2∶1之间，有利于加速流入街道内的风速，进而促进建筑沿街面的自然通风。同时，沿江场镇建筑沿街面多为半开敞的店铺或堂屋空间，街道内的纵向风路也可以更好地和建筑内的横向风路相结合，从而改善聚落整体的风环境；2）狭窄的街道有助于增加街道内的阴影面积，对夏季街道及聚落整体遮阳防热起到一定的促进作用。

空间原型2：冷巷空间

聚落层面的冷巷通常指建筑之间的狭窄巷道，冷巷是我国南方聚落民居的一种典型空间形态，通常沿建筑纵深方向，宽度在0.5~1.2m之间，基本仅可容纳1~2人通行。在三倒拐场镇中，冷巷常垂直于主街顺地形等高线密集交错排布，"鱼骨式"伸向四面八方，一端连接主街道，另一端通常连接较为开阔的绿地、院坝、田地等，以此形成通风路径。冷巷的形成也是基于传统穿斗式结构体系特点，为建筑山墙之间的结构形变留有余地。除上述作用外，由于三倒拐是纵向沿江场镇，因此部分冷巷还兼具了重要的水平交通功能，方便居民在水平上能通达周围的建筑群或田地（图4.5）。

冷巷的气候调节作用主要包括: 1) 有利于遮阳降温。冷巷空间狭窄,使得两边建筑的屋檐与墙体可以互遮阳,其上屋檐也常呈重叠状。冷巷常处于遮蔽环境中,减少了直接太阳辐射得热,既使得冷巷在夏季的温度相较于太阳直射区要偏低,也大大降低了夏季太阳对两侧围护结构表面的直射辐射; 2) 组织聚落及建筑山墙面的自然通风。高宽比大的冷巷空间有利于加速流经其间的风速,并促进竖向热压通风,与主街垂直,也形成了横纵交错的风路。传统民居常在山墙开设气口或具有格栅的窗户以组织室内透气透光,冷巷空间则提供了自然通风与间接采光。

空间原型3: 连续檐下空间

三倒拐场镇由于是以前的商业繁华区,同重庆大多数场镇相同,在沿街界面处理上一般都形成连续的檐下空间,为商业活动提供良好的沿街经商场所,其檐下空间主要包括宽大出檐形成的檐下空间或有柱廊的檐廊空间,并以宽大出檐形成的檐下空间为主(图4.6)。

图4.5 三倒拐场镇民居典型冷巷空间
(资料来源: 作者摄)

图4.6 主街道两旁连续檐下空间遮阳
(资料来源: 作者摄)

4.2 建筑空间组织与空间原型分析

4.2.1 空间组织特征

1. 水平布局紧凑，平面形式较为多样

三倒拐场镇民居的平面基本形制包括天井式、廊院式、竹筒式、自由式，以及在基本平面形制上产生的组合变化（图4.7）。功能一般为前店后居或下店上居。建筑平面在水平进深上具有较为严整的主从与序列次序，包括店铺/堂屋、天井/庭院、主卧室等。同重庆很多山地场镇相似，三倒拐场镇民居中也存在一些自由式布局的民居，其平面没有严整的轴线序列，而是因循不同的地势条件采取自由组合的平面形态。尤其是过去作为茶馆、酒馆类的店居，多选在风景优美之处，临河临坡，或吊脚，或挑空，水平空间布局更为多变。

2. 竖向空间灵活多样，建筑内部高差变化多

三倒拐场镇因起源于商业活动，沿街铺面通常为一至两开间，三间及以上的大型店铺较为少见。由于开间上的限制，建筑为争取更多的使用面积会在深度和高度上拓展。同时，三倒拐场镇作为纵向山地场镇的典型代表，其竖向空间的布局与拓展形式更为丰富，并综合体现在建筑内外空间上：一方面，建筑利用穿斗结构的灵活性，巧妙利用山体，自由组合增减间数或局部层高，形成各种吊脚、悬挑及半地下空间，其大小、位置、高度等均不尽相同。另一方面，各式室外楼梯、室内梯井、吹拔等也利用地形高差或建筑内部高敞空间与主要居室有机结合，形成各式错层。这些竖向空间的灵活布局，既契合地形，又符合空间使用需要，并自然地构成了丰富多变的宅店民居空间形式和景观特色，反映出山地民居空间生成的内在逻辑。如三倒拐91号，临街首层设置堂屋、餐厅、厨房，临水一侧出挑阳台。二层阁楼东西对称均为卧室，临山谷一侧利用高差设置半地下室和厕间，其西北角受山体形状限制形成狭窄折线，安排为三层通高楼井。半地下室靠主街一侧直接利用山体构成围合立面作储藏间，存放如酒桶、泡菜等长期需要阴凉的物品。临水和山谷一侧有较好的采光，布置房间，并分散布置厕间、浴室、家畜圈养区、小型菜地等（图4.8）。

由宏观气候分析可知（3.1.2），重庆地区年均风速低，利用竖向空间组织促进热压通风是优化建筑整体自然通风的重要措施。山地地形的高差也为竖向空间组织提供了天然条件。三倒拐场镇民居的竖向空间组织既包括不同的竖向空间原型单元，如冷巷、竖井、坡屋顶高空间等，也包括不同空间原型的竖向组合。

廊院式   天井+自由式   天井+竹筒式

竹筒+自由式   自由式   竹筒式

图4.7 三倒拐场镇民居典型平面类型

（资料来源：刘可、作者绘）

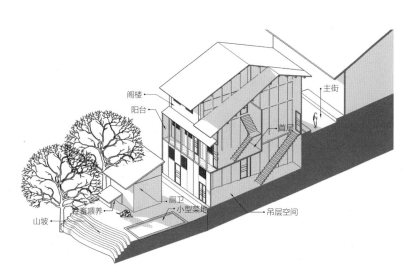

图4.8 典型民居竖向空间组织

（资料来源：作者绘）

3. 核心空间规整且功能关联紧密，辅助空间凹凸分化

三倒拐场镇民居是生活空间、商业空间、生产空间的综合，其功能空间类型较现代住宅更为复合与多样。

1）空间形态

店铺、堂屋、卧室、天井等主要核心空间单元及其组合形态都相对规整。即使建筑整体具有多重院落序列，或在水平及垂直方向因山体形成了轴线上的转折，其核心空间形态也都保持相对的方整和简洁。而檐廊、悬挑、厕卫、厨房、楼梯间、吹拔以及功能多样的偏厦等辅助空间往往随机穿插或依附于核心空间周围，其空间的单元形态和组合模式呈现凹凸分化，不规则性较为显著。这些辅助空间往往随核心空间和地形条件，化整为零、化大为小、灵活分散。同时，核心空间一般具有相对的独立封闭性，以保证居室安全和环境舒适度，而辅助空间常保持一种半开放或开放状态（图4.9）。

（a）典型民居核心空间与辅助空间分布

（b）辅助空间（偏厦）零散依附于主体　　　　（c）辅助空间的半开敞特征

图4.9　辅助空间的凹凸分化与半开敞特征

（资料来源：作者绘）

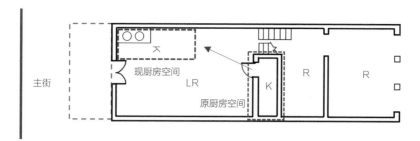

图4.10　三倒拐场镇民居厨房位置变化示意
（资料来源：作者绘）

2）功能布局

对于主要功能区，店铺、起居室、卧室等主要功能空间相互之间组合连接密切，且具有一定的复合性，如店铺、堂屋、起居常兼具多种日常生活功能。厨房在一些民居中也是重要的功能要素，其中比较典型的是厨房与店铺、起居室关联：一方面，对于以餐饮、食品等为主要经营类型的宅店民居而言，厨房要与店铺紧密相连，以做备餐、清洗之用。但在现代使用中，如果店铺不再继续经营，则大多数使用者都会将厨房移至进深端部或在庭院/天井处加建，使厨房能更好地通风排烟。如三倒拐和平街137号，原建筑厨房紧邻店铺，随着后来功能的改变，店铺变为了起居室，而厨房则移至建筑入口处，使得炊事烟气可以直接对外排出[①]（图4.10）。另一方面，一日三餐和一些农作物的生产加工也是家庭的重要活动，厨房位置常与起居室紧密相连，冬季还可以直接利用炊事余热适度为居室供暖。

对于辅助功能区，炊事、盥洗、喂养以及其他一些劳作用房之间的功能关联度较为多变，或连接，或隔离，常根据使用主体和建筑用途的不同而具有多种差异。例如，结合山体有吊层、半地下室的民居，其厕卫、厨房等会分层设置。

在纵向功能布局上，主要空间常位于与主街等高的首层，辅助空间常位于吊层或阁层。吊层或阁层通常作为储物之用，部分民居中也用作书房、卧室等。

总体而言，核心空间与主要功能相对集中，而辅助空间及其功能则更为分化灵活。这样有利于分时分区进行空间使用，注重提高主要居室的室内环境，进而节约能源。

4．半室外空间占比高，形式丰富

三倒拐场镇传统民居空间构成的重要特点之一就是各种院坝、天井及各式檐下半室外空间丰富多样（图4.11）。李先逵教授将这种半室外空间系统总结为"晴不顶烈日，雨不湿脚鞋，全天候院落交通网络体系"。半室外空间不仅作为主要居室良好的气候缓冲层，其自身

---

① 通过实地调研与访谈得知。

图4.11　三倒拐场镇民居各式半室外空间活动
（资料来源：作者摄）

也营造了优于室外的微气候。在使用功能上，这种半室外空间具有多重复合性，如休憩、摆龙门阵、打麻将、做家务、进行一些纺纱养蚕、食品晾晒制作等生产活动均在半室外空间进行。过渡季因室外气候温和舒适，人们更喜欢在半室外空间活动；在湿冷的冬季，当有日照或气温较为温暖时，室外热湿环境往往优于室内，人们也更倾向在半室外空间活动。

4.2.2　建筑空间原型提取与分析[①]

空间原型1：吊层空间

主要包括吊脚空间、半掩体空间等。吊层空间是重庆山地场镇民居的特色空间之一，三倒拐场镇有吊层空间的民居较多（2.2.2），且与一般吊脚楼不同，其吊层空间多与山体直接

---

① 对三倒拐场镇民居建筑空间原型的分类统计参见附录B。

相接，沿东西山坡顺势下跌，吊层的一面或多面与山体相接，主立面朝向山谷或水面。吊层空间外部往往形成小型院坝，包括绿化院坝、小型菜地、牲畜喂养等。居民对吊层空间的使用也很多元，有作储物之用，也有作为厨房、餐厅，甚至卧室等。吊层空间利用山体的热工性能，夏季具有明显的降温作用，但总体潮湿感较重。

空间原型2：天井空间

主要包括天井、庭院、抱厅等。在重庆山地场镇民居中，通常把大小院落统称为天井[①]，天井与建筑总面积比以1∶3为主，天井高宽比约为1.75∶1，空间狭小窄高。天井既是建筑布局的核心，也是结合形制、地形可灵活设置位置、面积、尺度的空间原型。三倒拐场镇民居的天井空间基本包括三种类型：第一类是面积稍大，方形或扁方形的"庭院"，四周围合房间；第二类是条形或小方形的"天井"，常位于建筑中部或偏于一侧（图4.12）；第三类是加设屋顶的天井，称为"抱厅"、"气楼"、"凉厅子"等。

天井在促进通风、提供天然采光、遮阳防雨、蓄水排水等方面具有综合的环境调节作用，是场镇型紧凑布局民居中较为常见的空间类型，但相比于平地民居，在三倒拐纵向场镇中，民居以竹筒式和自由式为主，其天井空间设置更富于变化。

空间原型3：竖井空间

主要包括通高走廊、梯井、吹拔等。竖井空间在三倒拐场镇民居中十分常见。其中，通

（a）位于一侧（紧靠相邻建筑底部山体）　　　　（b）位于中部并与通廊相连

图4.12　三倒拐场镇民居典型天井空间原型

（资料来源：作者摄）

---

① 民间地理典籍记载："天井，主于消纳，大则泄气，小则郁气，大小以屋势相应为准。"

高走廊一般内隔墙不到顶，既作为交通空间，也作为通风路径，同时还促进竖向空气对流，并利用竖向温度分层提升近人高度活动范围的舒适度。由于山地地形高差变化多，竖井也常与楼梯相接，形成梯井，连通不同楼层，有的民居中竖井高达10m以上，同时连通吊层、首层、阁层等不同楼层空间。

空间原型4：坡屋顶高空间

坡屋顶冷摊瓦屋面具有热阻小、升温降温快、表面温度波动大的特征，且整体属于通风透气型屋面，因此坡屋顶高空间有助于促进热压通风，并适度提高近人高度室内环境稳定性。大量既有研究也证明了坡屋顶顶部基于文丘里效应的通风原理。此外，在实地调研被访谈的使用者中，普遍认为坡屋顶高空间比平屋顶更舒适，有部分使用者认为坡屋顶高空间在夏季给人更为凉爽的感觉。同时，坡屋顶高空间常与屋顶采光结合，可提高居室内的采光效率。

空间原型5：阁层空间

主要包括阁楼、阁层。穿斗式木结构在屋顶上部所占空间大，加上冷摊瓦屋面温度波动性较大，传统民居常设置阁层或阁楼，既作为储物、晾晒等具有一定使用功能的空间，又成为室内屋顶上部的气候缓冲空间，有利于隔热防寒。阁楼和阁层的具体形式较为多样：有的加设可上人楼板，整层使用，也有设置局部阁层用于储物，阁层上部山墙面有的较为封闭，有的则十分开敞（图4.13）。

| （a）可上人阁层 | （b）半开敞阁层 | （c）储物阁层 |

图4.13　三倒拐场镇民居不同的阁层空间形式
（资料来源：作者摄）

空间原型6：檐下空间

主要包括檐廊、挑廊、阳台、主立面及天井等出檐空间。檐下空间作为气候缓冲空间，在遮阳防热、防雨、导风等方面具有多重作用，并通过热缓冲作用提高核心空间的室内环境稳定性，且在一些时段提供了优于室外与室内的物理环境，是居民日常休闲娱乐、生产生活的主要场所。

主要空间原型及形式归纳如表4.1所示：

原型	空间形式	图示	原型	空间形式	图示
A1 吊层 空间	B1 吊脚	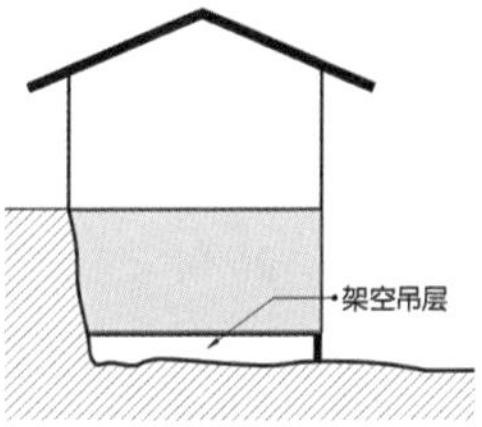 适应地形、架空	A4 坡屋 顶高 空间	B9 全部	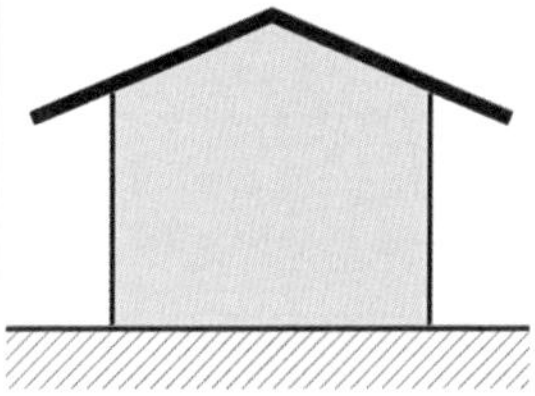
	B2 半掩体	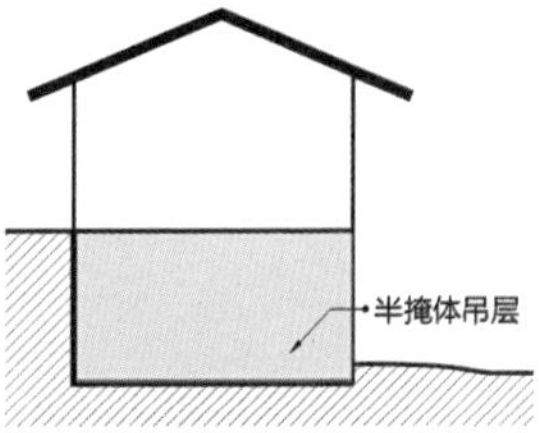 一面或三面围合		B10 局部	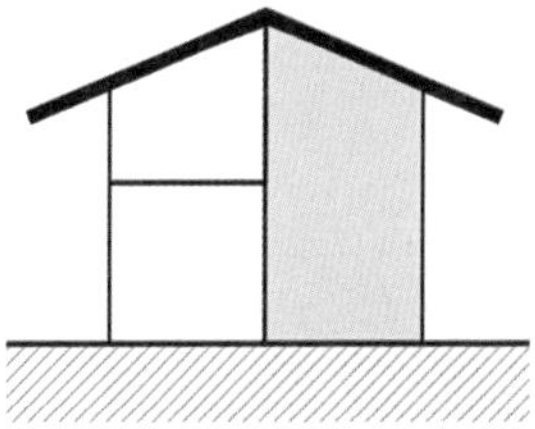
A2 天井 空间	B3 天井	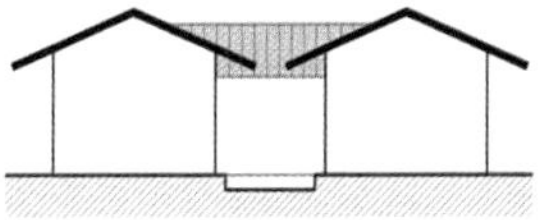 尺寸窄小	A5 阁层 空间	B11 阁楼	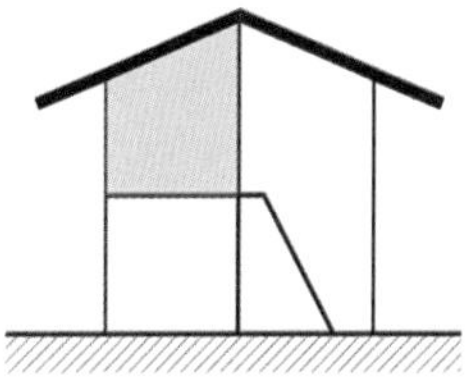
	B4 庭院	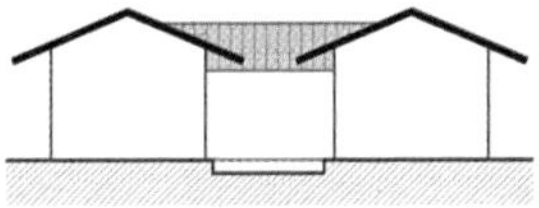 尺寸较大		B12 封闭阁层	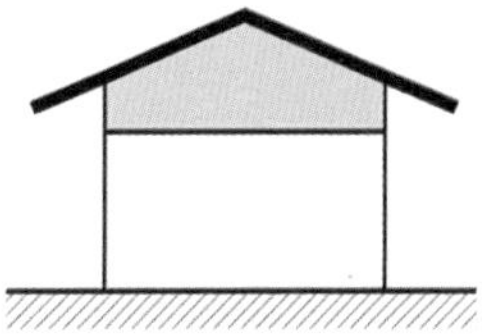
	B5 抱厅	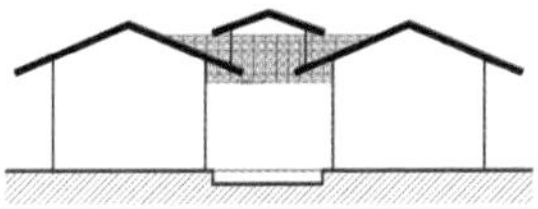 有屋顶		B13 半封闭阁层	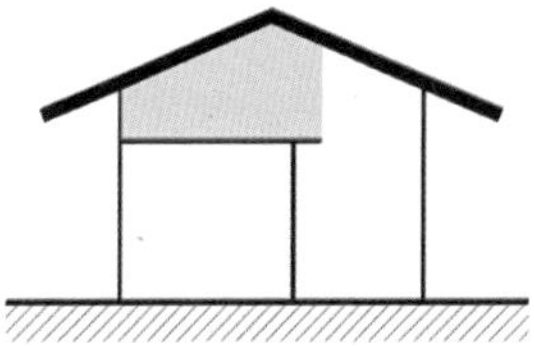
A3 竖井 空间	B6 通高走廊	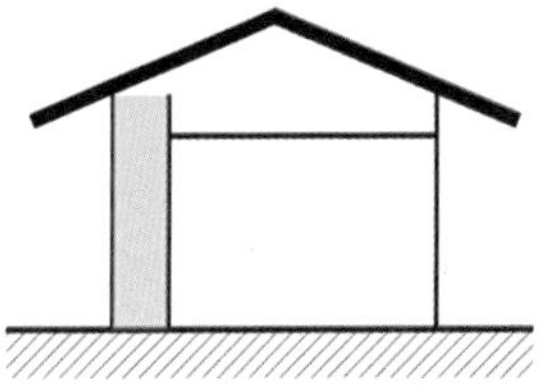	A6 檐下 空间	B14 檐廊	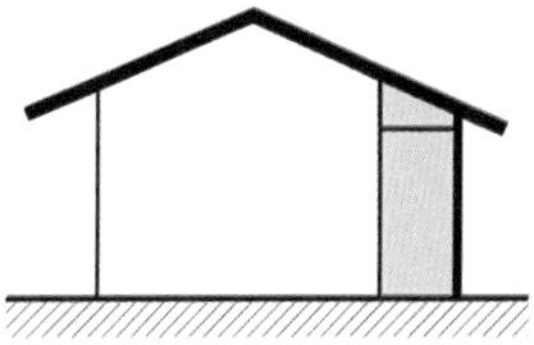

原型	空间形式	图示	原型	空间形式	图示
A3 竖井空间	B7 梯井		A6 檐下空间	B15 出檐	
	B8 吹拔及其他			B16 悬挑、阳台等	

（资料来源：作者绘）

4.2.3 空间的特殊处理：山体利用

山地场镇民居常常需要处理建筑与山体的关系。在既往研究中，大部分研究多强调建筑底面与山地地形的接地方式，而在三倒拐场镇民居中，除了建筑底面与山地结合形成吊层、半地下室外，还发现了多处在建筑内外立面直接利用山体的做法。按利用方式的不同，可主要划分为三种（图4.14）：

1）利用山体充当某一空间的局部围护结构，具体包括：①与厨房结合，直接作为厨房一侧内墙，通常做套白处理（图4.15）；②与竖井或梯井结合，作为竖井或梯井下部一侧的围护结构，基本不做立面处理；③与通高走廊结合，作为通高走廊一侧的内墙，通常做套白处理。

2）利用山体形成吊层空间，具体做法主要为利用山地高差并结合山体做架空吊层空间或半掩体吊层空间。

3）利用山体形成井道空间，具体做法包括建筑立面或底部与山体形成窄缝或井道空间，建筑朝向山体一侧做露明造或上部开口。

在山地建成环境中，山体利用具有多重环境调节作用：①灵活适应地形地貌，既可以架空，也可以依山就势形成掩体空间，同时尽量减少对山体的干扰；②与山体之间形成的通道又有类似井道风和地道风的作用，可以促进建筑底层及靠近山体部分的空气流通；③利用山体作为局部围护结构的做法，巧妙利用了山体和地表常年较为稳定的热工性能，适度改善了室内的热环境及其稳定性，尤其是夏季可借助山体作为冷源促进室内降温，但湿度会相应增加。

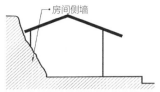

（a）利用山体做局部围护结构

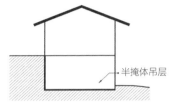

（b）利用山体形成吊层空间

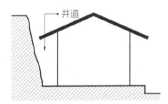

（c）利用山体形成井道空间

图4.14　山体利用模式图
（资料来源：作者绘）

图4.15　利用山体直接作为厨房围护结构
（资料来源：作者摄）

4.3　界面空间构造与细部元素分析[①]

4.3.1　屋面构造与细部元素

1. 冷摊瓦

　　与重庆典型传统民居相同，三倒拐场镇民居屋顶也以冷摊瓦屋面为主。一般为双坡悬山式，清水屋脊，多采用屋面不加望板，瓦片为单层小青瓦，小青瓦厚约10mm，瓦片重叠间有约2～3mm空气间层。四川地区将屋坡举折做法称为"分水"，即：檐柱至中柱的水平距离若为十尺，举高一尺叫一分水，以此类推，一般悬山屋顶多为五分水，即举高五尺

---

① 对三倒拐场镇民居界面空间细部元素构成的分类统计参见附录B。

（26°34′），房屋构架高跨比为1：4，也有做三分水或六分水的，坡度范围约在18～27°之间。长短坡也是极为常见的做法。

2．深出檐

大屋檐、深出檐是三倒拐场镇民居屋面构造的主要方式。单栋民居和多栋民居常呈现连续的坡屋面，遮阳防雨作用较为突出（图4.16）。出檐类型包括悬挑出檐和转角出檐，常见的出檐形式如图4.17所示。悬挑出檐分为单挑出檐和双挑出檐。单挑出檐为自檐柱到檐檩挑出一步架，一般为0.9～1.2m。双挑出檐为采用双层挑枋，出两步架，出檐可达2m。转角出檐通常是挑出梁角（爪把子），其上斜立子角梁（立爪）。三倒拐场镇民居中，上半段三倒拐街民居多为单挑出檐，而下半段和平街民居则多为双挑出檐。

图4.16　连续坡屋面
（资料来源：作者摄）

檐口形式1　　　　　　　　　　檐口形式2　　　　　　　　　檐口形式3

檐口形式4　　　　　　　　　　檐口形式5　　　　　　　　　檐口形式6

图4.17　三倒拐场镇主要沿街建筑檐口形式
（资料来源：重庆大学建筑城规学院）

3．猫儿钻/老虎窗

"猫儿钻"是在屋顶上用瓦片搭建出一个排气口，因尺度较小，民间形容为可容纳一只猫通过，因此而得名。猫儿钻的构造简单，很适合传统居民根据需要随机设置。"老虎窗"是传统民居中屋顶开口的另一主要方式。"老虎窗"较"猫儿钻"的尺度要大，构造也相对复杂，其通风、采光的有效面积更大（图4.18）。

图4.18　三倒拐场镇民居猫儿钻/老虎窗
（资料来源：作者摄）

4．亮瓦

亮瓦是在小青瓦中替换设置透光瓦片，一般设3列或5列，一列3片（多用奇数）。在三倒拐场镇民居中，亮瓦的使用十分普遍，特别是随着现代生活对采光需求的提升，很多民居都在堂屋、厨房、梯井等位置的屋面处增设亮瓦，改善居室光环境。

5．屋面构造特征及气候调节作用

1）冷摊瓦的做法与湿热多雨的气候相适应，具有透气、散热、排水等多种作用。首先，冷摊瓦的做法保留了瓦体间的缝隙，且瓦底露明，不加望板，透气性好，在缺乏机械排风的传统民居中是有效且必要的屋面通风构造做法。其次，冷摊瓦的铺瓦形式可有效防雨，雨水可沿仰瓦迅速排出，在屋面交角处也会通过瓦作进行排水（俗称窝脚沟）。再次，小青瓦屋面属于轻薄型围护结构，热阻小，能迅速降温，又由于传统民居室内层高较高，竖向空间温度分层明显，且小青瓦之间的空气间层会适度削减内表面的温度值及波动范围，因此，即便小青瓦导致室内高处温度升高，对近地面活动范围的影响也会在一定程度上被弱化。

2）深出檐可有效遮阳、防雨，同时形成气候缓冲层及半室外活动空间。三倒拐场镇民居的出檐不仅可遮住外窗，还可遮住大部分墙体，有效应对夏季日晒。

3）屋顶开设老虎窗和猫儿钻有利于通风、排气、透光。其中，猫儿钻因构造简单，有利于居民根据房间布局的具体需要，增加其数量或更改位置。

4）亮瓦是三倒拐场镇民居中最为常见的屋顶采光形式，既符合天窗采光效率较高的原理，又同小青瓦有机结合，具有透气、排雨等工能，且安装简单、成本低廉，居民可根据需要自行增减。

4.3.2　墙体材料与构造特点[①]

三倒拐传统民居围护结构材料可分为两种基本类型：轻薄型和厚重型。轻薄型主要包括木夹壁和竹篾泥墙；厚重型主要包括砖、夯土、石砌和山体岩壁（表4.2）。通常，聚居型民居多以木夹壁、竹篾泥墙为主，个别拐角处较为独立的民居以夯土和石砌为主。同一建筑若混杂多种围护材料，则多为下部以砖、石等厚重材料为主，上部以竹篾泥墙等轻薄材料为主。木夹壁、竹篾泥墙因制作快，耗时短，用料省，且类似于标准模块安装，在穿斗结构下利于开大门，常用于场镇宅店型民居中。

三倒拐场镇民居主要墙体材料　　　　　　　　表4.2

类型	名称	图示	名称	图示
轻薄型	木板壁		竹篾泥墙	
厚重型	土墙		石墙（堡坎）	
	青砖墙		山体岩壁	

（资料来源：作者绘/摄）

---

① 下文中部分材料与构造具体尺寸数据源于参考文献［206］。

1．木板壁

木板壁墙，又称木夹壁，是传统民居中很薄的一类墙体。川渝地区木板壁使用的板材尺寸相比于其他地区略小，因而常成横向或横纵交替排布。木板通常仅为10～30mm的松木板，表面刷桐油以增强其耐久性。木板壁因安装拆卸便捷，很适用于场镇型的宅店民居，并常与竹篾泥墙共同使用。

2．竹篾泥墙

竹篾泥墙，又称竹篾墙、竹编木骨泥墙等，其历史可追溯至汉代，是一类富有地方特色的墙体。其做法是在木柱和穿枋之间编好竹篾墙体单元骨架并插入两端的穿枋固定，而后在竹篾骨架内外两侧涂抹混合碎秸秆或谷壳的灰泥，待灰泥干后，采用石灰抹面（套白），也有竹篾骨架露明，不涂抹灰泥的做法。竹篾泥墙较薄，一般为30～50mm，二至三尺见方，与传统木构架穿斗式结构尺寸相契合，具有一定模数，便于安装和拆卸，其自身也不承重。在建筑外部，竹篾泥墙通常不会单独使用，多用于建筑山墙上部或开间立面檐下及挑枋处，而下部常接木夹壁、砖墙等一起在建筑中使用。在建筑内部，竹篾墙多为内隔墙，且常止于梁下，不到顶。

3．土墙

一般分为夯土和土坯两种。夯土墙是传统民居中较常见的做法，即用模型板以土夯筑而成。在三倒拐及重庆地区，土的用料一般包括三类：1）鹅石子、砂土、石灰三合土；2）砂土、石灰；3）砂土、碎砖、瓦砾。在本研究调研的三倒拐地区，有一夯土墙实例，其做法具有代表性：墙厚尺寸为标准的350mm（在重庆地区常称为"一尺墙"），为加强其结构安全性，用分层埋设竹筋以加强连接，有时也在拐角处增加竖向竹筋[①]。夯土墙外部抹白灰并加设石基座。

4．石墙

完整的石砌民居在三倒拐地区未见实例，但多数民居基于结构性和耐候性都会在墙基或柱基采用石砌做法。同时，为加固山体，防止水土流失，很多民居基础也会用石材结合山体做"堡坎"——富有重庆地方特色质感的红砂石墙。有些毛石墙体中，墙基部分采用虎皮墙做法，水泥勾缝。此外，当建筑一侧靠近山体时，邻近山体一侧的立面有时也会用石砌墙加固，称作"溜子墙"，一般不做勾缝和外表面抹灰处理。

5．砖墙

在传统民居中，很少是最初建房时就直接使用砖墙的。在三倒拐地区，普遍采用砖墙做法都是因需要对民居进行加固改造而将竹篾墙以下墙壁替换成砖墙。部分民居因偏厦等辅助

---

① 这一做法也在本研究实地调研的三倒拐地区居民的访谈中得以证实。

空间破损，重新修建或加建时亦采用砖墙。

6．山体岩壁

除了上述常见的围护结构材料及其构造做法外，三倒拐场镇传统民居还存在直接以山体岩壁做围护墙体的方式（4.2.3）。

7．墙体构造特征及气候调节作用

1）三倒拐场镇民居围护结构材料以轻薄型为主，或上轻薄下厚重。在重庆高温高湿的夏季，轻薄型材料有利于通风散热。建筑下部采用厚重型材料有利于提高围护结构稳定性，改善室内人活动高度的热稳定性，高处轻薄性材料可有利促进热压通风，增强透气性（图4.19）。

图4.19　三倒拐场镇民居以轻薄材料为主，上轻薄下厚重的界面空间构成
（资料来源：作者摄）

2）轻薄型材料的多孔性，有利于除湿散热，防止结露。在传统缺乏机械除湿手段的情况下，降低绝对湿度是比较困难的，因此民居更多是注重采用多孔性材料，防止表面结露和返潮，以此应对重庆常年高湿的不利气候因素。

3）三倒拐场镇民居多以本土原生的木、竹、土、石为材料，就地取材，生态环保，且木板壁、竹篾泥墙均是制作简单、具有一定标准尺寸的构建，可快速安装、拆卸、替换等，既巧妙契合了穿斗结构的承重体系和模数化建构，又融合了散热、防潮、防虫害等综合性能，是具有节材环保特征的绿色营建经验。

4）直接利用山体围合成可以使用的空间，既节省了材料，也尽量减少对山体的破坏，并充分利用山体热工特性，营造全年较为稳定的室内热环境，尤其是较为凉爽的夏季室内热环境。

5）内墙不到顶是传统民居的常见做法，其主要作用是与坡屋顶高空间相配合，共同促进檐下通风散热。

6）穿斗木构支撑体系十分适用于重庆地区，其结构的模数化和排架逻辑，一是可以灵活适应地形进行结构跨数的增减或调整，并兼具良好的抗震性；二是围护结构不承受竖向荷载，可根据穿斗结构形成模块化拼装，在需要增设通风口时，也便于开口与竹篾墙的单元置换。

4.3.3 立面开口形式与特殊处理

1．门

首先，对于商业型场镇而言，店铺作为核心空间之一，常设铺板，经营时段可全部拆卸，与室外直接相通，有利于将营业面积扩展至檐下空间。其次，由于建筑的半开敞特征，堂屋、敞屋的大门基本都是经常开启。门的样式也以板门和格栅为主，为进一步促进通风和采光，传统民居中的门还常在上部或中部设置格栅，或上部设亮子，保持常年的通风透气和室内采光，门扇的划分和格栅样式较为灵活。

2．窗

基本样式包括风窗、开扇窗、提窗、副窗等多种，其位置分布和尺寸一般不同。在三倒拐场镇中，窗的基本形式包括：1）位于居室立面1.1m高处或上部与门檐高度一致的平开窗，多有竖向格栅，有的后期扩大面积并增设玻璃；2）山墙上部开口，有竖向格栅，一般不设开启扇，也无玻璃、纱窗等；少数建筑的山墙开窗设有开启扇；3）檐下檐枋和照面坊之间，多带各式格栅，也有直接开洞的情况。格栅窗在促进通风透气的同时可以部分遮挡阳光，同时也出于安全考虑，传统民居首层窗户基本都设置竖向格栅或加设现代金属防护栏（图4.20）。

3．其他特殊处理

三倒拐场镇民居中还存在很多较为随机的开口处理方式（图4.21），如：檐下围合结构不到顶（露明造）、立面局部镂空、内隔墙开洞口或带有格栅的窗洞等，均呈现出透光透气的特点。其中，内隔墙开镂空窗洞是较为常见的做法。

（a）竖向格栅窗　　　　　　　　（b）山墙开窗　　　　　　　　（c）檐下开窗洞

图4.20　主要开窗形式示例

（资料来源：作者摄）

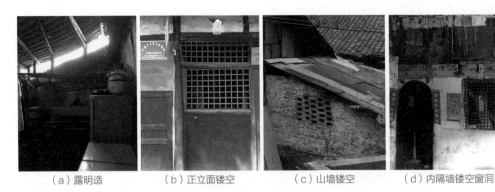

| （a）露明造 | （b）正立面镂空 | （c）山墙镂空 | （d）内隔墙镂空窗洞 |

图4.21　立面特殊处理

（资料来源：作者摄）

4．立面构成特征及气候调节作用

1）普遍采用各式格栅，兼顾通风和采光。传统民居中的门窗都是兼顾通风和采光的重要建筑元素，加之夏季通风防热的需求，多有格栅设计。且格栅的设计还可以兼顾安全和遮阳的特点。早期传统民居使用纸窗或直接透空，因此部分格栅也较为密集。

2）门具有重要的通风、采光功能。在传统民居中，窗的尺寸往往受结构限制而较小，且格栅较密集。相较之下，门的通风和采光面积要大得多，加之民居内向的开敞性和宅店型民居常保持店铺大开，因此，利用门作为重要的通风、采光手段是十分有效的，其上的格栅和亮子也使得即使门在关闭时也能保持一定的通风透气和天然采光。

3）注重高处开口，提升自然通风和天然采光效率。山墙上部、檐下立面的开窗或开洞均为尽量在高处，以此促进气流立休循环和风压与热压综合的通风散热，并适度提高采光效率。

4.4　主导气候策略与空间营建模式

综合气候策略分析（3.3）和空间模式分析（4.1～4.3），本节主要基于主导气候策略探讨聚落、建筑、界面各空间层级中不同空间原型、细部元素的关联组合营建模式。各项气候策略按主要方式、组合模式和应变措施三个方面进行梳理归纳，组合模式又包括典型空间原型及细部元素[①]、基础组合模式和附加组合模式。对主要方式的提取，可明晰在气候策略共

---

① 本节对于空间原型和界面元素的梳理，是以4.1～4.3经归类梳理后的典型空间原型/细部元素为主。

性原理下，民居具体的空间营建策略；对组合模式的提取，可明晰聚落、建筑、界面不同空间层级中各空间原型和细部元素的关联性与协同性；对应变措施的提取，可提供适用于气候策略性能提升的营建技术措施。

4.4.1 自然通风模式与应变措施

1. 主要方式

通过实地调研和测绘发现，普遍存在于三倒拐场镇民居中的自然通风方式主要包括：

1）结合朝向组织有效穿堂风通路。聚落和建筑的整体朝向以迎纳地方性主导风向为基准，在建筑内部，沿主导风向布置走廊或东西通透的房间，或结合建筑所处局地风环境形成多条连贯通风路径，门窗开口位置也与通风路径相匹配。

2）利用高差促进竖向通风。主要包括沿进深方向布置天井和各种竖向通高空间（如梯井、吹拔等）；利用山体形成吊层空间，以及与山体间形成井道风；利用坡屋顶高空间增加热压通风；在正立面或山墙的上部或檐下开高侧窗或洞口等。

3）多样化的透气设计。包括围护结构材料透气，如冷摊瓦、竹篾墙等；山墙上部及正立面檐下不同部位开格栅洞口；墙体局部各式镂空设计。

2. 组合模式

1）典型空间原型及细部元素：

聚落空间层面：窄长街道、冷巷。

建筑空间层面：坡屋顶高空间、天井空间、竖井空间（竖井/梯井）、阁层空间、吊层空间、与山体形成的井道风。

建筑界面层面：冷摊瓦屋面、老虎窗/猫儿钻、门窗开口、山墙高处通风窗、内墙不到顶/露明造、各式镂空气口、轻薄型材料/局部开口。

2）基础组合模式：窄长街道+具有通风路径的平面布局+冷摊瓦坡屋顶高空间+竖井空间+门窗开口+山墙高处格栅通风窗+轻薄型材料+各式气口+山体利用

3）附加组合模式：冷巷+天井空间+阁层空间+井道风+老虎窗/猫儿钻+内墙不到顶/露明造

附加组合中，通常会是一种或多种组合出现在建筑中，其中，冷巷、天井空间、阁层空间较为常见，其次是老虎窗/猫儿钻、内墙不到顶/露明造，再次是架空地面通风/地道风。

3. 应变技术措施

1）利用地形增加室内高差：利用山地等高线落差增加建筑底层与顶层的高度差；在室内利用高差设置楼梯间、吹拔等通高空间，促进竖向通风。

2）利用山体：其一，利用山体形成吊层空间，增加不同楼层房间的温度差，促进对流；

其二，利用山体形成窄竖井，并在建筑高处面向山体一侧开口，促进通风。利用山体形成地道风，并通过竖井引向建筑上部。

3）增加立面围护结构各式镂空、气口设计：增加的各式镂空气口基本都位于厨房、卫生间、储藏间等辅助空间，这些空间在冬季不强调其气密性，且使用者普遍倾向这些空间常年透气。位置基本都位于墙体上部及檐下部分，以此促进竖向散热，也有一些镂空气口直接位于厨房灶台正上方以促进炊事烟气的排出。

4）增加屋面、楼面气口：在阁楼或厨房等辅助空间增设老虎窗、猫儿钻或其他形式排气口，促进排风，同时兼顾防雨。增加楼板开口或格栅、缝隙等，低层楼板增加气口时，会兼顾防虫害。

5）增加门窗面积及可开启扇面积：传统民居因门窗常有多种划分，因此，为强化有效通风，常会根据结构模数，既增加门窗整体面积，也增加亮子、格栅及可开启扇的面积。

6）增加山墙面通风窗及高侧窗数量：三倒拐场镇民居常通过增加格栅窗的数量促进通风。主要的方式是增加山墙格栅窗的个数，特别是对于进深较大的民居；其次是将开间立面檐下的竹篾泥墙替换成等尺寸的格栅窗。（表4.3）

自然通风与典型空间营建模式　　　　　　　　　　　　表4.3

主要方式		①结合主导朝向组织有效穿堂风通路； ②利用高差促进竖向通风； ③多样化的透气设计
组合模式	基础组合	窄长街道+室内通风路径+冷摊瓦坡屋顶+竖井+门窗开口+山墙高处格栅通风窗+檐下轻型材料（竹篾墙）+各式气口
	附加组合及排序	冷巷/天井/竖井、阁层/吊层＞老虎窗/猫儿钻、露明造＞井道风/楼板开口
应变措施		①利用地形增加高差；②利用山体井道空间； ③增加围护结构各式镂空与气口设计；④增加屋面、楼面气口； ⑤增加门窗面积及可开启扇面积；⑥增加山墙面通风窗及高侧窗数量

（资料来源：作者绘）

4.4.2　综合遮阳模式与应变措施

1．主要方式

三倒拐传统民居单体的遮阳策略主要以建筑外遮阳为主，同时结合环境遮阳和建筑互遮阳，主要方式包括：

1）环境遮阳：利用山体、植被、树木等环境要素对建筑进行遮阳，尤其注重建筑西向或西南向的环境绿化遮阳。

2）建筑互遮阳：建筑之间紧密排列，利用山地高差，在进深大的南向山墙面形成连续互遮阳。

3）立面外遮阳：以宽大出檐遮阳为主；利用檐廊、悬挑等半室外空间遮阳；利用厨厕、偏厦等辅助空间对主体空间进行局部遮阳防热；利用门窗开启扇遮阳。

4）主要门窗内遮阳：居民自主安装布帘、竹帘等进行遮阳。

2．组合模式

1）空间原型及细部要素：

聚落空间层面：绿化院坝、互遮阳体系、连续檐廊、冷巷。

建筑空间层面：大进深、天井空间、檐下空间、其他辅助空间。

建筑界面层面：深出檐。

2）基础组合模式：环境遮阳+互遮阳体系+窄长街道+檐下空间+深出檐

3）附加组合模式：冷巷+天井空间（抱厅）+其他辅助空间

附加组合中，冷巷和辅助空间局部遮阳在三倒拐地区较为常见，而抱厅的形式不太常见。

3．应变技术措施

1）增强绿化遮阳：增加西侧立面外围的高大树木，如利用重庆地区常见的榕树遮挡西晒，利用藤蔓类植物覆盖西立面等。

2）增设出檐：在墙面上（特别是建筑西侧墙面）加设挑檐、腰檐、眉檐等各种出檐。此措施是三倒拐地区民居最常用、也最经济实用的一种方式。各种出檐不仅可以遮阳防晒，还可防雨，保护墙面。

3）增设半室外及辅助空间：在建筑西侧或西南侧增设半室外空间或辅助空间，如檐廊、悬挑阳台、辅助用房等。

4）增加临时遮阳：在夏季高温时期增加遮阳棚架，或在西立面外围堆放杂物、盖板、薪柴、盆栽等，临时遮挡阳光辐射。（表4.4）

综合遮阳与典型空间营建模式　　　　　　　　　　　　　　　　表4.4

主要方式	①环境遮阳；②建筑互遮阳；③立面外遮阳；④主要门窗内遮阳	
组合模式	基础组合	植被+连檐+建筑互遮阳+大进深+大屋檐+深出檐
	附加组合	冷巷+天井+半室外/辅助空间
	附加组合排序	冷巷、辅助空间局部遮阳>天井、悬挑
应变措施	①增强绿化遮阳；②增设出檐；③增设半室外及辅助空间；④增加临时遮阳	

（资料来源：作者绘）

4.4.3 天然采光模式与应变措施

1．主要方式

尽管三倒拐场镇民居中的采光状况普遍达不到现在绿色建筑的设计标准，但其仍有契合地域环境和建筑特征的天然采光技术，主要包括：

1）争取采光面：利用山地形成不同高差，为主要房间争取采光面；利用冷巷补充采光；通过建筑之间的跌落形成山墙上的高差，为进深方向补充采光。

2）屋顶采光与侧窗采光结合：屋顶通过气口、亮瓦等采光，并结合立面围护结构开窗。

3）门作为重要的采光要素：利用店铺门、房门、内分割门等进行采光。

4）多样化的透光设计：利用各式围护结构镂空及门窗构件格栅开口透光。

2．组合模式

1）空间原型及细部要素：

聚落空间层面：冷巷、建筑山墙间高差。

建筑空间层面：天井空间、吊层空间、竖井空间。

建筑界面层面：门窗开口、内墙不到顶/露明造、老虎窗/猫儿钻、亮瓦、山墙高处格栅窗、各式镂空气口。

2）基础组合模式：门窗开口+亮瓦+各式镂空气口

3）附加组合模式：冷巷+山墙间高差+天井空间+竖井空间+吊层空间+内墙不到顶/露明造+老虎窗/猫儿钻

其中，山墙间高差、天井及各式竖井/通高空间较为常见，其次是各种利用吊层争取更多采光面，再次是露明造（墙不到顶）。

3．应变技术措施

1）增加亮瓦数量及总面积：这是三倒拐场镇民居增加天然采光最常用的方式，主要增设位置包括：厨房操作台上方屋顶、楼梯间等通高空间上方屋顶、室内通廊上方屋顶、内墙不到顶区域上方屋顶。

2）增加门窗洞口面积：部分民居会增加堂屋/店铺的开门面积，或根据立面结构模数增加主要功能房间的窗口面积。也有部分民居会在门上加设亮扇或格栅。

3）增加山墙及檐下的洞口数量或面积：因山墙面和檐下枋间在穿斗结构形式下具有明显的标准单元尺寸，便于以标准构件制作格栅窗并替代竹篾泥墙，增加开窗数量。当顶层为阁层做储藏室时，也经常直接去掉竹篾泥墙，形成开洞（4.4.3）。

4）增加竖向通高空间的屋顶气口或亮瓦：传统民居中较为注重增加竖向通高空间的屋顶采光，通过增加气口或亮瓦的方式对室内光环境的改善效果较为显著。（表4.5）

主要方式		①利用地形争取采光面；②屋顶采光与侧窗采光结合； ③门作为重要的采光要素；④多样化的透光设计
组合模式	基础组合	门窗开口+亮瓦+各式镂空气口
	附加组合	冷巷+山墙间高差+天井+竖井+吊层+露明造
	附加组合排序	山墙间高差、天井、竖井>利用吊层争取采光面>露明造
应变措施		①增加亮瓦数量及总面积；②增加门窗洞口面积； ③增加山墙及檐下的洞口数量或面积；④增加竖向空间屋顶气口或亮瓦

（资料来源：作者绘）

4.4.4　其他气候策略与技术措施

在其他气候策略与技术措施方面，较为主要的是防雨排水和除湿防潮。通过建筑元素及其构造的方式防雨，还可避免降雨对建筑立面材料的侵蚀和对使用者活动的影响。因重庆地区常年高湿，非机械手段除湿的方法较为有限，三倒拐场镇民居应对高湿环境的策略主要是自然通风和利用多孔围护结构防止结露和返潮。与以上两种策略相对应的是，防雨排水与屋顶遮阳防晒设计相关联，除湿防潮与自然通风相关联，因此这些技术在空间要素及其组合关系上与上述有关自然通风技术、综合遮阳技术有重合之处。此外，与排水有关的还有天井地沟，以及与山体之间形成的一些缝隙空间等特殊处理。在除湿防潮方面，还包括在首层地面加设架空木板层并开孔洞等细部处理。

4.5　气候调节机制与空间模式特征

分析传统民居气候适应性模式需要从两个维度进行阐述：其一是时间维度，强调以全年时间轴为权衡基准，对气候周期性变化中主要因素/矛盾的应答。其二是空间维度，强调以空间形态生成逻辑为权衡基准，对整体空间环境中主要因素/矛盾的应答。基于这两方面，形成了主导气候策略和建筑空间营建模式的有机关联，即主导气候策略是空间营建的内在成因，空间营建是主导气候策略的外在表征。李先逵将川渝地区传统民居气候策略总结为："遮阳防晒隔热、通风透气纳凉、防潮除湿排水"，赵万民将重庆山地地区传统民居的气候适应性特征总结为"外封闭、内开敞、大出檐、小天井、高勒脚、冷摊瓦"。前者即是以气候因素为出发点，基于时间维度进行的主导策略归纳，而后者则是以营建模式为出发点，基于空间维度进行的建筑特征总结。两者有机关联，共同构成了民居气候适应性模式特征。

4.5.1 重山地微气候和通风遮阳，空间形态具有半开敞特征

综合上述空间模式与气候策略两个双向交互的分析可知，三倒拐场镇民居尤为注重对山地微气候的应答，其主导朝向受控于地方性立体风场。同时，自然通风和综合遮阳的营建技术、空间原型种类和组合模式均较为丰富，形成的应变措施具有灵活性和多样性，体现出了重夏轻冬的气候策略倾向和半开敞的空间形态特征。传统民居重通风遮阳的气候适应性营建模式倾向，与气候策略分析结果也相一致（3.3），进而印证了主导气候策略在三倒拐地区的有效性和优先级。

首先，重通风遮阳和建筑的半开敞特征，体现出了重夏轻冬的季节性倾向，这与三倒拐地区夏季高温炎热，冬季虽然湿冷，但不甚寒冷的气候相契合。季节性倾向不仅与地域气候相关，还与使用主体热适应调节相关，即冬季可更多依靠个体调节，而夏季需要更多依靠建筑调节，因为应对冬季寒冷的个人调节方式要比应对夏季高温的个人调节方式更为有效。例如，冬季可以穿着厚重大衣保暖，而夏季服装只能是适度减少（6.3.1）。

其次，重通风遮阳的气候策略与三倒拐场镇民居具有的显著半开敞特征相互关联。建筑并不一味追求室内热湿环境、风环境的稳定性，而是以一种引入室外环境的态度，营造动态变化的室内环境，利用空间组织和空间原型，对室外环境进行适度改善和调控，并随室外气候条件变化而波动。

再次，由于空间的气候调节作用是综合的，因而气候策略之间又体现了一定的关联性，最为主要的体现就是由于重夏轻冬的季节性倾向，自然通风与综合遮阳往往紧密结合。为应对夏季高温，简单加强自然通风是不够的，还需要尽可能引入较为凉爽的自然风，将自然通风技术与遮阳技术相结合，并利用室内外冷源对进入室内的风进行去热和预冷，实现方式主要包括两种：1）利用综合遮阳形成去热缓冲层，冷巷、檐下空间、互遮阳体系都具有这样的调节作用；2）引入山地环境冷源，如：利用半地下室及吊层空间的低温向建筑上部输送冷气。

综上，注重自然通风和综合遮阳，保持建筑的半开敞特征是三倒拐场镇民居有效的气候策略和空间策略。在现代绿色设计中，要注重学习传统民居中的主导气候策略和典型空间模式。例如，围护材料以上部透气散热为主，则任何强调蓄热性和保温性的材料都可能是不合适的，均应加以审慎验证其有效性和有效程度，并综合考虑其他各方面因素才能做出实际使用上的选择。

4.5.2 重竖向空间组织和不同空间原型的气候调节机制

1）注重竖向空间在山地建成环境中的多重气候调节作用。首先，在整体聚落空间组织上，注重竖向空间组织，有利于更好地引入山谷风和水陆风。建筑群沿东西山势下跌，也形成了多样的竖向空间设计。其次，在建筑内部空间组织上，从坡屋顶高空间、竖井空间、吊层空间等不同空间原型的调节作用，以及界面和屋面均注重上部透气的做法可以看出，建筑内部总体是以促进竖向热压通风透气为主。同时，亮瓦、山墙高处开窗等采光方式也多结合竖向通高空间以增强其效果。由此可见，竖向空间组织对于三倒拐场镇民居的室内环境调节具有重要作用。

2）注重不同空间原型及其组合模式的综合气候调节作用。在山地建成环境中，建筑空间形态的多样性，凸显了不同空间原型的环境调节作用，而不是一个完整的单体形态或固化的空间模式。冷巷、吊层、阁层、竖井、天井、檐廊等都是具有多重环境调节作用的典型地域空间原型，三倒拐场镇民居积极利用聚落、建筑、界面层级的不同空间原型的调节作用及各层级空间原型的协同组合，综合对室内热湿环境、光环境、风环境进行调节。同时，特定空间原型还可结合气口通风、亮瓦采光等不同的具体技术，优化其综合物理环境性能。

3）注重界面空间与空间原型的协同调节作用。三倒拐场镇民居的界面空间处理并不强调单一围护材料热工性能指标，而是与建筑空间紧密配合，通过材料的组合和细部开口设计共同对室内环境进行调控，且总体呈现促进竖向通风和透气透光的特点。材料选用具有杂糅性和差异化的传热系数，并具有方便安装与替换的模数化特征。

4.6　本章小结

本章从空间模式的气候调节作用和气候策略的空间组合模式两个双向交互路径对三倒拐场镇民居的气候适应性营建模式进行提取与解析。

首先，从空间组织和空间原型/元素两个主要方面，按聚落、建筑、界面不同空间层级提取与主导气候策略相关的空间模式并分析其综合环境调节作用。

聚落空间：1）山地微环境和地方性风场对山地聚落朝向选址有重要影响，且重庆全年日照率低的特点也使得日照条件并不是朝向选址的首要因素，整体的山水格局和局地微气候则是更为主导的营建因素；2）三倒拐场镇民居具有良好的互遮阳体系，包括建筑南北向山墙利用山地高差形成高低错落的互遮阳、沿主街两侧建筑在东西方向的互遮阳以及综合环境遮阳；3）提取绿化院坝、冷巷、狭长主街、连续檐下空间等空间原型，梳理了不同空间原型在自然通风、综合遮阳等方面的调节作用。

建筑空间：1）三倒拐场镇民居的空间组织特征包括：①水平布局紧凑，平面形式较为多样；②竖向空间灵活多样，建筑内部高差变化多；③核心空间规整且功能关联紧密，辅助空间凹凸分化；④半室外空间占比高，形式丰富。2）提取吊层空间、天井空间、竖井空间、坡屋顶高空间、阁层空间、檐下空间等典型地域空间原型，分析不同空间原型气候调节作用。3）重点提出三倒拐场镇民居对于山体利用的方式：一是利用山体充当某一空间的局部围护结构，二是利用山体形成吊层/半掩体空间，三是形成井道风，阐述了各方式的具体气候调节作用。

界面空间：1）分析了墙体构造特点、冷摊瓦屋面构造与老虎窗、猫儿钻等细部元素、楼地面构造以及立面开口形式等；2）三倒拐场镇民居界面空间构造与细部元素的气候适应性特征是以促进通风透气和遮阳为主，围护结构以轻薄型材料为主，且具有下厚重上轻薄的建构特征，注重竖向热压通风和多种透气透光设计。

其次，基于空间营建模式的梳理，从主导气候策略角度，重点分析自然通风、综合遮阳和天然采光策略在聚落、建筑、界面层级的空间组合模式及应变措施。各项气候策略按主要方式、组合模式、应变措施三个方面进行分析和归纳，每种策略都基于三倒拐场镇民居现场调查统计提取归纳了基本组合模式和附加组合模式（表4.6）。

最后，基于空间模式与主导气候策略的有机关联，归纳三倒拐场镇民居气候调节机制与空间营建模式的总体特征包括：注重山地微气候与通风遮阳，空间形态具有显著的半开敞特征；注重竖向空间组织和不同空间原型的协同调节作用。

主导气候策略与典型空间组合模式   表4.6

		自然通风	综合遮阳	天然采光
主要方式		①结合朝向组织有效穿堂风通路；②利用高差促进竖向通风；③多样化的透气设计	①环境遮阳；②建筑互遮阳；③立面外遮阳；④主要门窗内遮阳	①利用地形争取采光面；②屋顶采光与侧窗采光结合；③门户作为重要的采光要素；④多样化的透光设计
组合模式	基础组合	窄长街道+室内通风路径+冷摊瓦坡屋顶+竖井+门窗开口+山墙高处格栅通风窗+檐下轻型材料（竹篾墙）+各式气口	植被+连檐+建筑互遮阳+大进深+大屋檐+深出檐	门窗开口+亮瓦+各式镂空气口
	附加组合排序	冷巷/天井/竖井、阁层/吊层＞老虎窗/猫儿钻、露明造＞井道风/楼板开口	冷巷、辅助空间局部遮阳＞天井、悬挑	山墙间高差、天井、竖井＞利用吊层争取采光面＞露明造

	自然通风	综合遮阳	天然采光
应变措施	①利用地形增加高差； ②利用山体井道空间； ③增加围护结构各式镂空与气口设计； ④增加屋面、楼面气口； ⑤增加门窗面积及可开启扇面积； ⑥增加山墙面通风窗及高侧窗数量	①增强绿化遮阳； ②增设出檐； ③增设半室外及辅助空间； ④增加临时遮阳	①增加亮瓦数量及总面积； ②增加门窗洞口面积； ③增加山墙及檐下的洞口数量或面积； ④增加竖向空间屋顶气口或亮瓦

（资料来源：作者绘）

第 5 章 | 基于空间本体的气候适应性：
物理环境性能分析

本章在上一章对于主导气候策略及空间营建模式定性提取与分析的基础上，基于长时段、多民居、多空间、多参数的集成实测数据（5.1），对三倒拐场镇民居的物理环境特征和气候调节性能进行综合量化分析。首先综合分析典型民居热湿环境、风环境、光环境和室内空气质量等实测数据，阐释各物理环境特征及变化规律，并基于现行评价标准对多栋民居室内热舒适度达标率和达标等级进行计算与评估（5.2）。而后对不同空间组织（5.3）、不同空间原型（5.4）的物理环境及气候调节性能进行量化比较分析。最后归纳提出气候调节性能优异的竖向空间组织、多元空间原型和山体利用等营建模式（5.5）。

5.1 典型民居样本与物理环境实测

5.1.1 实测方法与数据采集说明

对于本章的实测方法和数据采集需进一步说明：

1）既往民居实测研究基本是选择典型时段或典型日进行实测，由于围护结构固定的热工性能，这种方式可以客观准确反映民居物理环境特征，但容易遗漏极端气候下建筑的环境性能特征，以及不同天气条件下建筑环境的变化特征及长时段的环境达标率等。本研究采用无线集成传输实测设备（5.1.3），对典型民居进行全年长时段实测，并基于大数据理念分析民居的环境性能，既包含宏观的整体数据分析，又包含典型季节、典型时段的数据分析，可对夏热冬冷矛盾气候区的民居环境性能及其作用机理提供更全面的数据支持。

2）既往对于民居的实测通常是一种仪器采集单一参数，不同仪器组合形成多参数综合，而随着设备仪器的研发与进步，本研究更注重运用新的集成设备进行多参数同时采集记录，保证同一工况和数据采集的科学性、有效性，以及多参数耦合关系计算，以此尽量避免逐一单参数采集时由于设备位置不同、仪器误差、环境差异等造成的干扰和偏差。

3）既往研究多针对典型单一民居或特定空间类型进行实测，且多关注围护结构热工参数，多民居、多空间的现场实测较少（多增加一栋民居，实测工作量就会大大增大）。本研究选取10栋典型民居，不仅以建筑整体为实测对象，还关注对不同空间原型和不同空间组织方式的对比实测，量化分析不同空间模式对建筑环境性能的影响及其具体调节作用。

4）尽管当前模拟软件已十分丰富且成熟，但传统民居的空间布局和建造常具有"非标准化"和"透气透光"的特征，理论模拟则通常会对空间模型和围护结构热工性能进行简化或统一处理，这些都会造成模拟结果与实际情况的偏离，导致分析上的遗漏或判断错误。因此，实测对于民居气候适应性的研究是十分重要的。但理论模拟又可以排除一些实测中的干扰因素，有利于控制单一变量，并进行不同变量的比较分析。因此，本研究基于大量实测数据并辅以一定的理论模拟比较，使实测为模拟提供数据依据，模拟为实测提供验证。

5.1.2 实测样本

本研究选取三倒拐场镇10栋代表性民居进行建筑物理环境详细实测，其中6栋为长时段多空间实测，4栋为多空间对比实测。实测民居分布与概况见图5.1、表5.1。

图5.1 实测典型民居样本分布
（资料来源：作者绘）

调研实测样本概况 表5.1

序号	编号	建筑	朝向	结构形式	平面组织	竖向组织	围护结构
1	A	S-42#	西偏南WS	穿斗木构	天井式	1层（含阁层）	竹木/夯土/石材
2	D	S-67#	东偏北EN	穿斗木构	竹筒式	2层（含吊层）	竹木/砖/岩壁
3	D'	S-68#	东偏北EN	穿斗木构	竹筒式	1层（含阁层）	竹木/砖
4	B	HP-126#	西W	穿斗木构	天井式	1层（含阁层）	竹木/砖
5	C	HP-91#	西W	穿斗木构+山体	自由式	3层（吊层+阁层）	竹木/砖/岩壁
6	E	HP-18#	西偏南WS	穿斗木构+山体	集中式	1层（含阁层）	竹木/混凝土
7	F	HP-122#	东E	穿斗木构	自由式	1层（含错层）	竹木
8	G	HP-17#	东偏北EN	穿斗木构	竹筒式	2层（含吊层）	竹木/砖
9	H	HP-94#	东偏北EN	砖混	集中式	1层	砖混
10	I	S-30#	南偏东SE	穿斗木构	天井式	1层（含阁层）	竹木/砖

（资料来源：作者绘）

5.1.3 实测仪器及测点布置

1.实测仪器

测试组运用无线实测设备对典型民居进行了全年长时段数据采集，并于各季节典型期开展多次实地测试。实测物理环境参数包括室内外空气温度、相对湿度、风速、风温、照度、CO_2浓度、PM2.5，以及典型房间的PMV值，并对围护结构进行了热成像拍摄。实测仪器及其参数见表5.2。

实测仪器名称及主要参数　　　　　　　　　　　表5.2

仪器名称	仪器型号	仪器参数
温湿度自记仪	天建华仪WSZY-1B	范围：温度-40～100℃；湿度0～100%RH 分辨率：温度0.1℃；湿度0.1%RH
壁挂温湿度记录仪	天建华仪BWSY-1B	范围：温度-40～100℃；湿度0～100%RH 分辨率：温度0.1℃；湿度0.1%RH
Ibem	清华大学Ibem	范围：温度-40～100℃；湿度0～100%RH 分辨率：温度0.1℃；湿度0.1%RH PM2.5：±0.001mg/m³ CO_2：±3%or±50ppm 照度：0.01～10,000lx；0.1～100,000lx
全数字照度计	XYI-Ⅲ Luxmeteru	范围：0.01～10,000lx；0.1～100,000lx 精度：±4%；分辨率：0.001lx
无线万向风速风温记录仪	天建华仪WWFWZY-1	量程：温度-20～80℃；风速0.05～30m/s 分辨率：温度0.01℃；风速0.01m/s
红外热成像仪	FLIR ONE pro	范围：-20～400℃；热灵敏度70mK 精度：读数的±5%；热像素尺寸12μm
热舒适度分析仪	日本京都电子AM-101	精度：温度±0.5℃（15～35℃）；相对湿度：3%（20～80%RH）；风速：±0.1m/s（0～1m/s），±0.5m/s（1～5m/s）
热流自计仪	天建华仪RLZY-1B	温度范围：-40～+80℃；误差：≤±5%； 分辨率：1W/m²

（资料来源：作者绘）

2．测点布置与实测方式

各典型民居测点布置如图5.2所示：

民居A

民居B

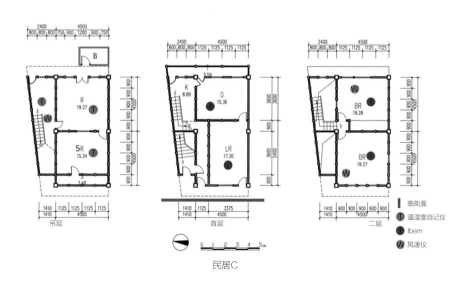

民居C

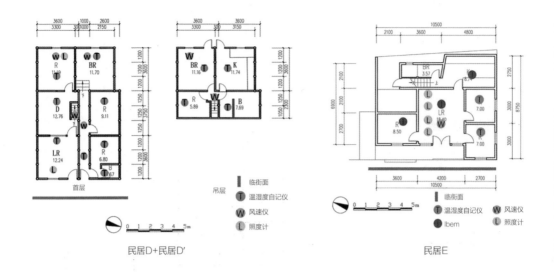

民居D+民居D′

首层

吊层

■ 临街面
T 温湿度自记仪
W 风速仪
L 照度计

民居E

■ 临街面
T 温湿度自记仪
W 风速仪
● Ibem
L 照度计

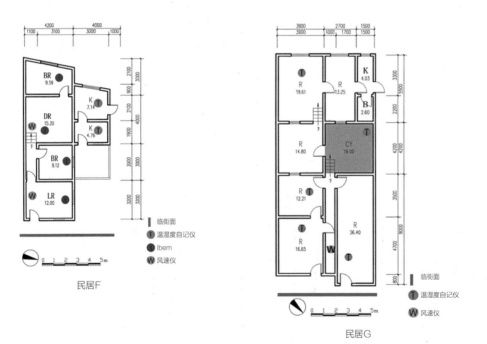

民居F

■ 临街面
T 温湿度自记仪
● Ibem
W 风速仪

民居G

■ 临街面
T 温湿度自记仪
W 风速仪

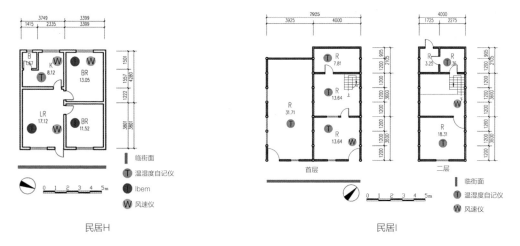

图5.2 平面测点布置
（资料来源：作者绘）

被测传统民居房间面积基本均介于11~16m², 根据《民用建筑室内热湿环境评价标准》规定，房间或区域面积小于等于16m²，测试房间中心，因此在各房间中心位置布置测点，并注重避开家用电器等干扰。传统民居中的使用者常处于活动状态，且半室外空间或辅助空间宜选取以站立为标准的1.1m测试高度，因此，本研究各测点均以距地面1.1m处为测点高度（测试竖向不同高度差异例外）。光环境实测根据《采光测量方法》GB/T 5699-2017中规定的在10：00~14：00之间进行。

实测期间各参数间隔分别为：温湿度数据采集间隔包括1分钟和10分钟，风速、风温、CO_2浓度、PM2.5间隔均为1分钟。照度测试包括固定工作面间隔1分钟连续数据，也包括特定时段在工作面高度0.9m采用网格布点，布点间距1m。

5.1.4 不同季节典型期选取及室外气候特征

如图5.3，根据全年长时段热湿环境实测数据，在各季节分别选取典型实测期[1]进行分析：

夏季典型实测期（2018年7月14日~7月30日），室外天气持续晴朗，其中7月21日~27日是连续的极端高温天气，最高温度近40℃，室外温湿度呈周期性稳定变化，且呈现显著的高温高湿特征，是重庆夏季典型气候期。

---

[1] 典型实测期指在全年长时段现场实测数据中选取的用以分析的典型时间段，其中，冬夏两季涵盖现场调研时期。

过渡季典型实测期（2017年10月11日～10月30日），室外天气包括晴天、阴天及雨天，室外温湿度变化较平缓，晴天时段温湿度周期变化较为明显，雨天及阴天时段变化不明显，且平均湿度明显高于夏季，是重庆过渡季典型气候期。

冬季典型实测期（2017年12月15日～2018年1月15日），室外天气包括晴天、阴天及雨天，室外温湿度变化较平缓，湿度较大，昼夜温差小，是重庆典型冬季气候。同时，冬季选取了典型期和极端低温期两个测试期。

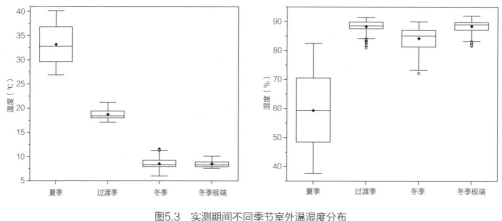

图5.3　实测期间不同季节室外温湿度分布
（资料来源：作者绘）

5.2　典型民居室内综合物理环境特征

5.2.1　热湿环境特征

根据上一章对三倒拐场镇民居空间模式的定性分析可知，三倒拐场镇民居具有显著的半开敞特征，因而会影响室内热湿环境的波动性。同时，传统民居在水平和竖向组织方式各有特点，由此会导致不同空间热湿环境的差异性。此外，为更客观、综合地认知民居室内热湿环境状况，有必要以现行计算标准综合评价其室内热湿环境等级及达标率。基于此，本节从波动性、多样性与梯度性，以及APMV等级综合评价三个方面来分析三倒拐场镇民居热湿环境特征。

1．波动性分析

分别选取三倒拐典型单层和多层民居不同季节室内温湿度整体变化范围与室外温度进行比较，温湿度为各典型房间测点值总和（图5.4、图5.5）。

温度方面，各民居室内最高温度和最低温度变化范围都随室外温度具有明显的波动性。夏季波幅大于过渡季和冬季，各季节热延迟时间较短。单层民居各季节室内温度整体变化范围在室外温度变化范围之内。多层民居由于综合了二层（偏高）和吊层（偏低），室内整体温度变化范围大于单层建筑，且在各个季节均有超出室外变化的部分。

相对湿度方面，夏季波幅大于过渡季和冬季，夏季室内整体变化范围略高于室外变化，过渡季和冬季则略低于室外变化。多层民居由于综合了二层（偏低）和吊层（偏高），室内整体相对湿度变化范围大于单层建筑，且有超出室外变化的部分。多层民居在夏季和过渡季相对湿度变化范围比单层民居大，而冬季则较接近。

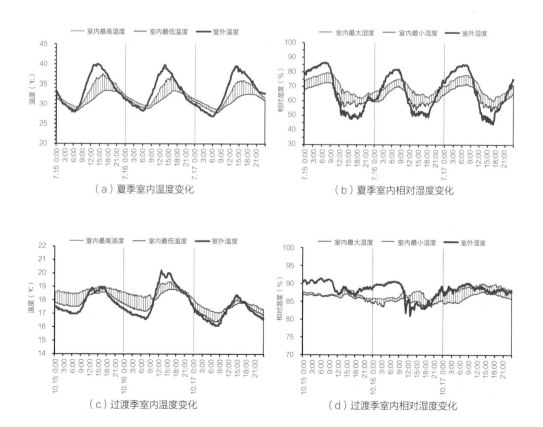

（a）夏季室内温度变化　　　　　　　　　　（b）夏季室内相对湿度变化

（c）过渡季室内温度变化　　　　　　　　　　（d）过渡季室内相对湿度变化

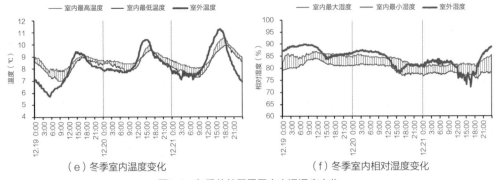

（e）冬季室内温度变化　　　　　　　　　　（f）冬季室内相对湿度变化

图5.4　各季节单层民居室内温湿度变化

（资料来源：作者绘）

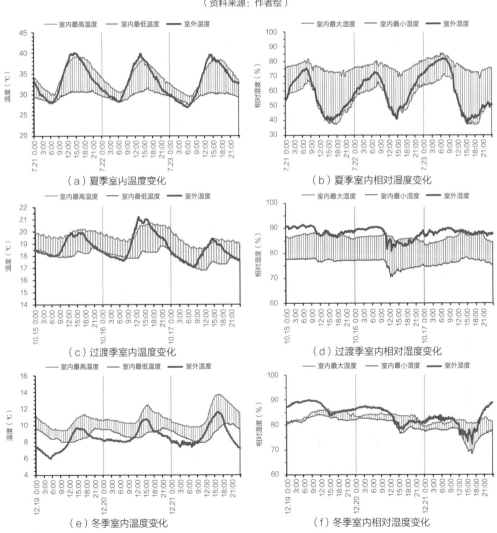

（a）夏季室内温度变化　　　　　　　　　　（b）夏季室内相对湿度变化

（c）过渡季室内温度变化　　　　　　　　　　（d）过渡季室内相对湿度变化

（e）冬季室内温度变化　　　　　　　　　　（f）冬季室内相对湿度变化

图5.5　各季节多层民居室内温湿度变化

（资料来源：作者绘）

综合温湿度波动性分析可得：

1）传统民居室内热湿环境随室外热湿环境波动明显，根据天气情况（晴天雨天不同），温度波动具有1~2h延迟，相对湿度波动具有2~3h不等的延迟。

2）夏季波动大于过渡季和冬季，温度波动略大于相对湿度波动。

3）单层民居室内最高温度整体低于室外，而最低温度与室外较为接近；多层民居在各季节均有略超出室外变化范围的部分。

2. 多样性与梯度性分析

分别选取单栋典型民居和多栋典型民居室内热湿环境与室外进行比较（图5.6、图5.7）：

温度方面，单栋民居（图5.6a）各房间温度变化均不完全相同，存在多样性和梯度性。各房间温度夏季差异大于过渡季和冬季，竖向差异（不同楼层房间）大于水平差异（东西向不同房间）。首层全年温度波幅最小，阁层波幅大于吊层。多栋民居中（图5.7），不同民居、不同房间最高温度、最低温度、平均温度以及波动范围均不相同。图5.7中虚线框表示核心空间温度分布，可以看出，虽然不同空间温度存在多样性，但核心空间温度分布相对稳定，而其他辅助空间分布差异较大，建筑内主次空间温度变化存在梯度性。此外，冬季个别核心房间受使用者采暖影响，其温度分布范围偏高，如F1、F2，其与辅助空间F3有明显差异，说明使用者在冬季会提高核心空间的舒适度。

相对湿度方面，单栋民居各房间差异较为显著（图5.6b），竖向差异大于水平差异（规律同温度），首层相对湿度较为适宜，各房间相对湿度变化范围存在梯度差异。多栋民居中相对湿度也存在不同程度的梯度差异（图5.7），核心空间比辅助空间变化范围小，均值较为适中且稳定。

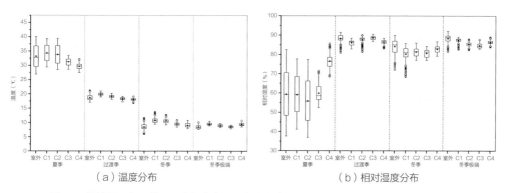

（a）温度分布　　　　　　　　　　　　　（b）相对湿度分布

图5.6　单栋民居各季节不同空间室内温湿度分布（C1/C2-阁层；C3-首层；C4-吊层）

（资料来源：作者绘）

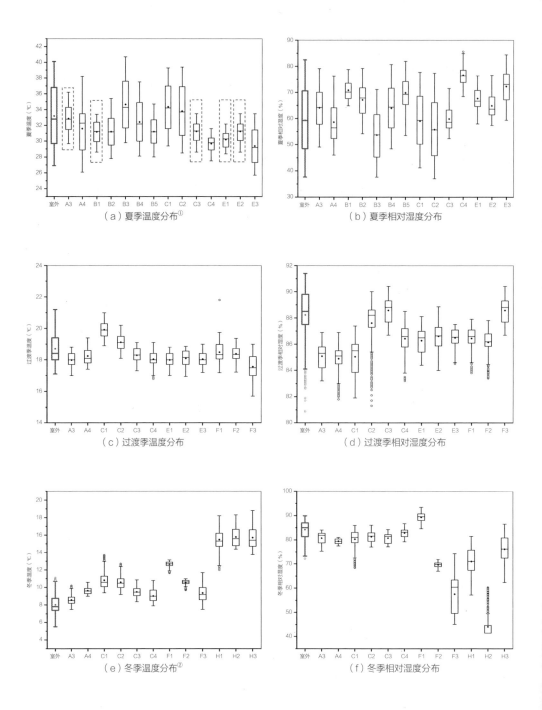

（a）夏季温度分布①

（b）夏季相对湿度分布

（c）过渡季温度分布

（d）过渡季相对湿度分布

（e）冬季温度分布②

（f）冬季相对湿度分布

① 虚线框内为核心空间。

② 个别房间受使用者采暖影响，温度分布范围较高，同时也影响相对湿度，如测点F1、F2。

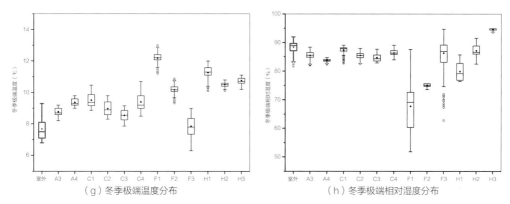

（g）冬季极端温度分布　　　　　　　　　（h）冬季极端相对湿度分布

图5.7　多栋典型民居各季节不同空间室内温湿度分布（A3/B1/C3/E1/E2/H1为核心空间）

（资料来源：作者绘）

综合温湿度分布规律可得：

1）传统民居室内不同空间温湿度具有显著的多样性特征。

2）空间按主次关系，其热湿环境具有梯度性，即核心空间热湿环境相对稳定，而辅助空间更多作为气候缓冲层，其自身热湿环境波幅较大。

3）在总体差异度上，温度差异略大于相对湿度差异，夏季差异大于过渡季和冬季差异，竖向维度不同空间差异大于水平维度不同空间差异。

3．APMV计算与达标率分析

民居室内热湿环境是多因素综合的动态结果，单一因素数值的高低、优劣并不能客观反映室内热湿环境的整体情况，且使用者对室内热湿环境的感知也是综合的，因此，有必要以现行标准和实测值，对民居室内环境以不同等级的达标率进行计算，综合评价民居室内热湿环境状况[①]。

根据我国《民用建筑室内热湿环境评价标准》GB/T 50785–2012对实测的三倒拐各民居室内热湿环境的达标等级和达标率进行计算分析，传统民居属于自然通风的非人工冷热源热湿环境，评价划分为I级（90%人可接受）、II级（75%人可接受）、III级（少于75%人可接受）三个等级（表5.3）。等级划分标准分为计算法和图示法，其中，计算法以预计适应性平均热感觉指标APMV值为标准进行等级判定。根据公式（5–1），分不同季节和不同昼夜时段计算各典型民居内不同空间APMV值。

$$APMV = PMV / (1 + \lambda \cdot PMV) \qquad (5–1)$$

---

① 既往民居物理环境研究更侧重单一指标（温度、湿度、照度等）及围护结构热工系数的达标情况，很少有研究依据现代建筑标准计算传统民居室内热湿环境等级与达标率。在近三年有关民居绿色性能的研究中，陆续有研究开始分析民居室内热湿环境并计算APMV，但基本仅代入假设某一值，而非实测值。在对巴渝民居的研究中，重庆大学建筑技术研究团队开始对一些民居进行APMV计算，并以连续APMV计算和分时段APMV计算等不同方式对民居室内进行综合评价，较为详细的计算研究包括对巴渝地区夯土民居（杨真静，田瀚元，2015）及重庆场镇型传统民居（熊珂，2017）室内热环境进行APMV计算，进而评价其达标等级。

式中: λ为自适应系数, 三倒拐地区属于夏热冬冷, 取0.21 (PMV≥0) 或−0.49 (PMV≤0)。PMV为预计平均热感觉指标, 其计算方法已在标准中说明[①], 根据三倒拐实际调研情况, 夏季服装热阻取0.5clo, 冬季取1.5clo, 新陈代谢率取1.0met, 温度、湿度、风速取连续典型时段实测值。

非人工冷热源热湿环境评价等级　　　　　　　　　　表5.3

等级	评价指标APMV
I级	−0.5≤APMV≤0.5
II级	−1≤APMV<−0.5或0.5<APMV≤1
III级	APMV<−1或APMV>1

(资料来源:《民用建筑室内热湿环境评价标准》GB/T 50785-2012)

在计算APMV和达标率统计时, 需说明:

1) 目前既有研究在计算时常代入统一值, 特别是风速, 通常在重庆地区取值为0.1 ~ 0.2m/s, 而经本研究实测发现, 由于山地微气候和地方性风场, 三倒拐场镇民居在通风时段的平均风速往往会出现大于0.2m/s的情况, 对于APMV计算有重要影响。既有研究已证明, 在一定风速范围内, 风速越大, 对于湿热地区的室内环境改善越明显, 人体所感受到的温度降低和舒适度也越显著 (5.2.2)。在APMV计算中若代入一般的统一取值, 则会低估民居室内热湿环境的达标程度, 特别是在通风时段的等级判定。本研究以实测风速、温度、湿度等数据进行计算, 以期尽可能真实反映民居室内热湿环境达标情况。

2) 既有研究基本以建筑或典型房间全天的达标等级进行分析, 而实际使用时具有分时分区特点, 不同空间之间存在差异, 白天和夜晚也存在差异, 人对不同时段不同空间的舒适度需求也不相同, 因此, 本研究分不同空间、不同时段、不同季节, 选取连续实测日进行等级计算与分析, 并对不同时空维度进行比较研究。

3) 在不同等级达标率的分析中, 因三倒拐场镇民居核心空间和辅助空间具有显著的使用差异, 核心空间宜以II级及以上为达标标准, 而辅助空间则可考虑以III级为达标标准。

从图5.8 ~ 图5.13综合比较分析可得:

对于不同季节, 各民居、各空间热湿环境均体现出过渡季明显优于夏季和冬季, 过渡季室内热湿环境均处于II级以上, 且I级占比明显高于夏、冬两季。其中, 过渡季I级占比最高可达100%, 出现在民居F的起居室, 民居A各空间过渡季I级占比在30% ~ 56%, 民居D除去吊层 (吊层I级达标率低) 各空间过渡季I级占比在32% ~ 94%, 民居F各空间过渡季I级占比在

---

① 参见《民用建筑室内热湿环境评价标准》GB/T 50785-2012。

30%~100%。冬季各民居不同空间基本处于II级，且达标率高于夏季，而夏季各民居不同空间均有较大占比处于III级，这与该地区夏季高温炎热，冬季温度相对温和适宜的气候条件相契合。

对于不同昼夜时段，各民居夜间达标等级和达标率略优于白天，且夏季夜间优于白天的占比大于过渡季和冬季，冬季昼夜差别较小。其中，部分空间在夏季或冬季夜间室内热湿环境等级明显提升是由于部分时段使用者使用空调或采暖设备而导致，如民居A的卧室（A4）、民居C的首层起居室兼卧室（C3）。

对于不同空间类型，水平维度上，核心空间和辅助空间的达标情况存在较大差异，核心空间总体处于I级、II级的占比优于辅助空间。如：民居A在过渡季白天卧室I级占比可达78%，而厨房白天I级占比仅为28%（图5.8）；同理，民居F起居室在各季节均优于厨房，尤其在过渡季，起居室均处于I级，而厨房仅30%处于I级（图5.13）。竖向维度上，首层热湿环境全年总体优于吊层和阁层。阁层夏季热湿环境较差，平均有78%~84%处于III级，而吊层夏季热湿环境较好，实测的两处典型吊层空间在夏季II级及以上占比可达56%~88%，I级占比分别为9%和37%（图5.10、图5.11）。综合各季节，吊层夏季达标率明显优于阁层，过渡季和冬季处于I级的占比略低于阁层，但基本均处于II级或以上，而阁层在夏季有超过70%以上处于III级。由此可知，吊层整体达标率比阁层高，室内热湿环境也更为稳定，而阁层达标等级及占比却随季节变化较大。此外，通过各民居不同空间达标率横向对比可发现，整体达标率最好的是具有吊层、阁楼、竖井等多个空间原型的民居C，说明适度的热湿环境差异和适宜的组合关系有利于建筑整体室内热湿环境的提升。

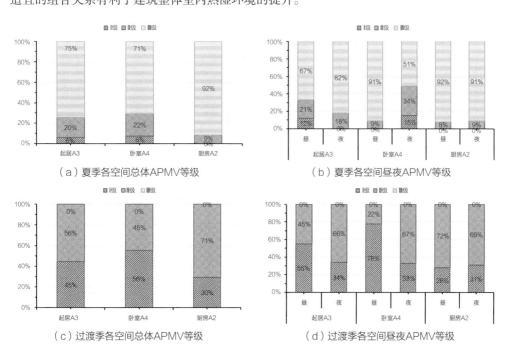

（a）夏季各空间总体APMV等级

（b）夏季各空间昼夜APMV等级

（c）过渡季各空间总体APMV等级

（d）过渡季各空间昼夜APMV等级

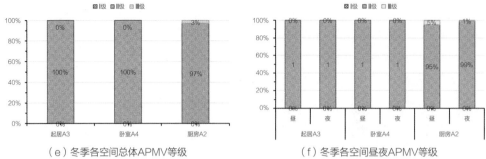

（e）冬季各空间总体APMV等级　　　（f）冬季各空间昼夜APMV等级

图5.8　民居A夏季、过渡季、冬季各空间总体及昼夜APMV等级分布

（资料来源：作者绘）

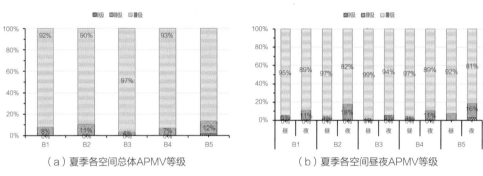

（a）夏季各空间总体APMV等级　　　（b）夏季各空间昼夜APMV等级

图5.9　民居B夏季各空间总体及昼夜APMV等级分布

（资料来源：作者绘）

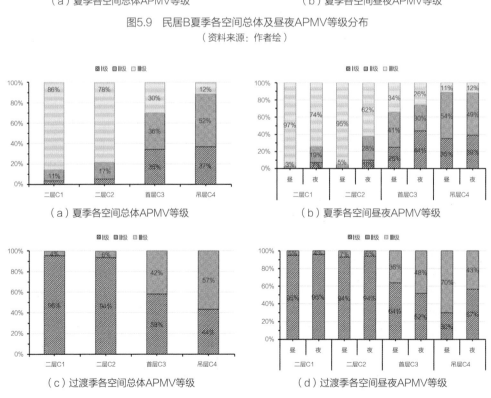

（a）夏季各空间总体APMV等级　　　（b）夏季各空间昼夜APMV等级

（c）过渡季各空间总体APMV等级　　　（d）过渡季各空间昼夜APMV等级

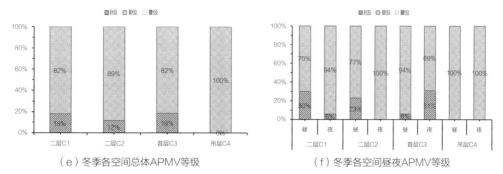

（e）冬季各空间总体APMV等级　　　　（f）冬季各空间昼夜APMV等级

图5.10　民居C夏季、过渡季、冬季各空间总体及昼夜APMV等级分布
（资料来源：作者绘）

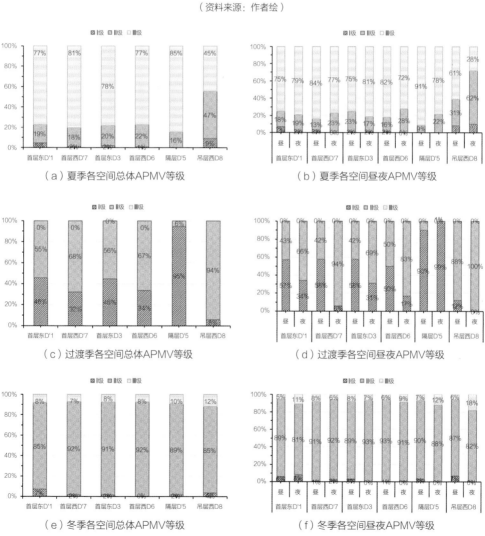

（a）夏季各空间总体APMV等级　　　　（b）夏季各空间昼夜APMV等级

（c）过渡季各空间总体APMV等级　　　（d）过渡季各空间昼夜APMV等级

（e）冬季各空间总体APMV等级　　　　（f）冬季各空间昼夜APMV等级

图5.11　民居D/D′夏季、过渡季、冬季各空间总体及昼夜APMV等级分布
（资料来源：作者绘）

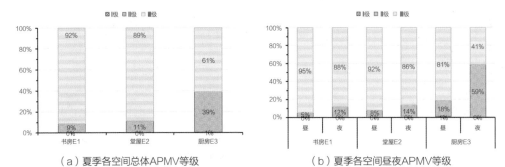

（a）夏季各空间总体APMV等级　　　　　（b）夏季各空间昼夜APMV等级

图5.12　民居E夏季各空间总体及昼夜APMV等级分布

（资料来源：作者绘）

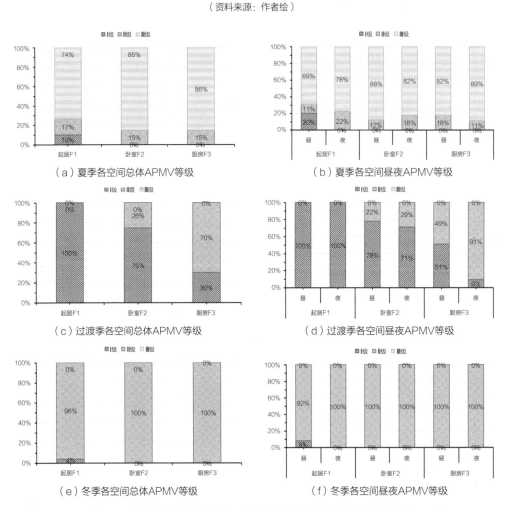

（a）夏季各空间总体APMV等级　　　　　（b）夏季各空间昼夜APMV等级

（c）过渡季各空间总体APMV等级　　　　（d）过渡季各空间昼夜APMV等级

（e）冬季各空间总体APMV等级　　　　　（f）冬季各空间昼夜APMV等级

图5.13　民居F[①]夏季、过渡季、冬季各空间总体及昼夜APMV等级分布

（资料来源：作者绘）

---

① 民居编号信息参见附录C。

综合上述分析可得：

1）三倒拐场镇民居过渡季室内热湿环境整体达标等级良好，均处于II级以上，且I级达标率在30%以上（除部分吊层空间），核心空间I级达标率在45%～96%左右。

2）夏季室内热湿环境达标率明显低于冬季，夏季除吊层空间外，其余各民居、各空间处于III级占比超过60%，而冬季大部分民居均处于II级。

3）不同空间室内热湿环境达标等级和达标率存在梯度差异。水平维度上，核心空间优于辅助空间；竖向维度上，首层热湿环境整体优于吊层和阁层。夏季吊层热湿环境较好，过渡季和冬季阁层热湿环境较好，吊层全年热湿环境整体优于阁层，且比阁层更稳定。

4）具有吊层、阁层、竖井等空间原型组合的民居C室内热湿环境最优。

4．热湿环境总体特征分析

1）室内热湿环境具有显著波动性特征，与室外关联紧密。波动性与传统民居建筑空间的半开敞性和界面空间的透气性密切相关，说明传统民居对气候是引入利用而非屏蔽，尤其注重自然通风，营造"动态改善型"的室内舒适环境。

2）室内热湿环境具有多样性和梯度性特征。多样性和梯度性体现出传统民居在空间组织、功能设置等方面具有分时分区、主次分明的特征，并利用辅助空间营造和保持核心空间的热稳定性。

3）不同时间、不同空间室内热湿环境舒适等级和达标率存在梯度差异。过渡季达标等级和达标率最好，其次是冬季，而夏季由于高温炎热，达标率较低。水平空间和竖向空间室内热湿环境均存在达标率梯度差异，核心空间高于辅助空间。吊层空间巧妙利用山体常年稳定的热工性能具有一定"冬暖夏凉"特性，且夏季降温效果显著。

4）不同空间组合有利于建筑室内整体热湿环境的提升，其中，吊层、阁层和竖井在竖向上的空间组合对室内热环境的调控改善最为显著。

5.2.2 风环境特征

1．同一季节与朝向、不同民居空间长时段风环境

选取同临山谷一侧三栋民居空间过渡季连续典型日数据（表5.4）分析可得：即使在朝向一致的情况下，不同空间风速受局地环境影响，平均值和波动幅度均有较大差异，平均风速相差0.3m/s，最大风速差（2.4m/s）明显大于最小风速差（0.2m/s）。又由于受整体山谷风和水陆风影响，风速变化趋势基本一致，最大风速集中在下午15：00～17：00左右，较高风速时段基本在下午，最小风速集中在清晨5：00～7：00左右，较低风速时段基本在夜间至清晨。院落内的风速波动小于室内，且低风速时段风速始终大于室内（图5.14）。此外，在通风

风速（m/s）	室内C01	室内B01	院落A	测点布局
风速中位值	0.60	0.56	0.44	
最大风速	4.28	3.04	1.86	
最小风速	0.03	0.11	0.20	
风速变化范围	4.25	2.93	1.66	
标准差	0.75	0.48	0.31	

注：由于风速波动范围大，中位值和平均值差异较大，这里取风速的中位值作为风速均值。

（资料来源：作者绘）

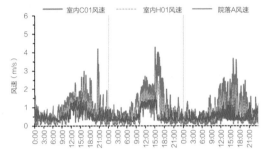
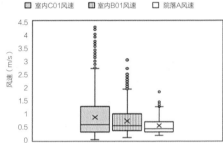

图5.14　同一朝向、不同空间风速变化与分布

（资料来源：作者绘）

时段，三倒拐场镇民居的室内和院落内的平均风速在0.44~0.60m/s，人会有较为明显的吹风感，且相当于具有约2℃的降温作用（表5.5），这对于夏季潮湿闷热地区具有重要调节作用。

2. 不同季节与朝向、不同民居空间同一时段风环境

选取不同民居主要通风空间实测数据分析发现（图5.15）：不同民居、不同空间风环境

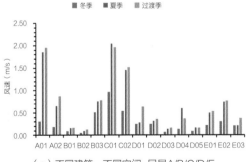

（a）不同建筑、不同空间-民居A/B/C/D/E

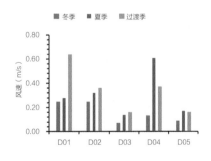

（b）同一建筑、不同空间

图5.15　不同季节、不同建筑空间、同一时段风速统计

（资料来源：作者绘）

差异较大，其受季节、微气候等影响显著。就总体差异和规律而言，同一时段不同空间风速差最大可达1.45m/s，而不同建筑空间整体风速变化趋势、高风速时段和低风速时段均基本一致，且夏季和过渡季通风时段风速大于冬季。临山谷房间风速略大于临主街房间，东西两侧房间风速大于中间房间，走廊处风速大于房间内风速。

3. 风环境总体特征分析

综合上述两类分析可知，三倒拐场镇民居总体风环境，既具有明显的周期性变化规律，又具有不同空间的差异性。

1）三倒拐场镇民居的整体风环境受控于局地山谷风和水陆风的共同作用，具有明显的周期性昼夜变化和周期性季节变化，不同民居、不同空间存在一定的共性变化规律，总体呈现夏季和过渡季风速大于冬季，下午和傍晚时段风速大于夜间和清晨时段。同时，大部分建筑空间风速在0.15~0.5m/s之间，部分房间风速可达2m/s左右（通风路径流畅）[①]，吹风感较为明显，是气候炎热地区自然通风的良好风速（表5.5）。

风速大小、下降温度以及舒适度的关系图　　　　　　　　表5.5

风速（m/s）	相当于下降温度（℃）	舒适度感觉
0.05	0	空气静止，稍微感觉不舒服
0.2	1.1	几乎感觉不到风，但比较舒服
0.4	1.9	可以感觉到风，且比较舒服
0.8	2.8	感觉较大的风
1.0	3.3	空调房间的风速上限
2.0	3.9	气候炎热地区自然通风的良好风速
4.5	5	在室外感觉起来还算是"微风"

（资料来源：文献［170］）

2）不同季节均在下午最高温度时段达到风速最大值，一方面是受整体主导风向的影响，另一方面可能理解为在午后高温时段，山脊与山谷和水面温差较大，此时空气对流最强，风速最大。这一四季规律对于过渡季和冬季是比较好的，而对于夏季则会将较高温

---

① 近年既有研究在计算APMV值时普遍将室内风速设置为0.1~0.2m/s的统一值，而通过风环境实测数据比对可知，因受局地风环境影响，山地场镇民居较高的风速和不同空间的差异，应以实测数据计算非人工冷热源热湿环境下的APMV值，代入统一风速会产生较大偏差，在有条件的情况下应采用实测风速，这也印证了节5.2.1中采用实测数据的必要性。

度的空气带入室内，但夏季温差大，风速大，且白天是经山谷和水面温度较低的风吹向山脊，有利于阁楼等气候缓冲空间的散热调节，可适当削减这些"气候缓冲层"的温度峰值（图5.16）。因此，传统民居的阁楼屋顶通风和山墙高处通风均契合夏季风环境特征，同时，居民常会将核心空间门窗关闭并开启制冷设备，此时，阁楼的通风散热有利于保持核心空间室内热湿环境的相对稳定。

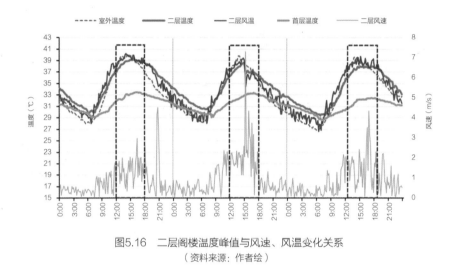

图5.16 二层阁楼温度峰值与风速、风温变化关系
（资料来源：作者绘）

3）聚落内部微环境受绿化、建筑遮挡、平面不同组织形式等影响，又造成了不同建筑空间风速的多样化差异。三倒拐场镇民居在山地环境中的风场要比平地复杂，既受到地方性风场的控制，风速、风向都具有昼夜、四季的周期性变化，同时又具有不同空间微环境的复杂影响和差异。

5.2.3 光环境特征

三倒拐场镇民居天然采光方式包括直接采光与间接采光两种。直接采光主要指通过门窗开口、亮瓦等方式获取天然光。间接采光主要指民居中存在的多种透光方式，如露明造、屋檐错缝以及界面局部镂空等形成的间接光照。三倒拐场镇民居在厨房、储藏间等辅助空间中普遍存在间接采光，可以说，间接采光也是该地区传统民居中一种不可忽视的天然采光方式。

选取只有直接采光和直接采光、间接采光综合的房间进行比较。测点F3位于典型民居中有屋顶亮瓦和间接采光的餐厅兼厨房空间，使用者一般不开灯。测点F1和F2为仅有窗户直接采光的卧室。实测期间，所测房间均避免了人工照明干扰，为全时段天然采光。根据一般采光需求，照度在50lx即可满足居住建筑室内基本采光要求。如图5.17a所示，在全阴天时段，室内照度基本在50lx及以下，而在晴天时段，有直接采光和间接采光共同作用的房间（F3）可达80lx以上，比单纯仅有窗户作为直接采光的卧室（F1/F2）照度高。另一种典型的天然采光形式是堂屋的直接采光与间接采光相结合，以及与堂屋相连房间的综合天然采光，并在需要时使用人工照明，其照度可达500lx（图5.18）。

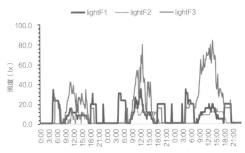

(a) 民居F不同房间室内照度变化
（F1、F2直接采光为主，F3直接采光与间接采光结合）

(b) 直接采光卧室（F1）　　(c) 直接采光与间接采光
结合的餐厅（F3）

图5.17　民居F不同采光形式室内照度与采光情况
（资料来源：作者绘）

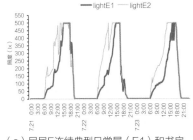

(a) 民居E连续典型日堂屋（E1）和书房
（E2）室内照度变化

(b) 民居E堂屋采光情况

(c) 民居E书房采光情况

图5.18　民居E连续典型日堂屋（E1）和书房（E2）室内照度变化与采光情况
（资料来源：作者绘）

综合上述两处典型民居光环境特征分析可得：

1）间接采光是三倒拐场镇民居天然采光的重要方式之一，可有效提高居室内照度。

2）不同空间光环境差异较大，仅靠传统民居格栅窗采光，室内光环境较差。

3）依靠堂屋、店铺等形成较大面积直接采光与间接采光综合的居室整体光环境更为适宜。

5.2.4 室内空气质量特征

1. CO_2浓度分析

所选两栋民居各三个主要空间CO_2浓度实测数据表明：各空间CO_2浓度平均值均在500ppm以下，常年维持在420~480ppm之间[①]，说明山地场镇民居的半开敞特征使得室内外联通紧密，且使用者也保有定期开窗通风的习惯，因此室内CO_2浓度普遍保持在较低值。不同功能空间由于使用模式不同，CO_2浓度会有一定差异，如图5.19所示，书房、卧室等相对私密的房间比堂屋的CO_2浓度略高，厨房的CO_2浓度波动比其他房间明显，但总体都保持在较低水平，室内空气清新[②]，说明厨房CO_2虽在一定程度上受炊事影响，但总体通风排风较好。此外，由于该地区冬季温度较为适宜，且大多使用电器采暖设备，也没有因为冬季采暖导致明显的室内空气质量恶化（设备使用方式见6.3.3）。

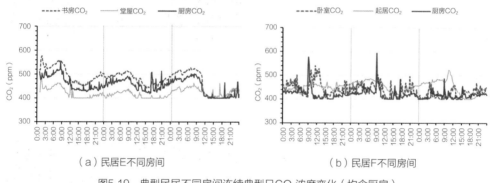

图5.19 典型民居不同房间连续典型日CO_2浓度变化（均含厨房）
（资料来源：作者绘）

2. PM2.5浓度分析

选取7栋民居不同季节典型日24小时PM2.5均值进行比较可得：根据最新空气质量标准（表5.6），各民居24小时PM2.5均值都在良以上（≤75μg/m³），且大部分均处于优（≤35μg/m³）。过渡季日均值＜夏季日均值＜冬季日均值（图5.20）。冬季有部分民居的房间超过40μg/m³，结合季节和使用功能分析原因，造成差异的原因主要是冬季采暖、炊事以及使用者关闭门窗保暖导致的PM2.5日值升高，且冬季重庆多雾，空气质量比过渡季和夏季略差。

[①]《室内空气质量标准》GB/T 18883–2002（Indoor Air Quality Standard）中规定CO_2浓度应在1000ppm以内。
[②] CO_2浓度在350~450ppm同室外环境；在350~1000ppm可保证空气清新，呼吸顺畅；大于10,000ppm及以上则会危害人体健康。

空气质量等级	24小时PM2.5平均值标准值
优	0 ~ 35μg/m³
良	35 ~ 75μg/m³
轻度污染	75 ~ 115μg/m³
中度污染	115 ~ 150μg/m³
重度污染	150 ~ 250μg/m³
严重污染	大于250μg/m³及以上

（资料来源：《环境空气PM10和PM2.5的测定重量法》HJ 618-2011）

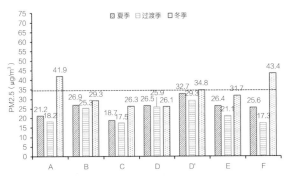

图5.20　不同民居、不同季节PM2.5 24小时均值比较
（资料来源：作者绘）

进一步选取单栋民居不同房间、不同季节及连续日PM2.5变化数据进行分析可得（图5.21）：各房间PM2.5均值存在季节差异，与总体规律一致。起居室由于冬季采暖和关闭门窗导致PM2.5值有所上升。厨房会在炊事时间引起PM2.5值显著上升。使用者活动较为频繁的起居室或堂屋也会出现PM2.5值的波动，但波动幅度小于厨房炊事活动。

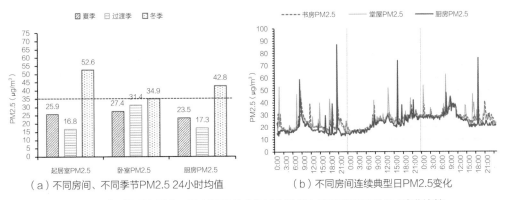

（a）不同房间、不同季节PM2.5 24小时均值　　　　（b）不同房间连续典型日PM2.5变化

图5.21　典型民居各季节不同房间PM2.5 24小时均值与连续典型日PM2.5变化比较
（资料来源：作者绘）

5.3 不同空间组织模式物理环境性能分析

5.3.1 不同朝向室内热湿环境比较：以东南/西北主导朝向为例

受聚落整体选址及朝向控制，三倒拐场镇民居单体朝向普遍具有一致性，以东偏南10°以内和西偏北10°以内为主，朝向差异主要在于临街一侧房间和临山谷一侧房间，因此，重点对东南/西北两个朝向室内房间热湿环境进行对比分析（以下实测数据标签简称东向、西向）。分别选取典型民居首层与二层东西向不同房间进行对比。为避免建筑设备及人员使用干扰，选择以短期无人居住的卧室/房间为实测对象，实测样本数据分析如图5.22所示。

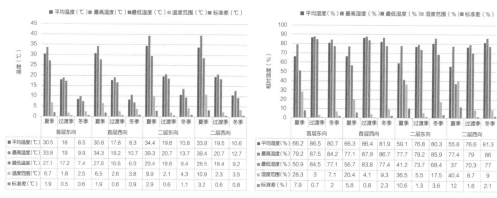

图5.22 各季节首层与二层东西向房间温湿度比较
（资料来源：作者绘）

温度方面，不同季节、不同楼层东西向房间差异不同（图5.23、图5.24）。夏季，西向比东向房间具有较明显的热延迟，一层西向房间比东向房间延迟2~3h，二层西向房间比东向房间延迟1h左右。东向房间在下午14：00~16：00之间升至温度最高值，清晨6：00~7：00之间降至最低值；而西向房间在下午17：00~19：00之间升至温度最高值，上午8：00~9：00之间降至最低值。夏季西向房间平均温度与东向房间接近，首层东、西房间温度均值差（0.3℃）略小于二层东、西房间温度均值差（0.6℃）。东西向房间最高温度差和最低温度差均小于1℃。过渡季与冬季，东西向房间在热延迟和温度值上均差异较小。由于缺少日照，东向房间在下午升温时段比西向房间略有延迟，且在夜间到清晨降温时段也比西向房间略有延迟。东向房间平均温度略大于西向，但差值也仅在0.2℃以内。在温度波幅上，夏季大于过渡季和冬季，西向房间整体波幅略大于东向[①]。

相对湿度方面，夏季东西向房间差异较大，过渡季和冬季差异小，且变化十分接近（图5.23、图5.24）。夏季，西向湿度变化比东向延迟约2~3h，一层东西向房间湿度平均值差异（0.1%）小于二层东西向房间湿度平均值差异（3.3%）。冬季和过渡季湿度平均值差异仅介于0.1%~1.2%。

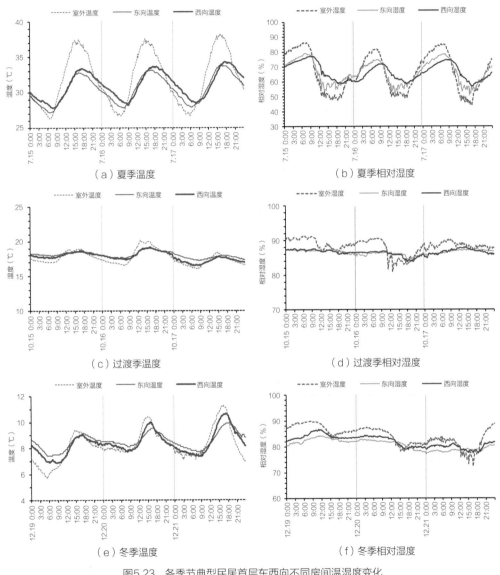

图5.23　各季节典型民居首层东西向不同房间温湿度变化

（资料来源：作者绘）

[①] 需说明：东西房间的选择虽已尽量保证在同一建筑、同一楼层以及围护结构材料、开口都基本相同的情况下进行实测比较，但过渡季和冬季呈现出的东向比西向温度略高的情况，也不能完全排除由于通风量和是否临街等外界环境带来的干扰，但东西房间整体不具有明显差异的特征是经实测数据可分析出的普遍规律。

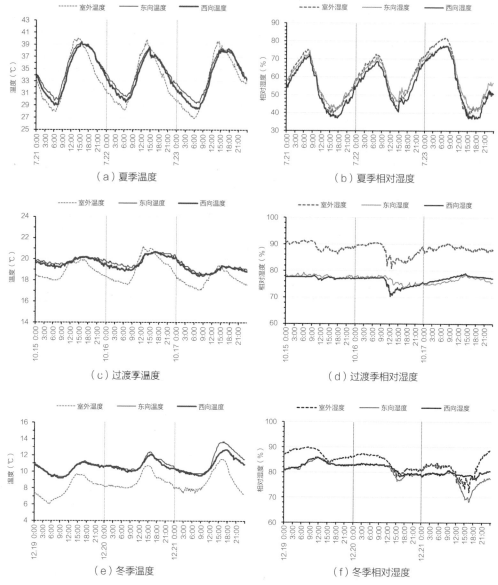

图5.24 各季节典型民居二层东西向不同房间温湿度变化

（资料来源：作者绘）

综合以上对东西向不同房间热湿环境分析可得：

1）同一楼层东西房间、不同楼层东西房间均呈现夏季温湿度差异大于过渡季和冬季，晴天差异略大于阴天，且过渡季和冬季基本没有明显差异。

2）由于三倒拐场镇民居立面的遮阳和街道的互遮阳，不同朝向房间各季节平均温差都基本维持在1℃以内，平均相对湿度差仅在3.3%以内。

3）西向房间因外立面受西晒影响，其室内温度波幅略大于东向房间。

对于三倒拐场镇民居而言，在保证同一建筑、同一楼层及围护结构基本相同的情况下，不同朝向房间室内热湿环境主要受界面所接受的太阳辐射影响，其差异大小与太阳辐射强度有关。特别是三倒拐场镇民居以东向和西向为主导朝向，日出日落对于不同朝向的房间具有一定的影响。但由于三倒拐传统民居重综合遮阳的特征，以及室内自然通风路径较为流畅，使得东西向房间室内物理环境差异并不明显，各季节平均温湿度差都很小。这种差异小的特征也从侧面验证了三倒拐场镇民居不以日照为朝向选择标准的科学性，即：良好的遮阳体系，再辅以一定的自然通风，则可有效削减高温期西南日晒带来的不良影响。

5.3.2 水平空间组织与室内物理环境性能

1）对于竹筒式民居（测点如图5.25），临主街和中部的房间室内温度更为稳定，波动幅度小，特别是夏季，当室外温度高且波动幅度大时，中部房间受室外高温影响小于两端房间，温度波动幅度偏小，相对湿度的波动幅度也较小，但由于在中部，相对湿度略比其他房间偏高，若通风不好，则会积蓄潮气，不利于散热降温（图5.26）。

2）从不同民居、不同空间横向比较可以看出，室内环境均具有梯度性，且核心空间优于其他空间（图5.27）。

图5.25　竹筒式民居D+D′平面各房间测点布置
（资料来源：作者绘）

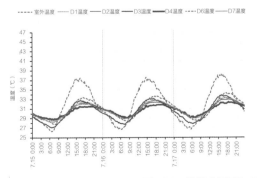
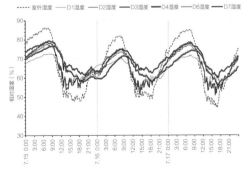

图5.26　竹筒式民居D+D′平面各房间温湿度变化
（资料来源：作者绘）

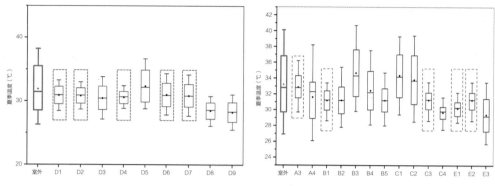

图5.27 不同民居、不同空间温度分布对比（虚线框内为核心空间[①]）

（资料来源：作者绘）

3）传统民居无论何种平面布局形式，都注重围绕核心空间形成必要的气候缓冲层，以此尽可能保证核心空间室内环境处于相对稳定的状态。而辅助空间则更多具有半开敞的特征，与室外热湿环境关联密切，波动幅度比核心空间大，且不同的辅助空间热湿环境具有显著差异。通过不同平面形式的民居横向比较可发现，并没有某一平面形式在热湿环境上具有明显的优势，说明三倒拐场镇民居水平空间组织更注重多样性和梯度性，以此应对夏热冬冷的气候特点和分时分区的使用特点，而不是局限于某种特定的形式。

5.3.3 竖向空间组织与室内物理环境性能

竖向空间组织是山地型场镇民居的重要空间模式，密切影响建筑整体物理环境。本节重点分析竖向空间组织对室内热湿环境和风环境的影响，分为不同层数民居之间和同一民居不同楼层之间比较两类，并对典型民居室内温度和风速进行理论模拟。

1. 不同层数民居室内物理环境分析

由于三倒拐场镇民居普遍夏季室内整体舒适度达标率上较差，过渡季和冬季达标率较好（APMV及达标率计算见5.2.1），因此重点对比不同层数民居夏季达标率（图5.28）。结果表明，有吊层的民居夏季达标率优于平层民居，有吊层和二层阁楼空间的民居优于仅有吊层空间的民居。

进一步针对民居C、D（均具有典型吊层空间、但层数不同）运用Phoenics进行温度和风

[①] 核心空间以首层起居室、卧室、餐厅为主。

速模拟对比分析[①]。其中，风速模拟分为两种：一种为静风状态，仅模拟热压通风；另一种以实测风速值为参照，设置室外平均风速2m/s进行风压和热压综合通风模拟。通过模拟计算可得（图5.29～图5.32）：

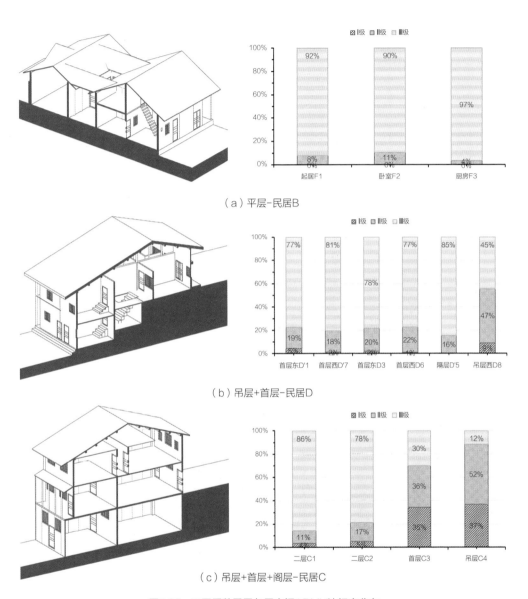

（a）平层-民居B

（b）吊层+首层-民居D

（c）吊层+首层+阁层-民居C

图5.28 不同层数民居各层空间APMV达标率分布
（资料来源：作者绘）

① 模拟设定中，小青瓦屋顶代入实测屋面平均温度40℃，山体代入地表全面平均温度18℃，风速设定分为两种：一种为静风状态；另一种代入室外平均风速2m/s。

1）坡屋顶高空间使得室内竖向温度分层明显，上部屋顶小青瓦受热温度较高，底部山体冷源温度较低，竖向温度差异较大，且温度变化梯度集中在内隔墙上部与屋面之间。

2）由于竖向温差大，民居仅在热压通风下的竖向空气流动比一般计算值高，有吊层和阁层空间的民居C（山墙有小开口）热压通风风压在-0.12~2.62Pa之间，风速在0.01~0.13m/s之间（图5.29）；有吊层空间的民居D（山墙无开口）热压通风风压在-0.3~3Pa之间，风速在0.01~0.11m/s之间（图5.31）。在风压与热压共同作用下，民居C风压在-0.96~0.31Pa之间，风速在0.03~0.41m/s之间（图5.30）；民居D风压在-1.38~1.8Pa之间，风速在0.037~0.56m/s之间（图5.32）。民居C通风换气次数明显大于民居D。

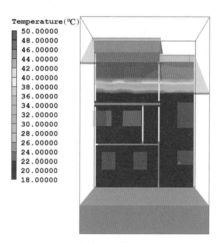

（a）温度分布

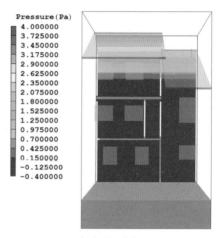

（b）风压分布

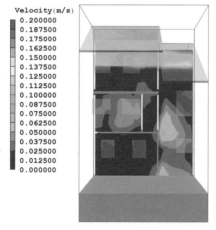

（c）风速分布

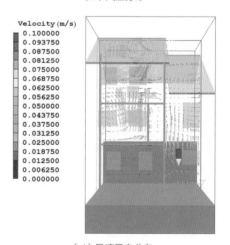

（d）风速风向分布

图5.29　吊层+首层+阁层民居热压通风模拟（民居C）

（资料来源：刘可、作者绘）

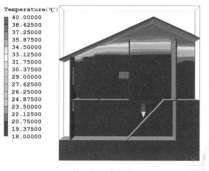

（a）温度分布

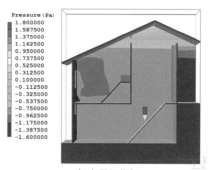

（b）风压分布

（c）风速分布

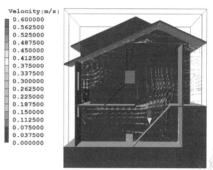

（d）风速风向分布

图5.30 吊层+首层+阁层民居风压热压综合通风模拟（民居C）

（资料来源：刘可、作者绘）

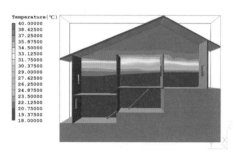

（a）温度分布

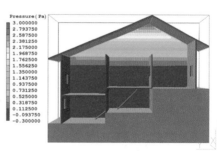

（b）风压分布

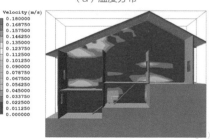

（c）风速分布

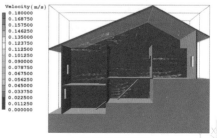

（d）风速风向分布

图5.31 吊层+首层民居热压通风模拟（民居D）

（资料来源：刘可、作者绘）

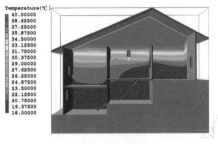

（a）温度分布

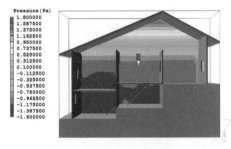

（b）风压分布

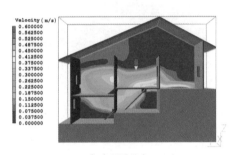

（c）风速分布

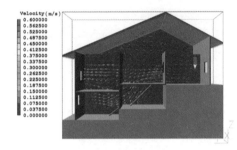

（d）风速风向分布

图5.32　吊层+首层民居风压热压综合通风模拟（民居D）

（资料来源：刘可、作者绘）

3）从两栋民居梯井空间风速风向分布图可发现，梯井的拔风效果较明显，热压通风理论风速模拟值在0.04~0.06m/s，风压热压综合风速值在0.3~0.4m/s。梯井的通风效果总体优于各房间内。

2．同一民居不同楼层室内物理环境分析

选取典型多层民居，对比分析其不同楼层各季节典型期室内物理环境，实测数据分析如图5.33所示。

1）温度方面（图5.34）：夏季和过渡季逐层平均温度依次为二层＞一层＞吊层，且温度波幅和均值差逐层减小，夏季差异大于过渡季，夏季吊层和二层最大温差可达7.2℃。吊层在夏季降温效果明显，平均温度比首层降低1.6℃，比阁层降低4.1℃（图5.35、图5.36）。冬季逐层平均温度依次为吊层＞二层＞一层，各层温度波幅和均值差异小。各季节不同楼层均有一定热延迟，过渡季和冬季热延迟大于夏季，吊层热延迟大于一层和二层，一层和二层热延迟约2~3h，吊层夏季热延迟约3~5h，过渡季和冬季可达6~10h。夏季二层温度在夜间部分时段略低于一层，占比24%，说明二层夜间通风良好。吊层在过渡季夜间和冬季均有部分时段温度高于一层，在冬季极端低温期吊层温度高于一层时段占比88%，高于二层占比76%，其温度可在冬季低温时段将平均温度提高近1℃（图5.37），且冬季低温期热延迟可达近10h，说明吊层借助山体及地表热工性能保持了较好的热稳定性。

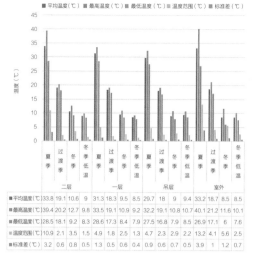
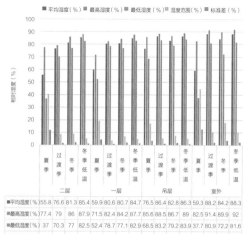

	二层 夏季	过渡季	冬季	冬季低温	一层 夏季	过渡季	冬季	冬季低温	吊层 夏季	过渡季	冬季	冬季低温	室外 夏季	过渡季	冬季	冬季低温
平均温度(℃)	33.8	19.1	10.6	9	31.3	19.1	9.5	8.5	29.7	18	9.4	8.5	33.2	18.1	8.5	8.5
最高温度(℃)	39.4	20.2	12.7	9.8	33.3	19.1	10.9	9.2	32.2	19.1	10.8	10.7	40.1	21.2	11.6	10.1
最低温度(℃)	28.5	18.1	9.2	8.3	26.8	17.3	8.4	7.9	27.5	16.8	7.9	8.5	26.9	17.1	6	7.6
温度范围(℃)	10.9	2.1	3.5	1.5	4.9	1.8	2.5	1.3	4.7	2.3	2.9	2.2	13.2	4.1	5.6	2.5
标准差(℃)	3.2	0.6	0.8	0.5	1.3	0.5	0.6	0.4	0.9	0.6	0.7	0.5	3.9	1	0.7	0.7

	二层 夏季	过渡季	冬季	冬季低温	一层 夏季	过渡季	冬季	冬季低温	吊层 夏季	过渡季	冬季	冬季低温	室外 夏季	过渡季	冬季	冬季低温
平均湿度(%)	55.8	76.6	81.3	85.4	63.7	80.6	80.7	84.7	76.5	86.4	82.8	86.6	59.3	88.2	84.2	88.3
最高湿度(%)	77.4	79	86	87.9	71.5	82.4	87.8	87.9	85.6	88.5	86.7	89.8	80	90.9	90	92
最低湿度(%)	37	70.3	77	82.5	52.4	78.7	77.1	82.9	68.5	83.2	79.2	83.9	37.7	80.9	72.2	81.6
湿度范围(%)	40.4	8.7	9	5.4	19.1	3.7	7.1	4.8	17.1	5.3	7.5	5.1	44.8	10.5	17.7	10.4
标准差(%)	12	1.6	2.1	1.2	4.4	1	2	1.4	3.4	1.1	1.8	0.9	12.7	2.1	3.8	2.3

图5.33　各季节同一民居不同楼层温湿度比较
（资料来源：作者绘）

2）相对湿度方面（图5.34）：各季节逐层平均相对湿度依次为二层＜一层＜吊层，均值差逐层增大，夏季吊层与二层平均相对湿度差可达−20.7%，过渡季和冬季差异小，吊层全年相对湿度较高，均值在76.5%~86.4%。相对湿度波幅夏季排序为二层＞一层＞吊层，过渡季和冬季排序为二层＞吊层＞一层，且逐层差异小（图5.35、图5.36）。

3）各层热环境相关性方面：各季节温湿度散点图表明，不同楼层与室外热湿环境关系为（图5.38）：二层在各季节与室外温湿度相关性更高，夏季则随室外温度变化最大，过渡季离散程度和波动范围较小，热湿环境相对稳定，冬季热湿环境也较好。首层在各个季节与室外温湿度相关性比二层低，离散程度与波动范围均相对集中，热湿环境较为稳定。吊层在夏季与室外温湿度相关性较高，过渡季次之，冬季则基本不随室外温度变化而变化，而湿度与室外呈一定相关关系。这也印证了前文所述，吊层受地表和山体影响，在冬季具有一定的热稳定性。不同楼层之间热湿环境关系如图5.39所示，各楼层温度在夏季相关性更高，相对湿度在过渡季和冬季相关性更高。一层与二层相关性高于一层与吊层。

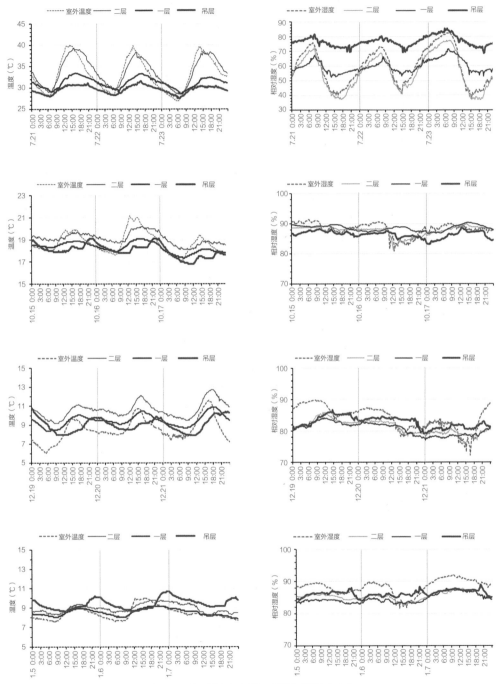

图5.34 各季节同一民居不同楼层温湿度变化

（资料来源：作者绘）

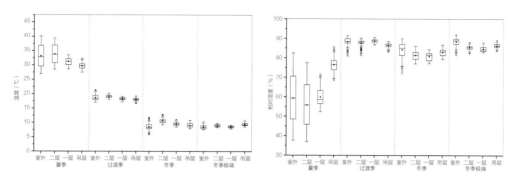

图5.35 各季节同一民居不同楼层温湿度分布
（资料来源：作者绘）

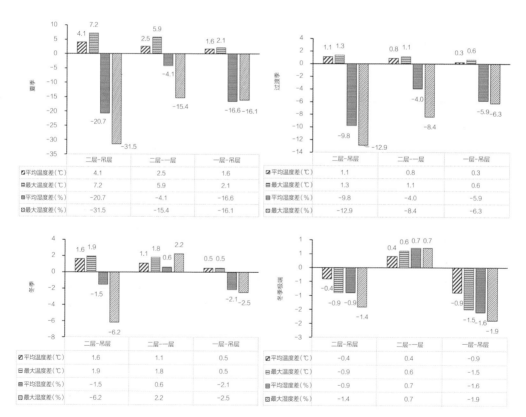

图5.36 各季节同一民居不同楼层温湿度均值差
（资料来源：作者绘）

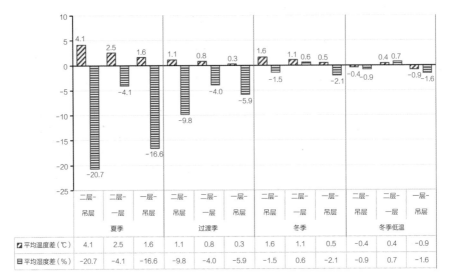

	二层- 吊层	二层- 一层	一层- 吊层	二层- 吊层	二层- 一层	一层- 吊层	二层- 吊层	二层- 一层	一层- 吊层	二层- 吊层	二层- 一层	一层- 吊层
	夏季			过渡季			冬季			冬季低温		
▨ 平均温度差（℃）	4.1	2.5	1.6	1.1	0.8	0.3	1.6	1.1	0.5	-0.4	0.4	-0.9
▤ 平均湿度差（%）	-20.7	-4.1	-16.6	-9.8	-4.0	-5.9	-1.5	0.6	-2.1	-0.9	0.7	-1.6

图5.37　各季节同一民居不同楼层温湿度平均差值变化
（资料来源：作者绘）

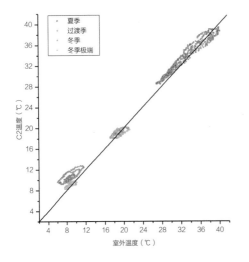

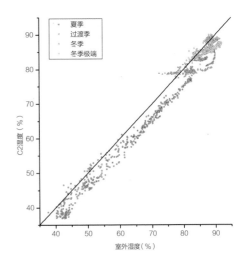

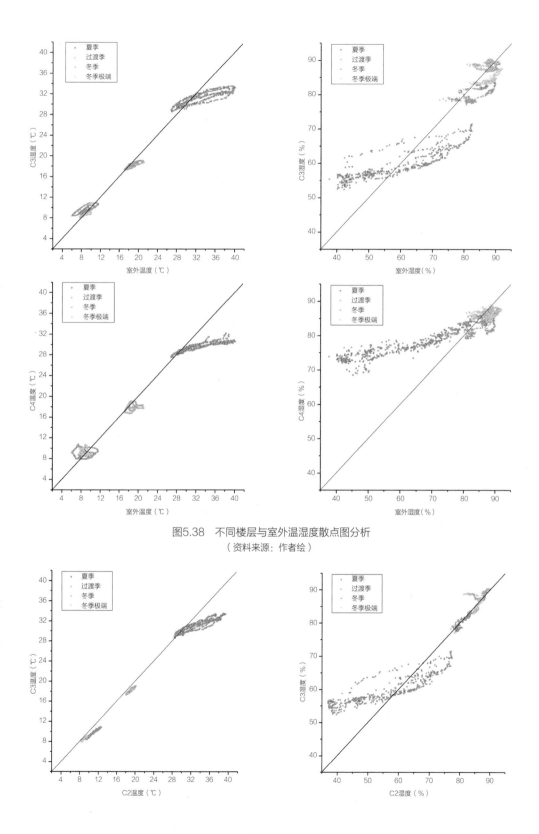

图5.38 不同楼层与室外温湿度散点图分析

（资料来源：作者绘）

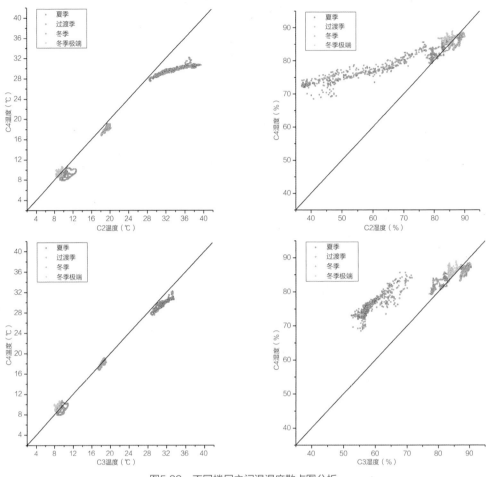

图5.39 不同楼层之间温湿度散点图分析
（资料来源：作者绘）

吊层（C4）、一层（C3）、二层（C2）及室外之间相关性通过Pearson[①]相关系数计算验证可得：

①二层与室外相关性高，且夏季（0.98）高于过渡季（0.71）和冬季（0.78）。而一层与室外相关性在各季节基本相同。

②一层与二层各季节相关性基本相同，且冬季（0.97）略大于夏季（0.93）。

③吊层与一层、二层相关性夏季（0.91）＞过渡季（0.79～0.68）＞冬季（0.35～0.29）。同时，吊层与室外在夏季和过渡季成正相关，而在冬季则不成相关关系，求得系数为负值。

综合各季节温湿度变化分析可得：

1）传统民居不同楼层温湿度存在梯度差异，夏季差异大于过渡季和冬季。夏季二层与吊层最大温度差可达7℃以上，过渡季和冬季基本保持在1～2℃之间。

---

① Pearson系数计算见附录D。

2）层高越高，温湿度波动范围越大，总体呈现温湿度差值高处大于低处，夏季最高温度差异大于最低温度差异，相对湿度差异反之，过渡季和冬季差异不明显，首层热湿环境相对稳定。

3）吊层在过渡季晚间时段和冬季低温期平均温度均高于一层及二层，体现出吊层热湿环境较为稳定的特点，且在冬季不与室外成相关关系，有其自身热稳定性。吊层在夏季降温效果明显，平均温度可降低1.6℃，但相对湿度较大。

4）二层在各季节与室外温湿度相关性高，整体波动性大，在夏季夜间部分时段温度低于首层，说明二层在夏季夜间通风散热较好，在过渡季和冬季的热湿环境均较好。

5.4　不同空间原型物理环境性能分析

5.4.1　聚落空间原型

在聚落层面，重点分析绿化院坝、冷巷、主街道的气候调节作用，主要表现在夏季综合遮阳和自然通风方面。被测室外绿化院坝位于西侧，临山谷；冷巷为东南向，临山谷和溪水；室外主街为南北向，实测数据统计如图5.40所示。

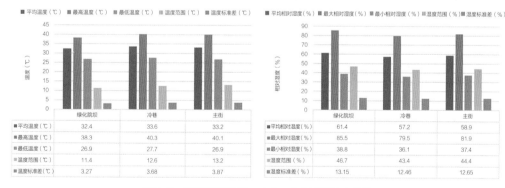

图5.40　夏季绿化院坝、冷巷、主街道温湿度统计
（资料来源：作者绘）

1. 热湿环境特征分析

在夏季极端高温典型期（图5.41、图5.42），温度方面，绿化院坝与冷巷和主街差异较为明显，冷巷和主街基本接近。室外绿化院坝温度较低，平均值从低到高依次为绿化院坝（32.4℃）＜

主街（33.2℃）＜冷巷（33.6℃）。绿化院坝的温度变化范围和波幅也相对较小，温度变化范围及波动幅度从低到高依次为绿化院坝（11.4℃，SD=3.27）＜冷巷（12.6℃，SD=3.68）＜主街（13.2℃，SD=3.87）。绿化院坝平均温度比冷巷和主街分别低1.2℃（冷巷）、0.8℃（主街），最高温度分别低2℃（冷巷）、1.8℃（主街）。与主街相比，冷巷有1~2h的热延迟作用，绿化院坝有2~3h热延迟作用。在午后高温时段（图5.41a），主街和冷巷的升温快，且温度极值较为凸显，而绿化院坝则升温速率慢，高温时段在相对较低的温度范围内呈现一定的波动性。相对湿度方面，三者差异较小，平均相对湿度依次为冷巷（57.2%）＜主街（58.9%）＜绿化院坝（61.4%）。绿化院坝平均相对湿度比冷巷和主街分别高4.2%（冷巷）、2.5%（主街）。最大相对湿度差大于最小相对湿度差。三者湿度变化范围和波动幅度基本接近，依次为冷巷（43.4%，SD=12.46）＜主街（44.4%，SD=12.65）＜绿化院坝（46.7%，SD=13.15）。

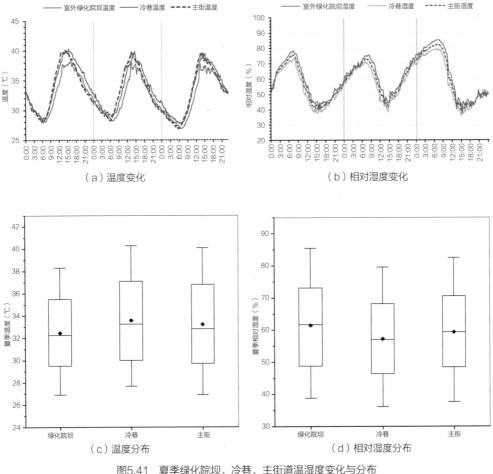

（a）温度变化 （b）相对湿度变化

（c）温度分布 （d）相对湿度分布

图5.41　夏季绿化院坝、冷巷、主街道温湿度变化与分布
（资料来源：作者绘）

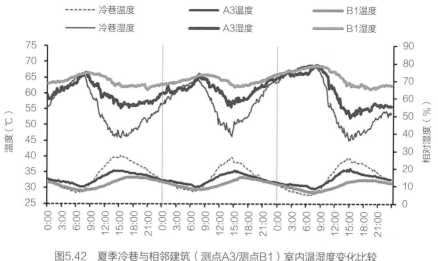

图5.42　夏季冷巷与相邻建筑（测点A3/测点B1）室内温湿度变化比较
（资料来源：作者绘）

2．冷巷气候调节作用分析

1）冷巷具有显著的综合遮阳作用。如图5.43热成像分析所示，夏季高温晴天时段，冷巷内竹篾墙平均温度约为39℃，近人活动高度表面温度37.8℃，砖墙38.7℃，地面37～39℃。处于阴影的小青瓦下屋面43.9℃。比对在日照下，小青瓦下屋面温度高达51.3℃，竹篾墙表面温度达近45℃，砖墙可达近47℃，由此可见，冷巷空间形成了综合屋面、山墙面、近地面为一体的遮阳作用，效果显著。

2）冷巷的窄高空间既促进热压通风，也加速风压通风。如图5.43热成像对比分析所示，夏季白天，冷巷上层小青瓦下屋面与近地面温度温差可达7～12℃。夜间上下最大温差约5℃，昼夜均存在较大温差以利于热压通风。夏季夜晚通风时段实测冷巷3m高度平均风速为0.36m/s，近人1m高度平均风速为0.97m/s，比主街平均风速大0.2m/s，比室内平均风速大0.55m/s（图5.44）。

3）冷巷不能简单地被理解为具有蓄冷或直接提供冷空气的作用[①]。与主街相比，冷巷总体温度绝对值并没有显著降低，只是具有一定的热延迟，又因夜晚建筑散热，冷巷在夜间的温度略高于主街和绿化院坝，其最低温度比主街道和绿化院坝高近1℃（图5.41c）。同时，如图5.42所示，冷巷的温度比相邻建筑室内温度明显偏高，最高温度相差5～8℃，平均相对

[①] 林波荣教授等在此前对于徽州民居冷巷的实测结果分析中也指出简单地认为巷道"冷空气"可以让室内降温是不科学的。本研究中，冷巷比空旷处气温低的作用没有明显体现，但冷巷对于建筑室内环境调节作用的分析与该研究对于徽州民居冷巷的实测结果相契合，可互为印证，以厘清传统定性研究中对于冷巷降温作用原理的误区。

湿度比建筑室内低近10%，说明冷巷更主要的作用在于遮阳防热，以及既往研究中普遍证实的通风和结构需要，以达到散热除湿的作用，而不是自身成为冷源。

4）三倒拐场镇的冷巷空间具有多重环境调节作用。其蕴涵的基本原理和作用机制既具有其他类型民居中（徽州民居、泉州民居等）冷巷空间的共性，也具有山地场镇的特性。具体而言，三倒拐场镇中的冷巷利用地形高差往往形成重檐、跌落等空间，使得空间的遮阳和竖向热压通风作用更为明显。同时，山地场镇的冷巷还常与平行等高线结合形成一定的交通空间，抑或组织连接不同高度的院坝、建筑，形成别具一格的山地景观。

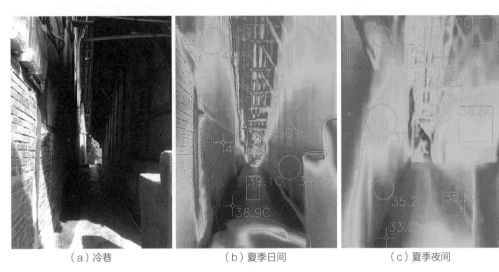

（a）冷巷　　　　　　　　　（b）夏季日间　　　　　　　　　（c）夏季夜间

图5.43　冷巷夏季日间、夜间热成像分析
（资料来源：作者绘）

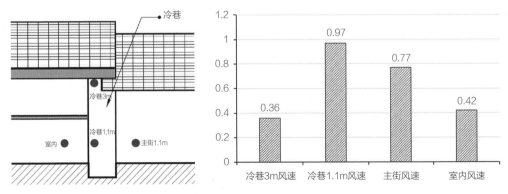

图5.44　冷巷、主街、室内通风时段平均风速比较
（资料来源：作者绘）

3. 狭长主街气候调节作用分析

狭长主街作为场镇型聚落的典型空间原型，其与两侧建筑共同呈现的互遮阳体系，在夏季起到了一定的防热作用。经热成像分析（图5.45），夏季主街道两侧建筑立面围护结构表面温度平均相差近8℃，最大相差18.7℃（小青瓦）。两侧建筑一侧完全处于阴影中，另一侧下半部大部分区域处于阴影中，处于阴影中的建筑围护结构表面温度整体较低。主街道地面太阳直射区与阴影区平均温度相差约7℃。

此外，前文热湿环境特征显示（图5.41），主街的温度变化范围及波幅最大，变化速率略快于冷巷，最低温度比冷巷略低，说明主街在夏季夜晚受到建筑散热的影响较小，整体通风散热情况较好。

图5.45　主街道东西两侧建筑互遮阳热成像分析
（资料来源：作者绘）

4. 聚落空间原型物理环境特征及气候调节作用

1）绿化院坝对于传统民居夏季遮阳、防热、降温作用显著[1]。绿化院坝在夏季午后高温时段对于温度极值有较为明显的削减作用，最高温度可比主街降低2℃，且在日间具有2~3h的热延迟作用。将绿化院坝设置于西侧，可更好地调节夏季午后高温和西晒时段的建筑微气候。

2）冷巷具有多重环境调节作用，可形成综合重檐、山墙、地面为一体的遮阳系统，并同时促进热压和风压通风。冷巷的方向也常与局地风场相关联，并利用地形高差形成跌落空间，使得空间的竖向热压通风和与局地主导风向相结合的风压通风作用更为明显。冷巷的降温作用主要由遮阳体现，且夜晚会受到建筑室内散热的影响，因此不能简单地被理解为具有蓄冷或直接提供冷空气的作用。

---

① 在重庆，因冬季日照长期处于较低水平，加之植物的自然凋谢，绿化对冬季日照基本没有影响。

3）主街及两侧建筑形成的互遮阳体系在夏季起到了有效的遮阳防热作用。主街朝向与山地地方性风场和立体主导风向相契合，夜晚的通风散热效果较明显。

5.4.2 建筑空间原型

分别对三倒拐场镇民居典型建筑空间原型物理环境特征及气候调节作用进行综合解析，主要包括：吊层空间、天井空间、竖井空间、坡屋顶高空间、阁层空间等[1]，并对典型空间原型包含的不同空间形式进行对比分析。

1. 吊层空间

1）典型吊层空间物理环境分析

选取典型吊层空间与室外热湿环境展开夏季至冬季连续对比分析（图5.46，温湿度差值均为吊层温湿度减去室外）：夏季7月，吊层温度低于室外温度占比85%，集中在白天，最大温差-9.5℃，出现在下午15：00～16：00；夜间吊层温度略大于室外，最大温差1.3℃，出现在凌晨4：00～5：00。过渡季10月，吊层温度低于室外温度占比57%，集中在白天，最大温差-5.6℃，出现在上午10：30～11：30；夜间吊层温度略大于室外，最大温差1.8℃，出现在凌晨4：00～5：00。过渡季11月，吊层温度低于室外温度占比43%，集中在白天，最大温差-3.5℃，出现在下午12：30～13：30及16：00～17：00；夜间吊层温度大于室外，最大温差2.6℃，集中出现在夜间1：00～2：00。冬季12月，吊层温度高于室外温度占比85%，集中在夜间及上午，最大温差2.9℃，出现在夜间1：00～3：00；下午吊层温度小于室外，最大温差-1.4℃，出现在下午15：00～16：00。冬季1月，吊层温度高于室外温度占比92%，集中在夜间及上午，最大温差2.4℃，出现在夜间23：00～0：00；下午吊层温度小于室外，最大温差-1.4℃，出现在下午12：30～13：30。综合夏季至冬季各季节可以看出，吊层在夏季具有明显的降温作用，过渡季随室外波动较为一致，冬季吊层空间自身具有更稳定的热环境，且比室外温度高。

各季节吊层空间温湿度与室外温湿度散点图（图5.47）及Pearson[2]相关系数计算验证表明：温度方面，吊层与室外在夏季和过渡季成正相关，夏季相关性（0.89）＞过渡季相关性（0.26），而在冬季，吊层与室外温度则不成相关关系。相对湿度方面，吊层与室外在各个季节均成正相关，相关系数夏季（0.89）＞冬季（0.4）＞过渡季（0.32）。

---

① 因檐下空间与界面空间密切关联，气候策略以综合遮阳和天然采光为主，因此将檐下空间的物理环境分析纳入后文界面空间进行综合分析，不在此赘述。
② 具体计算结果见附录D。

从夏季到冬季连续月吊层与室外温湿度对比分析可得：吊层在各季节均具有较好的热环境，夏季降温作用明显，冬季温度与首层接近并有小幅升温，具有一定的"冬暖夏凉"特征。但各季节吊层空间相对湿度大，特别是夏季相对湿度明显高于室外，冬季由于温度略高，相对湿度略低于室外，但基本与室外接近，而过渡季和冬季室外相对湿度整体偏高，因此，吊层空间全年整体相对湿度大，影响了室内环境的整体热舒适。

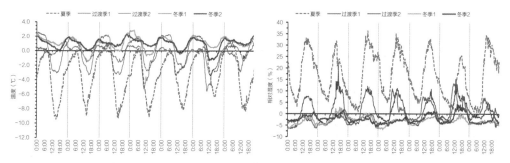

图5.46 各季节连续典型日吊层空间与室外温湿度差值变化（左：温度；右：湿度）
（资料来源：作者绘）

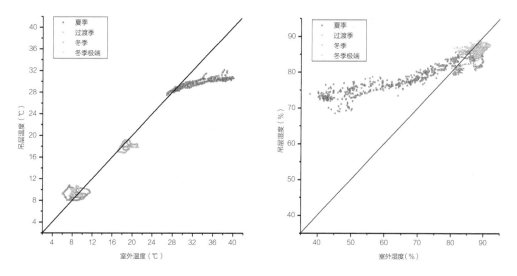

图5.47 各季节吊层空间与室外温湿度相关性分析（左：温度；右：湿度）
（资料来源：作者绘）

2）不同吊层空间形式物理环境对比分析

进一步选取两组不同吊层空间，分析不同吊层空间形态的热湿环境（测点如图5.48）。夏季，吊层空间室内温度明显低于首层和室外，过渡季和冬季则和首层接近，甚至部分时段略高于首层，夏季平均温度可比首层降低约1.5~2℃，冬季与首层接近（组1）或可提升近1℃（组2）（图5.49、图5.50）。从组1中两个吊层空间（D8、D9）的相对位置可发现，越靠近山体，其相对湿度越高，温度波动越趋于稳定，同时，紧邻山体的吊层空间为面向室外院坝的半吊层空间提供了相对稳定的气候缓冲层，使得其温度波动范围比首层略小（图5.49a）。

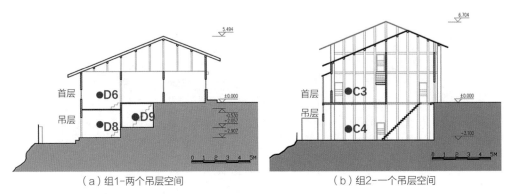

（a）组1-两个吊层空间　　　　　　　　　（b）组2-一个吊层空间

图5.48　两组吊层空间与首层测点布置

（资料来源：作者绘）

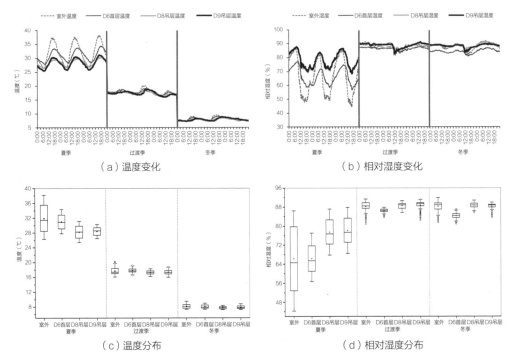

（a）温度变化　　　　　　　　　　　　　（b）相对湿度变化

（c）温度分布　　　　　　　　　　　　　（d）相对湿度分布

图5.49　各季节组1吊层空间与首层、室外空间温湿度变化与分布对比

（资料来源：作者绘）

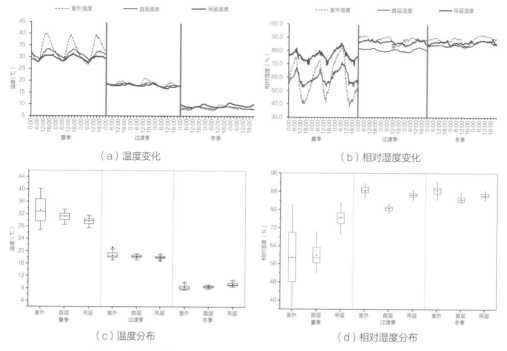

（a）温度变化　　　　　　　　　　　　　（b）相对湿度变化

（c）温度分布　　　　　　　　　　　　　（d）相对湿度分布

图5.50　各季节组2吊层空间与首层、室外空间温湿度变化与分布对比
（资料来源：作者绘）

2. 天井空间

天井空间夏季昼夜不同时段热成像分析显示（图5.51）：白天，天井高处受太阳照射，上部空气和小青瓦、竹篾墙等轻薄型材料温度升高，而底部地表和绿化植被温度较低，且

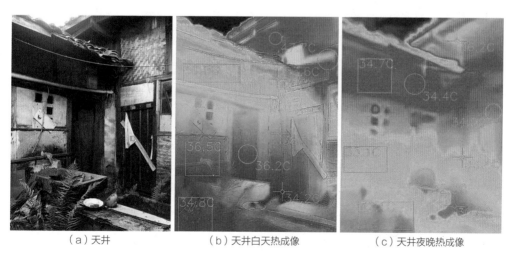

（a）天井　　　　　　　　（b）天井白天热成像　　　　　　　（c）天井夜晚热成像

图5.51　天井夏季白天、夜晚热成像分析
（资料来源：作者绘）

天井开口尺寸小，底部大部分区域长时段处于阴影中，其中，小青瓦底面温度达47℃左右，竹篾泥墙上部表面温度为41.5℃，下部近人高度表面温度为36.5℃，底部近地面温度为34.2℃，上下温差较大，表明天井具有良好的遮阳和促进竖向空气对流的作用。夜间，天井内部温差明显缩小且整体温度降低，小青瓦底面温度降至36.2℃左右，竹篾泥墙上部表面温度为34.7℃，下部近人高度表面温度为33.1℃，底部近地面温度为30.8℃。

3．竖井空间

选取梯井、通廊等典型竖井空间进行热成像分析。

1）梯井空间：瓦屋面内表面温度高达41.5℃左右，二层近人高度内隔墙表面平均温度约为36℃，底层近人高度内隔墙表面温度约为31.5℃，地面温度约为27.6℃，上下不同材料表面温差达14℃（图5.52a）。

2）通高廊道空间：瓦屋面内表面温度高达近48℃，近人高度内隔墙表面平均温度约36℃，地面楼板表面温度33℃，上下不同材料表面温差可达15℃（图5.52b）。

3）非通高廊道空间：顶面温度近34℃，近人高度内隔墙表面温度约31℃，地面温度约28.5～29.5℃，上下不同材料表面温差约2～3℃（图5.52c）。

综上结果表明，三倒拐场镇民居竖向空间均存在较为明显的纵向温度分层，有利于促进竖向通风和空气对流。

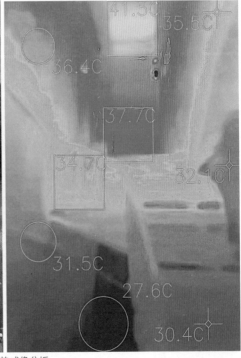

（a）梯井空间热成像分析

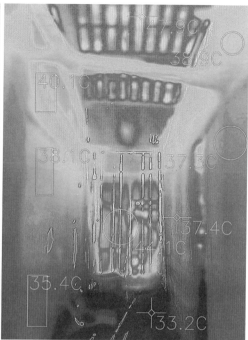

（b）通高廊道热成像分析

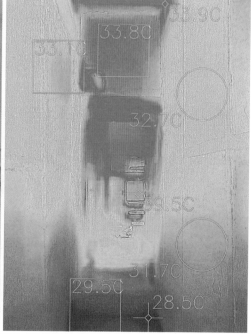

（c）非通高廊道热成像分析

图5.52　通高走廊室内热成像分析

（资料来源：作者绘）

4．坡屋顶高空间

在典型冷摊瓦坡屋顶高空间内，比较分析距地面4m（距内屋面下约0.2m）、2.5m、1m温湿度，各测点平均间隔1.5m，并在夏季增加瓦屋面测点作为参照，温湿度实测数据分析如图5.53所示。

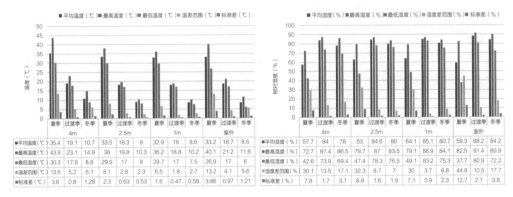

图5.53　各季节同一空间不同高度温湿度比较
（资料来源：作者绘）

1）温度方面（图5.54、图5.55）：各季节由高至低平均温度存在明显梯度差且依次降低，最高温度差值大，最低温度差值小，温度波幅和均值差依次减小，近人1m高度热环境最为稳定。夏季最大温差可达7.7℃，各高度平均温差为0.2～2.5℃，过渡季和冬季最大温差在4～5℃左右，各高度平均温差在0.3～2.1℃之间。夏季1m与2.5m处相差0.6℃，而2.5m与4m相差1.9℃，是前者的3倍（图5.56）。各季节1m和2.5m高度均有短时热延迟，约2～3h，而4m高度随瓦屋面和室外波动快。各季节近人1m高度热环境最为稳定（图5.55）。进一步综合夏季、过渡季、冬季典型期1m与2.5m、4m高度和室外温差分析可知（图5.57），夏季室内1m高度平均温度下降0.3℃，最大下降5.2℃，而冬季平均温度则上升0.1～0.3℃，最大上升1.6℃。

2）相对湿度方面（图5.54、图5.55）：各季节由高至低平均相对湿度存在明显梯度差且依次升高，波幅依次减小，夏季最大差值为18.3%左右，过渡季和冬季差异小（图5.56）。1m高度相对湿度最为稳定，全年平均相对湿度在64%～85%之间。

3）各高度热环境相关性方面：综合各楼层与室外热湿环境温湿度散点图（图5.58）及各楼层之间温湿度散点图分析可知（图5.59），4m高度在夏季与室外温度相关性高，而在冬季和过渡季则始终保持较高的温度和波动性。1m和2.5m相关性高，且冬季温度均明显低于4m高度。1m高度离散程度与波动范围均相对集中，说明其热湿环境较为稳定。各楼层相对湿度相关性都较高，且基本与室外变化关联较为密切。

4）热成像分析：如图5.60所示，瓦屋面内表面温度高达48.7℃，上部内墙（竹篾墙）表面平均温度超过38℃，近人活动高度内墙（竹篾墙）表面平均温度约为32℃，地面温度30℃左右，内墙上下温差可达6℃，而坡屋顶整体空间内不同材料表面温差高达近19℃，有利于调节近人活动高度热湿环境和促进竖向空气对流。此外，坡屋顶高空间还往往结合屋顶采光，提升居室内整体亮度（5.2.3）。

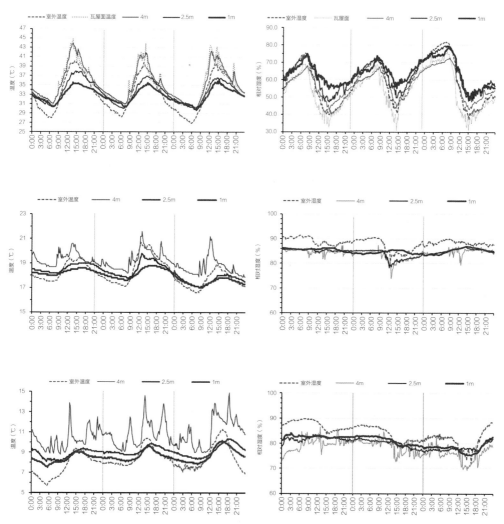

图5.54　各季节同一空间不同高度温湿度变化[1]（上：夏季；中：过渡季；下：冬季）

（资料来源：作者绘）

---

[1] 因夏季瓦屋面温度波动幅度较大，故在小青瓦外屋面增加测点，纳入其夏季实测数据以供分析参照。

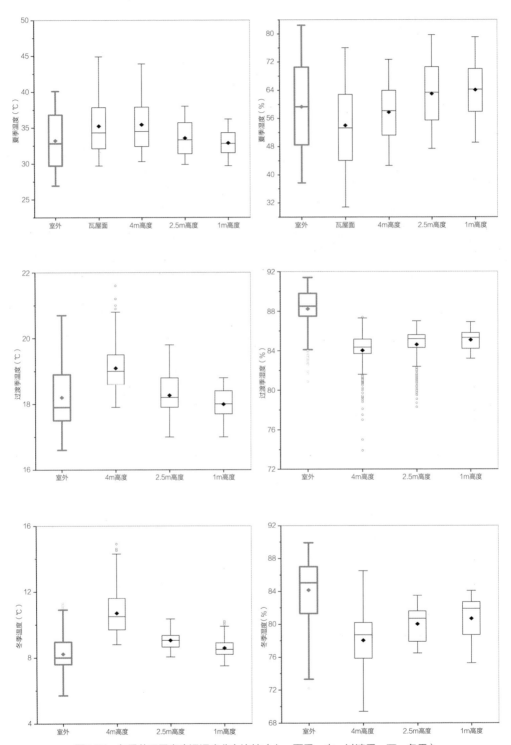

图5.55　各季节不同高度温湿度分布比较（上：夏季；中：过渡季；下：冬季）
（资料来源：作者绘）

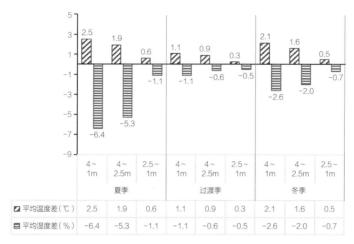

图5.56 各季节坡屋顶高空间不同高度温湿度平均差值
（资料来源：作者绘）

	4～ 1m	4～ 2.5m	2.5～ 1m	4～ 1m	4～ 2.5m	2.5～ 1m	4～ 1m	4～ 2.5m	2.5～ 1m
		夏季			过渡季			冬季	
平均温度差（℃）	2.5	1.9	0.6	1.1	0.9	0.3	2.1	1.6	0.5
平均湿度差（%）	-6.4	-5.3	-1.1	-1.1	-0.6	-0.5	-2.6	-2.0	-0.7

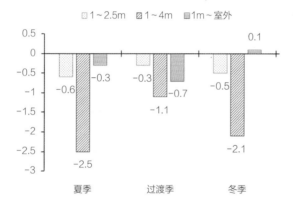

图5.57 各季节坡屋顶高空间内1m高度与2.5m、4m高度及室外平均温差
（资料来源：作者绘）

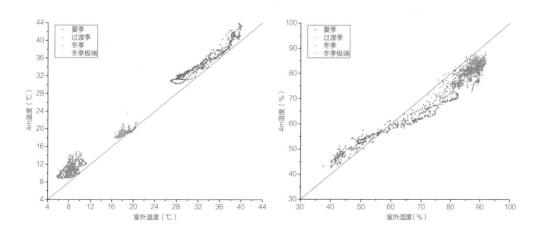

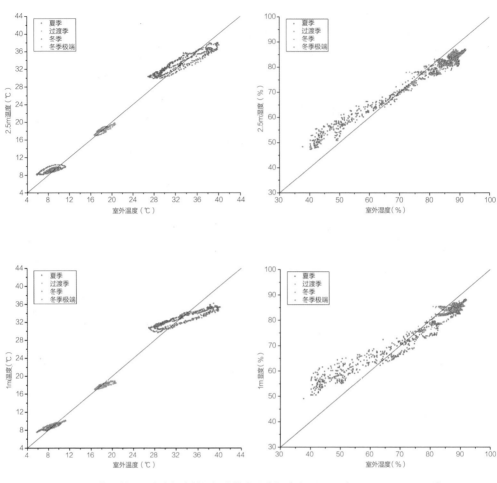

图5.58 各季节不同高度与室外温湿度散点图分析（上：4m；中：2.5m；下：1m）

（资料来源：作者绘）

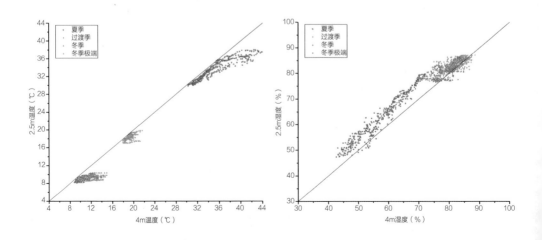

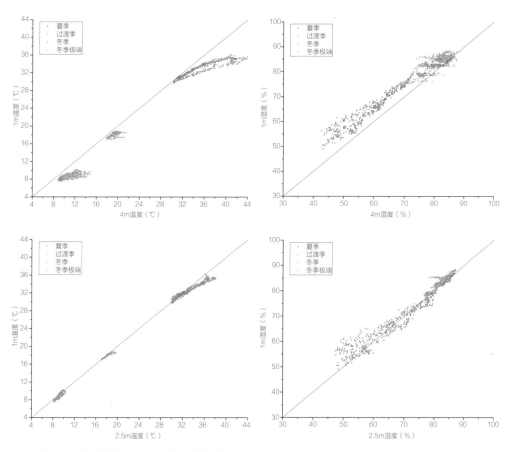

图5.59 各季节不同高度之间温湿度散点图分析（上：2.5~4m；中：1~4m；下：1~2.5m）
（资料来源：作者绘）

图5.60 坡屋顶高空间热成像分析
（资料来源：作者绘）

综合各季节坡屋顶高空间不同高度热湿环境分析可得：

1）各高度夏季差异大，过渡季和冬季差异较小，最高温度差异大，最低温度差异小，晴天差异大，阴天差异小。

2）坡屋顶高空间竖向热环境梯度差异明显，有利于促进热压通风，透气散热。夏季，坡屋顶内靠近小青瓦的4m高度与近人活动的1m高度最大温差可达7.7℃，过渡季和冬季最大温差也可达3℃以上，可以有效促进热压通风的形成，并利用小青瓦的透气性，促进屋顶部分的透气和散热，进而提升室内空间整体的空气对流。可见，在传统民居中，冷摊瓦坡屋顶与高层高是相互关联的整体，反映了传统民居注重竖向热压通风的绿色营建模式。

3）坡屋顶高层高有利于近人高度保持相对稳定和适宜的热湿环境。随着高处向低处温湿度的梯度变化，近人活动的1m高度温湿度均相对适宜。综合各季节温湿度箱型图（图5.55）和热成像分析（图5.60），验证了传统民居中，高层高对于近人活动区域能起到一定的调节缓冲作用，使其夏季温度降低，而冬季又能保持一定的热稳定性，在冬夏两季都体现出优于室外的热湿环境特征。这一特征也在调研访谈中得到认证，传统民居中的使用者普遍认为民居高层高是夏季保持凉爽的重要原因之一，甚至有部分使用者认为高层高使得传统民居比现代住宅在夏季更舒适凉爽。

5. 阁层空间

三倒拐场镇民居典型阁层空间主要分为三种形式：封闭式阁层、半封闭式阁层、通高阁层。

如图5.61a所示，所测封闭式阁层为使用者自行加设了封闭式吊顶，所在房间朝东；所测半封闭式阁层作储物用，所在房间朝西。虽然东向封闭式阁层临山谷和水面，且日照时长和所受太阳辐射强度均低于西向半封闭式阁层，但其最低温度却高于西向房间1~1.2℃左右，两者在白天的最高温度基本相同（图5.62a），说明封闭式阁层不利于低温时段的散热，而半封闭式阁层的局部环境调节作用则优于封闭式。如图5.61b、图5.62b所示，通高阁层温度明显高于封闭式与半封闭式阁层，夏季高温时段平均温度高2~3℃，低温时段平均温度高1.5℃左右。实测数据也间接印证了传统民居利用山墙高处洞口促进屋顶阁层通风的科学性。

进一步对比封闭式与半封闭式阁层的热成像分析，封闭式阁层吊顶表面温度为近44℃，上部竹篾墙表面温度为43.3℃，中部竹篾墙平均温度在41.8~43℃之间，近地面则为41℃。半封闭式阁层小青瓦下表面温度为44.2℃，竹篾墙上部为40.6~41℃左右，中部平均为39℃左右，近地面为38.1℃。可见，封闭式阁层内隔墙表面温度比半封闭式阁层平均高近3℃（图5.63）。由实测数据也可推知，封闭式阁层在冬季寒冷期对于所在房间的保温和储蓄太阳辐射热有一定的作用，对于山地场镇民居及夏热冬冷地区民居而言，具有开闭可调的阁层空间是十分必要的。

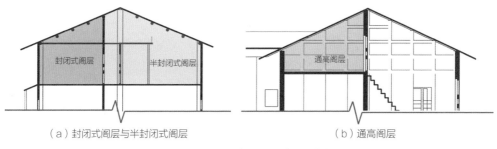

（a）封闭式阁层与半封闭式阁层　　　　　　（b）通高阁层

图5.61　不同阁楼与阁层形式及测点布置
（资料来源：作者绘）

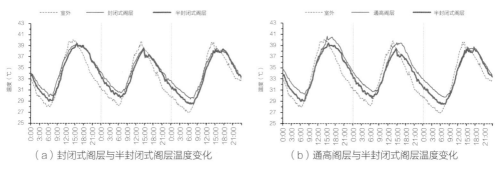

（a）封闭式阁层与半封闭式阁层温度变化　　　　　（b）通高阁层与半封闭式阁层温度变化

图5.62　不同阁层空间温度变化比较
（资料来源：作者绘）

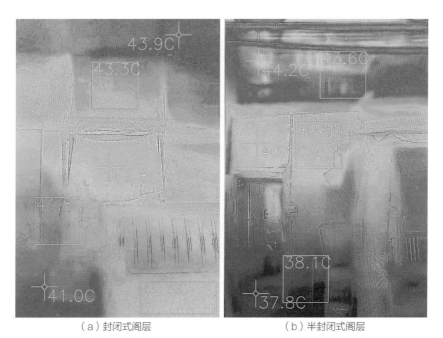

（a）封闭式阁层　　　　　　　　　　　（b）半封闭式阁层

图5.63　不同阁层空间室内热成像分析
（资料来源：作者绘）

5.4.3 界面空间构造

伊纳吉·阿巴罗斯（Inki Abalos）通过对建筑内外划分概念与方式的辨析，归纳了"温室"和"遮阴棚"两种基于广义地域气候的建筑原型，并相应归纳了两种基本营建方式——"屏蔽/封闭"与"引入/开敞"。对于严寒和寒冷地区，建筑通常为较为封闭的体系，以保温蓄热为主要参照标准对围护结构材料热工性能提出了较为严格的要求。而对于湿热地区，建筑具有明显的半开敞或开敞特征（特别是在传统民居中），以通风散热为主，因而不能单纯衡量材料的热工指标，而是需结合空间特征，综合考虑界面空间构成和细部元素的气候适应性方式和调节作用。

1．冷摊瓦屋面

在夏季，冷摊瓦屋面外表面平均温度可达40～50℃，最低温度可降至26～28℃，相比于场镇民居中的竹篾墙、木夹壁和砖墙等围护结构，小青瓦在白天是表面温度最高的围护材料，而在夜晚，又成为表面温度较低的围护材料。且屋面朝向不同也会造成表面温度分布的差异，这种差异在晴天和夏季更为显著。经热成像分析（图5.64），小青瓦白天晴天被太阳直射处表面温度达46℃，阴影处表面温度28.5℃，屋面之间阴影处表面温度在29～33℃之间。夜间，小青瓦被太阳直射部分表面平均温度降至33℃左右，最低可降至26℃左右。小青瓦升温快，被太阳直射时外表面温度高，但其降温也快，遮阳是小青瓦屋面有效的降温途径。瓦片之间、瓦垄之间形成的空气间层和阴影都会起到一定的降温作用。且一天之内，太阳直射方位变化，屋面不同朝向受直射的时段也会变化，温度升降也随之变化。例如，东侧屋顶在午后便开始降温，至下午及傍晚时段已基本降至较低温度。

由此可见，小青瓦虽然热工参数并不理想，其热阻小的特点导致升温快且温度高，但其降温也快，与重庆地区日照率低，太阳辐射动态变化等外界环境综合适应。同时，传统冷摊瓦屋面基本是与坡屋顶高空间为一体，瓦屋面温度易升高的特点，有利于增强竖向温度差，促进高处热空气从瓦缝散出，这种特点也与老虎窗、猫儿钻等屋面细部元素有机结合，共同促进屋顶通风透气。

  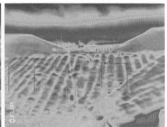

（a）小青瓦屋面外表面　　　（b）白天晴天热成像分析　　　（c）夜间热成像分析

图5.64　冷摊瓦屋面白天及夜间热成像分析
（资料来源：作者绘）

2．上轻薄下厚重的围护结构材料与组成

选取围护结构组成基本一致的两栋民居进行不同天气条件、不同昼夜时段热成像分析。夏季阴天条件下，上部竹篾墙午后表面温度达42℃，中部竹篾墙约为40.7℃，木棱窗平均为41℃，下部砖墙为38℃。围护结构内表面中部竹篾墙表面温度在38℃左右（内部有吊顶），下部砖墙为36.4℃。竹篾墙表面温度比砖墙高约2℃，外表面上下温差在3℃以上（图5.65a）。夏季晴天条件下，上部竹篾墙午后表面温度达45℃，夜间降至29℃，下部青砖墙午后温度为40℃左右，夜间降至29.7℃，竹篾墙降温幅度比青砖墙大近6℃（图5.65b）。

（a）夏季阴天内外围护结构热成像分析

（b）夏季晴天白天与夜晚围护结构热成像分析

图5.65　三倒拐场镇民居遮阳效果热成像分析——以轻薄型竹篾墙为例

（资料来源：作者绘）

热成像对比分析表明，上轻薄下厚重的围护结构材料组成更多是契合了内部空间在竖向上的差异化设计需求，促进上部热压通风透气，并保持近人高度热环境的相对稳定，且晴天温差大于阴天，有利于炎热气候下上部热空气的排出。从既有研究通过实测和实验得出的川渝民居围护结构材料热工参数也可看出（表5.7），三倒拐场镇民居的围护结构热工性能具有明显的差异性和组合性，并不严格强调单一材料热工性能的优劣。

传统民居围护结构热工性能　　　　　　　　表5.7

围护结构材料	传热系数［W/（m²·K）］	热惰性
小青瓦屋面（10mm瓦厚+2~3mm空气层）	3.67	0.28
竹篾泥墙（30~50mm）	2.33	1.8
木夹壁墙（10~30mm）	2.94	1.0
砖墙（240mm）	2	6.6
夯土墙（350mm）	0.91	7.6
石砌墙（300~400mm）	2.0	6.9
木板窗	2.94	—

（资料来源：根据文献［206］补充绘制）

3．出檐遮阳

对于轻薄型材料，以竹篾墙为例，如图5.66热成像分析所示：山墙面竹篾墙夏季太阳直射区温度47℃左右，而遮阳阴影区表面温度为43℃左右（图5.66a）；正立面夏季太阳直射区竹篾墙外表面温度达44~45℃，内表面温度为41~42℃（图5.66b），而檐下遮阳阴影区竹篾墙外表面温度为41~42℃，内表面温度为37~38℃（图5.66c）。屋面檐口遮阳使得竹篾墙内外表面温度均降低3~4℃左右。

对于厚重型材料，以青砖墙为例，如图5.67热成像分析所示：夏季太阳直射区砖墙外表面可达40~42℃，而檐下遮阳阴影区砖墙外表面温度则为34~35℃，温差约6~7℃。

（a）竹篾墙外表面

（b）竹篾墙外表面

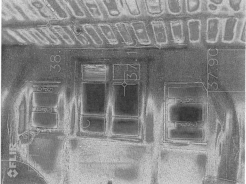

（c）竹篾墙内表面

图5.66　三倒拐场镇民居遮阳效果热成像分析——以轻薄型竹篾墙为例

（资料来源：作者绘）

图5.67　三倒拐场镇民居遮阳效果热成像分析——以厚重型青砖墙为例

（资料来源：作者绘）

4．界面空间物理环境特征与气候调节作用

1）强化竖向温差以促进热压通风和空气对流是传统民居界面空间的重要特征。具体体现为：①冷摊瓦屋面温度波动范围大，受热时可加速热压通风，且在遮阳阴影区和夜间降温快；②上轻薄下厚重的围护结构构成，有利于强化竖向温度差，促进热空气由上部排出；③轻薄型内墙分割和内墙不到顶，可促进屋面下部热空气流动。

2）轻薄型材料是较为适宜的围护结构材料。一方面，屋面出檐与上部轻薄型材料结合，使得遮阳效果显著。另一方面，轻薄型材料升温快的特点也有利于冬季保持室内温度。冬季，重庆地区传统民居多采用局部间歇式采暖方式，在局部室内热源的影响下，轻薄型墙体内表面升温迅速，有利于提高室内热舒适，但需结合现代绿色技术，适当加强其开启部分的气密性。

3）围护结构热工性能具有明显的差异性和组合性，通过不同围护材料的综合作用与室内空间竖向梯度化物理环境相协同。

5.4.4　山体利用

三倒拐场镇民居体现了多种建筑空间对于山体的利用形式（4.2.3），前文已论述了吊层空间和半掩体空间的环境调节作用，证明了山体稳定的热工性能对吊层空间具有显著影响，并可使其具有一定的"冬暖夏凉"特征（5.4.2）。本节进一步分析利用山体作为局部围护结构和形成井道空间的气候调节作用。

1．利用山体作为局部围护结构

三倒拐场镇多个民居都有直接利用山体作为局部围护结构的做法。夏季热成像对比分析显示（图5.68），同一时段，山体表面比竹篾墙表面温度低近6℃，比木板壁低近7℃，比砖墙低近9℃。利用山体作为围护结构的表面平均温度比其他围护结构材料低约3～10℃不等。其中，利用山体岩壁直接作为立面围护结构，借助了山体本身的热工性能，对室内温度保持凉爽且维持相对的稳定有促进作用（图5.68a）。作为竖井或梯井下部内墙时，加大了竖井内的温度分层，可促进竖井和建筑整体上下空间对流，对于夏季降温也具有较为明显的调节作用（图5.68b）。利用山体形成吊层空间底部也强化了室内的竖向温度分层，同一房间内，上下围护结构表面温差可达6.2℃（图5.68c）。

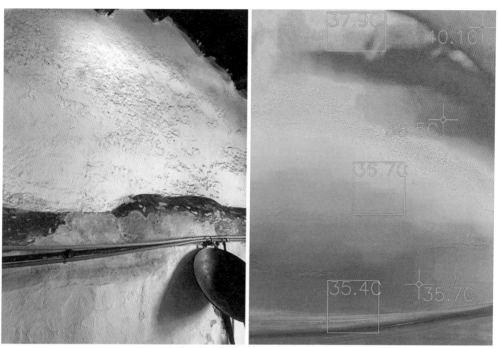

（a）利用山体作为局部立面围护结构

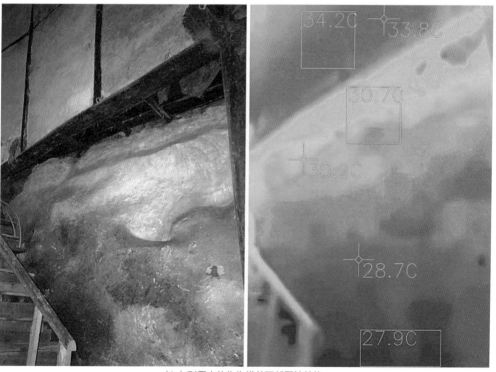

（b）利用山体作为梯井下部围护结构

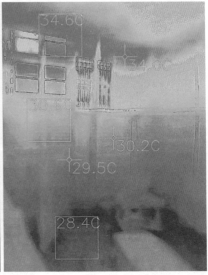

（c）利用山体作为吊层底部

图5.68　利用山体作为围护结构的不同形式及室内热成像分析

（资料来源：作者绘）

2．利用山体形成井道空间

选取民居E与山体形成的典型井道空间，对其紧邻井道空间的厨房（测点E3），以及与厨房相邻的卧室（测点E1）和堂屋（测点E2）进行对比测试，结果表明（图5.69）：温度方面（图5.71），厨房平均温度低于室外（3.1℃），并低于卧室0.8℃、低于堂屋1.9℃。在温度极值上，最低温度差异大，最高温度接近，厨房最低温度比卧室和堂屋低近3℃。厨房温度变化范围及波动性均大于卧室和堂屋，且在清晨低温时段有一定的延迟性。相对湿度方面，

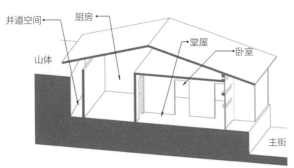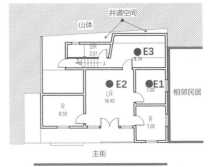

图5.69　民居E与山体形成井道模型示意与平面测点

（资料来源：作者绘）

厨房相对湿度均值大于卧室4.6%、大于堂屋7.4%，最大相对湿度差异大于最小相对湿度，厨房最大相对湿度比卧室和堂屋大8%（图5.70、图5.71）。厨房相对湿度变化范围和波动性大于卧室和堂屋。

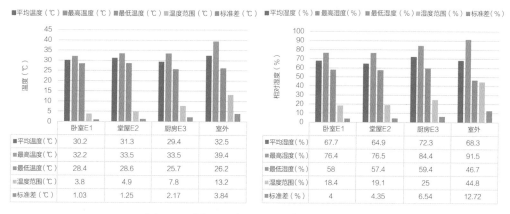

图5.70　卧室E1、堂屋E2、厨房E3温湿度统计
（资料来源：作者绘）

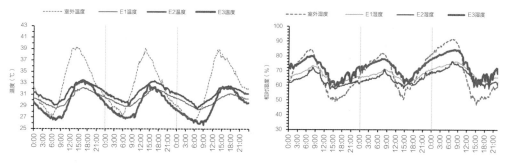

图5.71　厨房E3（与山体形成井道空间）与相邻卧室E1、堂屋E2温湿度变化对比
（资料来源：作者绘）

5.5　气候调节性能优异的典型空间营建模式

5.5.1　竖向空间模式

　　针对山地地形和立体微气候特征，三倒拐场镇民居气候适应性营建的重要方式之一即为丰富的竖向空间模式及其良好的综合气候调节作用，其竖向空间模式既包含多种典型竖向空

间原型，又包含不同空间的竖向组织。

在气候调节作用上，聚落、建筑、界面空间层级的竖向空间模式相互协同，在自然通风、综合遮阳、天然采光及热缓冲等方面均有不同的调节作用。其中，在自然通风方面，尤其注重迎纳山地立体地方性风场，并以促进竖向通风透气来应对宏观风速低的不利因素；在综合遮阳方面，利用地形高差形成了互遮阳体系；在天然采光方面，利用地形及建筑高差争取了不同的采光面，并注重竖向空间顶部和高处采光对建筑整体采光效率的提升；在热环境方面，注重利用吊层、阁层及竖井的组合，平衡调节建筑整体室内温度，具体模式及气候调节作用如表5.8所示。

总体而言，竖向空间模式是山地场镇有效应对地域微气候的重要营建模式，不仅体现了良好的综合气候调节性能，也契合山地地形及立体微气候与竖向空间的内在生成逻辑。

竖向空间模式与气候调节作用

表5.8

A层级	B类型		C典型模式与图示		D气候调节作用
A1 聚落	B1	竖向空 间组织	C1	纵向聚落 布局	D1 迎纳山谷风、水陆风； D2 形成建筑南向互遮阳
	B2	竖向空 间原型	C2	窄长主街	D1 迎纳山谷风、水陆风； D2 形成建筑东西向互遮阳
			C3	冷巷	D1 迎纳山谷风、水陆风，提高风速； D2 形成建筑互遮阳，防热效果显著； D3 山墙采光； D4 建筑之间热缓冲层； D5 结构预留

A层级	B类型	C典型模式与图示			D气候调节作用
A2 建筑	B3 竖向空间组织	C4	利用地形增大室内高差	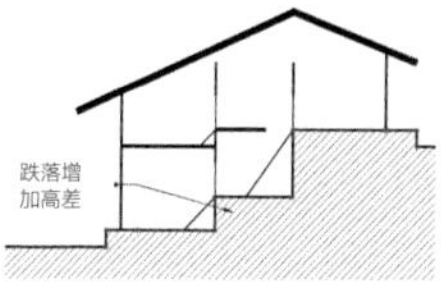	D1 促进热压通风； D3 争取采光面
		C5	利用山体形成井道空间	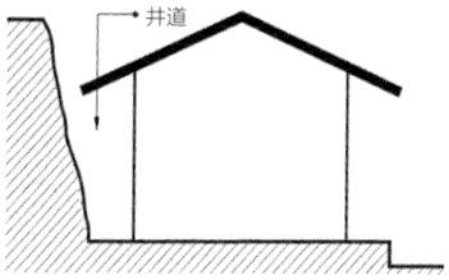	D1 井道风促进自然通风； D4 提供冷源
	B4 竖向空间原型	C6	坡屋顶高空间	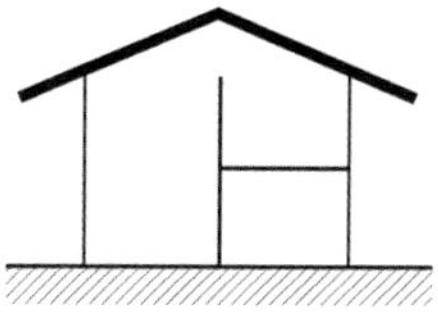	D1 促进热压通风，保持近人高度热稳定性
		C7	竖井空间	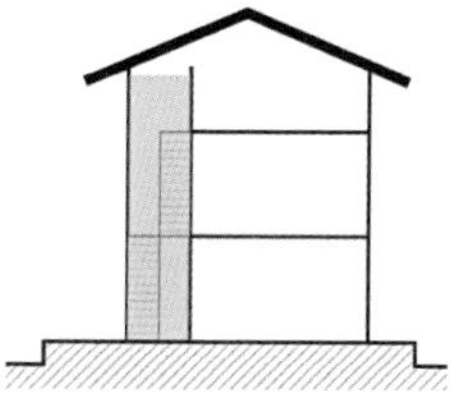	D1 促进热压通风（小青瓦-热源+山体地表-冷源）； D1 促进竖向热循环
		C8	天井空间	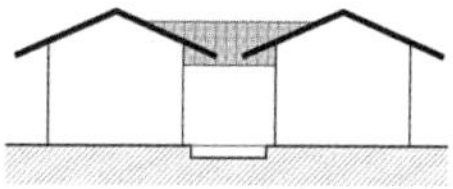	D1 促进自然通风； D2 形成建筑自遮阳； D3 提供天然采光
	B5 不同空间原型竖向组合	C9	吊层 + 阁层 + 竖井	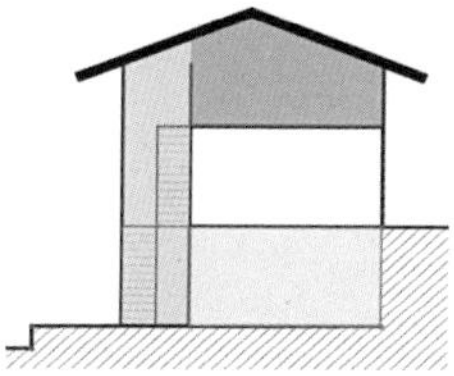	D1、D4 增强竖向热环境差异； D1、D5 提升建筑整体舒适度； D4 吊层：冬暖夏凉； D4 阁层：气候缓冲； D1 竖井：促进竖向气流循环

A层级	B类型	C典型模式与图示			D气候调节作用
A3 界面	B6 围护界面竖向构造	C10	上轻薄下厚重		D1 促进建筑上部通风透气，提升近人高度热稳定性； D5 提高结构稳定性和安全性
		C11	小青瓦 + 山体地表		D1 促进竖向通风：小青瓦-热源+山体地表-冷源
	B7 开启元素竖向组合	C12	亮瓦+坡屋顶高空间		D3 提高采光效率
		C13	屋面开启+山墙上部开启+檐下开启		D1 促进建筑上部通风透气； D3 提升采光效率

注：D1-自然通风类；D2-综合遮阳类；D3-天然采光类；D4-热缓冲类；D5-其他

（资料来源：作者绘）

5.5.2 多元空间原型模式

针对山地民居空间多样性和灵活性特征，三倒拐场镇民居气候适应性营建充分体现在多元空间原型及其组合模式的气候调节作用上。同一空间原型可具有多种气候调节作用，同一气候策略可通过不同的空间原型组合得以实现和强化，在建筑整体的室内物理环境营造上，也依赖于多元空间原型的综合调节作用。三倒拐场镇民居的多元空间原型主要包括纵向狭长主街、冷巷、吊层、天井、竖井、阁层、檐下空间等，典型的空间原型组合模式既包括聚落层面的"主街+冷巷+院坝"，也包括建筑层面的"吊层+阁层+竖井"，还包括综合建筑与界面层面的"坡屋顶高空间+上部轻薄型材料+上部开口"等。在气候调节作用上，不同空间原型及其组合模式以促进自然通风为主，尤其注重竖向通风，并在综合遮阳、天然采光及热缓冲等方面有不同的调节作用，具体模式及气候调节作用如表5.9所示。

多元空间原型及其组合模式不仅具有综合的气候调节作用，同时也是一种山地地域建筑原型多样性的体现，反映了山地建成环境中传统民居营建的地域本质属性，对多元空间原型营建模式的运用是一种综合"地域基因"和"绿色基因"的气候适应性设计方法。

A层级	B类型	C典型模式与图示		D气候调节作用
A1 聚落	B1	原型 组合	C1	绿化院坝 + 主街 + 冷巷	D1 促进自然通风； D2 形成建筑自遮阳、互遮阳、环境遮阳； D3 提供天然采光； D4 绿化院坝夏季热缓冲作用显著
A2 建筑	B2	原型 组合	C2	吊层 + 阁层 + 竖井	D1、D4 增强竖向热环境差异； D1、D5 提升建筑整体舒适度； D4 吊层：冬暖夏凉； D4 阁层：气候缓冲； D1 竖井：促进竖向气流循环
	B3	原型 单元	C3	吊层空间	D1 井道风/类地道风； D1 降低建筑底部温度，增大竖向温度差； D3 利用地形高差争取采光面； D4 利用山体全年热稳定性，冬暖夏凉； D5 部分防潮、防虫
			C4	天井空间	D1 促进自然通风； D2 形成建筑自遮阳； D3 提供天然采光； D5 防雨、排水
			C5	竖井空间	D1 促进热压通风； D1 促进竖向不同楼层热循环； D3 与屋顶采光结合，提高采光效率
			C6	阁层空间	D4 气候缓冲，隔热防寒； D4 具有半封闭式阁层或可开闭式阁层的室内物理环境良好
			C7	檐下空间	D2 综合遮阳，阴影最大化； D4 气候缓冲； D5 防雨、排水
A3 建筑与界面	B4	原型 组合	C8	坡屋顶高空间+上轻薄围护材料+上部开口	D1 促进热压通风，保持近人高度热稳定性； D1 促进建筑上部通风透气； D3 与屋顶采光结合，提高采光效率

注：D1-自然通风类；D2-综合遮阳类；D3-天然采光类；D4-热缓冲类；D5-其他
（资料来源：作者绘）

5.5.3 山体利用模式

在山地环境中，建筑空间需要综合处理与山体的密切关联，在三倒拐场镇民居中，按利用方式的不同，主要包括：1）利用山体充当某一空间的局部围护结构；2）利用山体形成吊层空间；3）利用山体形成井道风。山体利用是山地民居特有的空间营建模式，巧妙地利用了山体及地表常年较为稳定的热工性能，既在热环境调控方面具有明显优势，又适应了地形地貌，是山地建成环境中气候设计的重要方法。三倒拐场镇民居山体利用模式与气候调节具体作用总结如表5.10所示。

山体利用模式与气候调节作用　　　　　　　　　　　　　表5.10

A层级	B类型	C典型模式与图示		D气候调节作用
A1 建筑	B1 吊层 空间	C1	局部架空	D1 类地道风； D1 降低建筑底部温度，增大竖向温度差； D3 利用地形高差争取采光面； D4 利用山体全年热稳定性，冬暖夏凉； D5 部分防潮、防虫
		C2	半掩体	
A2 界面	B2 局部围护结构	C3	与厨房结合，直接作为侧墙	D1 降低近地面围护结构表面温度，促进热压通风透气； D4 增加竖向热环境梯度差异化； D4 利用山体常年稳定的热工性能，尤其在夏季提供冷源，冬季具有恒温性
		C4	与竖井空间结合，作为下部或一侧内墙	

A层级	B类型	C典型模式与图示		D气候调节作用
A3 建筑 与 界面	B3 井道风	C5	立面与山体	D1 加速井道内风速，促进建筑外部及上部通风； D2 形成阴影空间，利于建筑外立面遮阳防热； D3 形成井道透光空间，提供部分间接采光； D4 提供冷源，有助于夏季室内降温； D5 具有一定防潮、除湿、排水作用
		C6	吊层底面与山体	
		C7	底面+立面	

注：D1-自然通风类；D2-综合遮阳类；D3-天然采光类；D4-热缓冲类；D5-其他
（资料来源：作者绘）

5.6 本章小结

本章重点选取10栋典型民居进行全年长时段、多空间、多参数集成实测，并基于大量物理环境实测数据和热成像分析，对三倒拐场镇民居不同空间组织、不同空间原型的物理环境和气候调节性能进行了量化分析，主要研究内容与结论包括：

1）量化分析各实测民居样本的综合环境性能，包括热湿环境、风环境、光环境、室内空气品质的实测与分析。结果表明：①民居室内热湿环境与室外环境状况关系密切，具有显著的波动性，建筑内部不同空间热湿环境具有多样性，且核心空间与辅助空间存在梯度性。②风环境和室内空气品质整体较好，且不同空间、不同民居风环境差异大。③光环境整体较暗且不同民居差异大。

2）基于现行的《民用建筑室内热湿环境评价标准》GB/T 50785-2012，以实测数据[①]，

---

① 在APMV计算时，由于三倒拐场镇的地方性风场作用，其风速值与宏观气象数据有较大的差别，应以实测值计算，既往研究代入的统一值会低估民居室内环境的舒适度。

分空间、分时段详细计算出不同民居室内热舒适度的达标率和达标等级，弥补了既往研究在综合热湿环境方面的研究不足。结果表明：三倒拐场镇民居过渡季舒适度达标率最好，均在Ⅱ级以上，且Ⅰ级达标率高；其次为冬季，大部分民居和空间处于Ⅱ级；夏季达标率较低，Ⅲ级占比高。综合全年，核心空间达标率和达标等级优于辅助空间，吊层空间舒适度略优于阁层空间。有吊层、阁层、竖井空间组合的民居全年舒适度显著优于其他类型民居。

3）比较研究了不同空间组织、不同空间原型的物理环境特征与气候调节作用规律：

在聚落空间层面，分析了绿化院坝、冷巷、主街的环境性能和调节作用，结果表明：①绿化院坝对于传统民居夏季遮阳、防热、降温具有较为明显的作用，特别是在夏季午后高温时段对于温度极值有较为明显的削减作用，最高温度可比主街降低2℃。②冷巷空间形成综合重檐、山墙、地面为一体的遮阳系统，可使围护结构表面温度降低6~9℃不等，并同时促进热压和风压通风，效果显著，但其平均温度仍高于室内，表明冷巷的作用更多在于遮阳防热，而不是直接提供冷源降温。③狭长主街朝向与局地风场和风向相结合，夜晚的通风散热效果较好，两侧建筑形成的互遮阳体系在夏季起到有效的遮阳防热作用。

在建筑空间层面，首先分析了不同朝向、不同水平组织和竖向组织的环境性能，结果表明：朝向差异小，水平组织呈现梯度性，竖向组织对于建筑整体环境调节具有重要作用，竖向最大温差可达8℃以上，有效促进热压通风。其次，分析了不同空间原型的调节作用，结果表明：吊层空间、天井空间、竖井空间、坡屋顶高空间、阁层空间等均对室内物理环境调节有不同的作用。其中，山地场镇较为有地域特点的吊层空间夏季降温作用明显，可将平均温度降低2~4℃不等，冬季温度与首层接近或可比首层高1℃，具有一定的"冬暖夏凉"特征。再次，对山体利用进行了量化分析，明晰了山体利用在促进通风、平衡温度、夏季降温等方面的气候调控作用，实测表明：夏季同一时段，山体围护结构表面比竹篾墙表面温度低近6℃，比木板壁表面温度低近7℃，比砖墙表面温度低近9℃。利用山体做围护结构的房间比没有利用山体充当围护结构的表面平均温度低约3~10℃不等，而冬季有山体围合形成的半掩体空间可比首层温度高近1℃，但相对湿度较大。

在界面空间层面，分析了冷摊瓦屋面、上轻薄下厚重的界面空间构造以及屋面出檐遮阳的调节作用与效果，结果表明：传统民居界面空间是与建筑空间相配合，共同对室内环境进行调节，围护结构传热系数具有差异性和组合性，而不是一味追求围护结构的热工指标，且轻薄型材料是较为适宜的围护结构材料，但需结合现代绿色技术，适当加强其开启部分气密性。

4）提取了气候调节性能优异的典型空间营建模式。指出竖向空间模式、多元空间原型模式及山体利用模式在山地建成环境中的重要性，并综合阐述了各模式具体的空间营建方式和气候调节作用。总体而言，在竖向空间模式上，三倒拐场镇民居竖向空间模式丰富，既包含多种典型竖向空间原型，又包含不同空间的竖向组织，聚落、建筑、界面空间层级的竖向空间相互协同，在自然通风、综合遮阳、天然采光及热缓冲等方面均有不同的调节作用，是山地环境中有效应对立体微气候和山地地形的重要营建策略，同时也契合山地环境中空间的内在生成逻辑。在多元空间原型模式上，同一空间原型可具有多种气候调节作用，同一气候策略可通过不同的空间原型组合得以实现和强化，在建筑整体的室内物理环境营造上，也依赖于多元空间原型的综合调节作用。多元空间原型及其组合模式不仅具有综合的气候调节作用，同时也是山地民居地域性和多样性的体现，对多元空间原型气候营建模式的运用是一种综合"地域基因"和"绿色基因"的设计方法。在山体利用模式上，主要包括利用山体作为局部围护结构、形成吊层空间和井道风等，山体利用是山地民居特有的空间营建模式，巧妙地利用了山体及地表常年较为稳定的热工性能，既在热环境调控方面具有明显优势，又适应了地形地貌，是山地建成环境中气候设计的重要方法。

本章实现了气候策略效应、空间营建模式、室内物理环境的数据链接和信息交互，拓展了从单一民居到多个民居，从水平空间到竖向空间，从特定空间类型到不同空间类型的量化对比分析，所积累的大量现场实测数据及性能分析结论，可为传统民居气候适应性的持续研究提供样本和数据支持。

第 6 章 | 基于使用主体的气候适应性：
环境需求与热适应调节分析

既往针对使用主体气候适应性的研究多为暖通专业对人体热适应的研究，且多集中于办公、学校、住宅等现代建筑，将研究成果关联于空间设计的也不多。重庆场镇民居是在普遍缺乏精确控制室内物理环境的主动式设备和技术手段的条件下建造而成，使用主体产生了更为多元的热适应调节方式和作用规律，并与空间模式发生紧密关联。热适应理论对行为调节模式的分类方法和系统的实地实验方法为传统民居基于使用主体的气候适应性实证研究提供了依据，并需根据传统民居中使用者的环境需求特征与热适应调节特点进行调整与补充。

本章基于热适应理论，首先通过主观调查统计和实测数据，定性与定量相结合地分析三倒拐场镇使用主体的环境需求特征（6.1）、热适应内部行为调节模式（6.2）特征，以及基于自发营建的热适应外部环境/技术调适措施（6.3）。而后，分析了使用主体热适应与空间营建模式在物理环境营造、空间模式组织和适宜技术选择等层面的气候适应性关联（6.4），为后文民居气候适应性营建模式的现代设计方法转化奠定基础。

6.1 物理环境需求特征

6.1.1 室内环境主观评价统计

根据三倒拐场镇民居的特征及使用者的部分特定生活习惯，以结构式和半结构式问卷及访谈进行。问卷分别于夏季（2017年6月、2018年7月）和冬季（2018年1月）在三倒拐场镇居民中发放，共回收有效问卷53份，夏季28份，冬季25份[①]。室内环境主观评价主要包括冬夏两季室内热湿环境、风环境、光环境、室内空气质量四个方面，分设感觉、舒适度、满意度、期望度进行投票，采用连续标尺，具体内容和标尺设置见表6.1。

综合主观评价结果（图6.1~图6.4）与实测数据（5.2）可得：

1）在整体满意度方面，冬夏两季热湿环境满意度相对较低，其他环境满意度较高，说明使用者对热湿环境更敏感，夏热冬冷的矛盾气候影响了使用者的舒适度。

2）在热湿环境方面（图6.1），夏季偏热感觉明显，冬季略偏冷，夏季整体舒适度低于冬季。使用者普遍认为冬夏两季均潮湿，且夏季潮湿感觉更为明显。实测数据显示（5.2.1）夏季相对湿度明显低于冬季，但使用者对夏季的潮湿感更敏感，满意度也低于冬季，原因可

---

① 问卷样例见附录E。

能包括：①使用者对于夏季潮湿带来的闷热感比冬季的湿冷感更敏感，因而对夏季的潮湿感觉更不适；②使用者在冬季通常采用局部间歇式采暖设备，会降低人体周围局部的相对湿度，使潮湿感减弱。使用者对整体热湿环境的满意度最低，也客观反映了重庆的气候特征，以及非机械手段的除湿效果有限，建筑内部常年潮湿的事实。在期望度上，使用者普遍希望夏季凉一些，冬季暖一些（图6.5a），且更希望夏季夜间能凉爽一些（图6.5b）。

3）在风环境方面（图6.2），夏季风环境感觉优于冬季，整体满意度较好，但也有近40%的使用者对风环境不太满意。三倒拐场镇民居中由于空间组织形式和受局地风场的影响，风环境较不稳定，实测各个不同空间差异较大（5.2.2），因此使用者对风环境的感觉和满意度也存在差异。同时，多数使用者认为夏季夜间风速强，但实测数据是下午时段风速最大，较为可能的原因是虽然夜间风速不是最大值，但较为适宜自然通风，当地使用者也都习惯在夏季夜间凉爽时段开窗通风，并称之为"迎河风"[1]，而下午时段外界气温高，使用者往往关闭门窗开启空调。在期望度上，近60%使用者希望提升夏季夜间的自然通风，少数使用者希望提升冬季白天的自然通风（图6.5c）。

4）在光环境方面（图6.3），整体满意度较高，实测数据显示民居室内照度差异较大，且整体照度偏低（5.2.3），而较高的满意度说明使用者对于光环境的需求并不高，但从期望度看，大部分使用者希望室内环境能更亮一些，也从侧面印证了实测数据值偏低的客观情况（图6.5d）。

5）在室内空气质量方面（图6.4），使用者基本感觉无异味，仅有个别被访者认为稍有异味，整体满意度高，与5.2.4中的实测数据基本吻合。

主观评价内容及标尺等级设置 表6.1

内容	标尺等级	等级内容						
		-3	-2	-1	0	1	2	3
热感觉	7级[2]	冷	凉	稍凉	适中	稍暖	暖	热
热舒适	5级	不能忍受	很不舒适	不舒适	稍不舒适	舒适		
湿度感觉	7级	潮湿	比较潮湿	有点潮湿	适中	有点干燥	比较干燥	干燥
风感觉	5级		很弱	比较弱	适中	比较强	很强	
照度感觉	5级		很暗	比较暗	适中	比较亮	很亮	
空气质量	4级	很大异味	有异味	稍有异味	无异味			
满意度	4级		不满意	不太满意	比较满意	满意		

（资料来源：作者绘）

---

① 根据访谈内容获得。
② 同ASHRAE 7级标度。

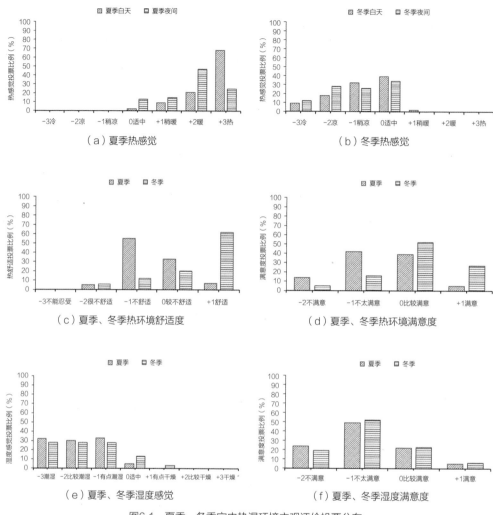

图6.1　夏季、冬季室内热湿环境主观评价投票分布

（资料来源：作者绘）

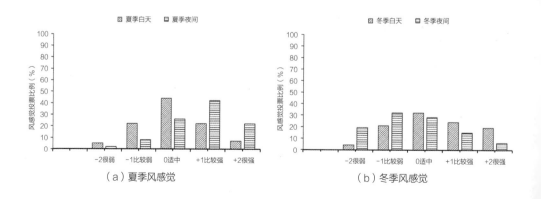

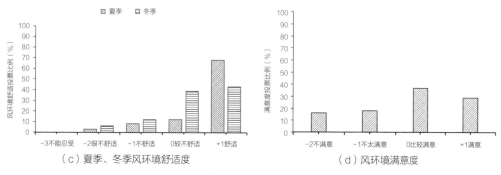

（c）夏季、冬季风环境舒适度　　　　　　　　　　（d）风环境满意度

图6.2　夏季、冬季室内风环境主观评价投票分布

（资料来源：作者绘）

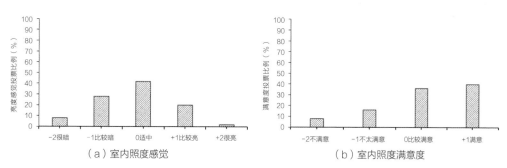

（a）室内照度感觉　　　　　　　　　　　（b）室内照度满意度

图6.3　室内光环境主观评价投票统计

（资料来源：作者绘）

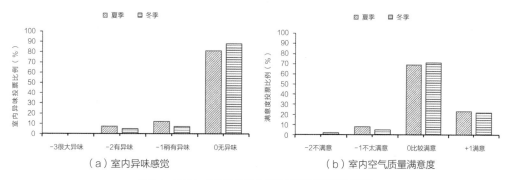

（a）室内异味感觉　　　　　　　　　　　（b）室内空气质量满意度

图6.4　夏季、冬季室内空气质量主观评价投票分布

（资料来源：作者绘）

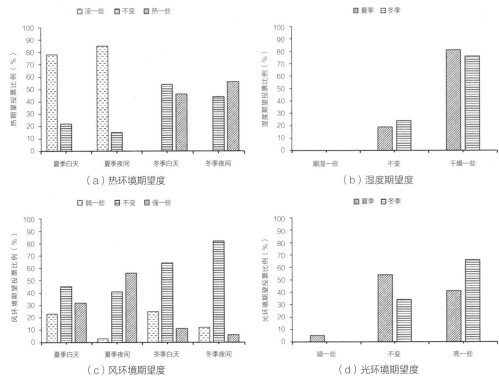

图6.5　室内环境偏好度主观评价投票分布

（资料来源：作者绘）

6.1.2　适应性热舒适范围特征

1. 适应性热舒适范围

既有大量现场实测结果已表明：相较于其他气候区，夏热冬冷气候区的使用者具有较为宽泛的适应性热舒适区间；相较于城市地区，村镇地区使用者具有更为宽泛的可接受区间[①]。其中，多位学者都对重庆及其他中西部夏热冬冷地区使用主体的热舒适范围进行了大样本调研与统计计算，提出了相应的热适应模型、可接受的热舒适温度范围，并通过实测样本计算表明重庆地区使用者有相对宽泛的热舒适范围，特别是在村镇及传统民居中，主要研究结论包括：1）刘晶（2007）基于3621份实测样本量统计得到的重庆地区自然通风类建筑室内舒适温度范围为夏季24.8～28.3℃、冬季17.5～23.0℃、全年80%可接受的室内温度范围为15.35～27.13℃。2）刘红（2009）基于近3000份现场调查，计算得到重庆地区全年适宜的室

内温度范围为14～30℃之间，且30℃为夏季有自然通风且风速约为1m/s时，若风速较低甚至静止，则可接受室内温度上限为28℃左右。3）郝石盟（2016）对重庆武隆地区场镇型及乡村型传统民居中使用者冬夏两季热舒适进行调查统计得到夏季90%可接受上限温度为28.56℃（ET*）和26.55℃（t_{air}），80%可接受上限温度为30.98℃（ET*）和28.54℃（t_{air}）；冬季90%可接受下限温度为7.68℃（ET*）和7.74℃（t_{air}），80%可接受下限温度为4.72℃（ET*）和4.82℃（t_{air}）。4）杨柳等通过大量现场调查统计得出夏热冬冷地区人体气候适应性热舒适模式为 Tn=0.326tout+16.862，16.5＜Tn＜27.8，R=0.9070，即80%可接受范围为16.5～27.8℃。

在本研究的实地调查中，通过使用主体对设备的使用和设定方式也可发现，大部分使用者在全年对室内热湿环境具有较为宽泛的接受程度。首先，在夏季，大部分使用者在温度超过30℃时才考虑开启空调等制冷设备；在冬季，白天室内平均温度在10℃左右时，大部分使用者均不使用任何电器采暖设备。其次，夏季80%以上的使用者对空调的设定温度为26～28℃，而冬季局部采暖温度也仅设定在低温档，普遍可达到的室内局部温度仅为13～16℃之间。此外，在调研中还发现，年轻使用者的热舒适范围要比老年人略窄，说明在未来随着年轻一代普遍适应生活、工作、学习在有机械设备的环境里，其热舒适范围会适当变窄，对物理环境的需求会有所提升。

2．适应性热舒适特征

综合既往研究结论和本研究的实地调查，其共性是：在重庆地区，特别是在以三倒拐为代表的传统民居中，使用者的热舒适范围普遍较为宽泛，其对室内物理环境的需求是在"可接受"甚至"可耐受"的条件下追求适度舒适，并随环境条件、设备使用、个体调节等因素的改变而具有动态变化性。较为宽泛的热舒适需求与该地区建筑具有半开敞的特征相契合，也为建筑的绿色设计提供了更多可能[①]。

6.1.3　环境需求差异性与层级性

1）不同活动类型的环境需求不同。首先，睡眠对室内环境的需求偏高，且不仅包括晚间睡眠，也包括午睡。经现场记录和访谈发现，使用者开启设备的时间与是否睡觉或休憩密切相关。在冬夏两季设备使用的时段上，空调和电热毯、电暖器的使用基本都以夜间为主。同时，实地观察发现，当夏季或冬季室内温度在"可耐受"的范围内时，居民开启空调或采暖设备的时间并不与高温或低温出现的时间点直接相关，而是与是否处于睡眠状态更相关。通常，居民在临睡前就会营造相对舒适的卧室局部热环境，以保证有良好的睡眠环境。只有当室内外温度

---

① 需明确：较为宽泛的热舒适需求虽有利于节能设计，但不宜直接作为现代设计基准参照，因为传统民居中的实测数据往往是使用者在耐受情况下的极限温度值，并不一定符合基本的室内舒适标准和人体健康标准，也不完全符合未来使用群体的舒适需求。

明显超出"可耐受"的范围时，居民开启制冷或采暖设备的时段才与室外天气极值相关。其次，使用者在劳作时对室内环境的需求偏低，在进行生产劳作、炊事、家务劳动等活动时，其热舒适范围更为宽泛。一方面，人在进行劳作活动时处于动态运动中，在夏季若出现流汗也属正常现象，人在生理和心理都可以接受。在冬季，适当的劳作还可以使人体产生热量，更好地抵御低温。另一方面，传统民居中，厨房、卫生间、储藏等辅助空间较为分散，常常需要穿过天井或庭院达到，其空间本身也具有一定的半开敞性，室内物理环境基本与室外天气接近，使用者长期处于这样的环境进行劳作，也使得其对热舒适的期望值并不高。

2）不同人群对环境需求的期待不同。现场调研发现，年轻人的热舒适范围要比老年人略窄。由于年轻人较为适应现代生活中对机械设备的使用，因此其对热环境和光环境的需求更高，而老年人则相对较低。传统民居中广泛存在着多代同堂的居住模式，对于居住在同一建筑内的不同使用者其服务水平需求也具有多样性。

3）不同季节使用者的环境需求不同。夏季，使用者倾向更凉爽的室内热湿环境，而冬季则倾向更温暖的室内热湿环境。夏季由于室外光照条件良好，对室内光环境的期望偏低，而冬季因重庆地区多雾多阴天，对室内光环境的期望则偏高。

4）环境需求与其他需求存在不同优先层级。根据马斯洛需求层级理论可推知，除了对室内环境的舒适需求外，使用者对于建筑的需求还包括安全、经济、便捷等其他需求，尤其是安全、经济等需求往往优先于舒适需求，如果为达到舒适需求采用的气候策略或技术措施违背或妨碍了安全、经济等需求，则可能在很大程度上影响气候策略的实际作用效果，甚至导致反作用。因此，虽然从气候适应性角度而言，室内物理环境，特别是热湿环境的舒适度是主要的研究内容，但也有必要适当兼顾使用者其他层级的需求内容与特点，以此形成更为适用、可行的气候调控策略。

6.2　热适应内部调节：行为调节

6.2.1　衣着特征与调节习惯

梳理既有现场实验研究可知，在重庆地区，夏季平均服装热阻约在0.30～0.45clo之间，冬季平均服装热阻约在1.35～1.80clo之间，且相较于其他气候区，夏热冬冷地区使用主体的服装热阻季节差异很大，说明服装调节在该地区的重要性和有效性。同时，既往针对重庆地区室内热舒适的研究表明，当室内温度高于28℃时，使用者夏季服装热阻集中在0.2～0.4clo；当室内温度低于14℃时，过渡季及冬季服装热阻基本集中在0.9～1.8clo[①]。实测统计的服装热阻变化结果一方面说明使用者不同季节的着装变化大，以此应对重庆夏热冬冷的矛盾气候（图6.6），另一方面也说明在温度较低的过渡季和冬季，通过增加衣着量是更为有效的热舒适调节方式（夏季可减少的衣着量有限，而冬季可增加的衣着量较多）。

儿童夏季典型着装　　青年人夏季典型着装　　中年人夏季典型着装　　老年人夏季典型着装

儿童过渡季典型着装　青年人过渡季典型着装　中年人过渡季典型着装　老年人过渡季典型着装

儿童冬季典型着装　　青年人冬季典型着装　　中年人冬季典型着装　　老年人冬季典型着装

图6.6　重庆地区民居不同年龄人群、不同季节典型衣着特征
（资料来源：文献［15］）

本研究现场调研统计结果表明，三倒拐场镇中使用者的衣着特征与服装热阻变化特点与既有研究结论一致，且冬季服装热阻更靠近上限。在着装方式上，夏季着装以短袖、背心、短裤、裙装为主，在传统民居中，为防止蚊虫叮咬，轻薄的长裤也较为普遍。冬季着装以毛衣、羽绒服、棉服等厚重衣物为主，且层套穿着，服装件数较多，如中老年人普遍穿着两件以上毛衣，年轻人则多喜欢内穿轻薄型羽绒服，外加大衣或厚羽绒服。对典型民居中使用者

① 曹彬. 气候与建筑环境对人体热适应性的影响研究 [D]. 北京：清华大学，2012.

服装热阻进行统计，夏季服装热阻变化范围基本在0.27~0.31clo之间，冬季则在1.26~2.1clo之间[①]。

进一步结合三倒拐场镇微气候环境和使用者生活方式等特征，分析其冬季服装热阻明显偏大的原因，主要包括：

1）夏热冬冷地区，室内没有"暖气"等集中供暖系统，房间平均温度较低，人们衣着习惯需要满足非供暖房间的保暖需求，服装热阻会偏大。且长寿区相较于主城区温度略偏低（3.2.1），也会在一定程度上影响使用者的衣着量。

2）传统民居由于使用空间范围较大，到庭院、厨房、卫生间以及其他辅助空间常常需要进出室内外，衣着基本以室外短期活动不会感到冷作为标准。使用者在冬季也习惯了室内外较为一致的着装，或最多只在室内减少一件外套，而不像北方采暖地区居民有穿脱厚大衣的习惯。

3）适当增加衣着量也适应了民居半开敞的特征和在较低的室内环境下追求适度舒适的需求特征，避免了冬季为追求较高的室内温度而产生过量的采暖能耗和经济支出。

综上，三倒拐场镇居民冬夏两季服装热阻差异大，使用者有积极调节衣着以适应动态变化的热环境的意愿和习惯，与该地区夏热冬冷的矛盾气候和建筑本身的半开敞特征均相契合。本调研中的服装热阻最大值达到了2.1clo左右，冬季衣着量和服装热阻值高的特点，是该地区使用者综合自身需要和建筑空间使用特征而选择的适宜方式，这也决定了传统民居冬季室内设计采暖整体温度可略低于当前绿色建筑设计18℃的标准，对冬季室内环境节能设计具有重要参考价值[②]。

6.2.2 门窗通风模式

重庆夏季常出现的"闷热感"是因静风时，人体周围易形成一层饱和空气层，进而阻止汗液蒸发所引起。适当的自然通风能够增强人体皮肤表面与环境的热交换并促进蒸发散热，从而降低热感觉，并扩大热舒适区，相关研究也表明了自然通风建筑风速增大对热感觉的改善效果（图6.7）。因此，夏季湿热地区的使用者具有较强的开窗通风意愿。既往针对川渝传统民居的研究普遍强调使用者保持常年开窗通风的生活习惯，但却缺乏具体使用模式的分

---

① 不同于暖通技术专业对于现场研究的精确控制，本研究因受限于专业和现场样本量，对服装热阻的统计和计算并非完全精准，更注重对范围的分析和印证服装热阻变化范围大的特征。服装热阻的统计中，以典型户不同使用者的单件服装种类及数量为基础数据进行计算。单件服装热阻的取值主要参考清华大学曹彬和郝石盟博士论文（其数据主要来源我国现场实测和相关国际标准的结合，以及针对重庆地区场镇型民居的实测统计），辅以参考ASHRAEstandard 55-2013标准。

② 既往研究结果也印证了多数南方传统民居中的使用者认为冬季室内外温差不能过大。

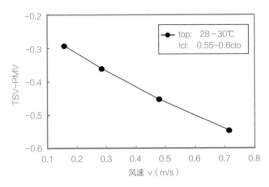

图6.7　自然通风对热感觉的改善效果
（夏季温度为28~30℃时自然通风建筑）
（资料来源：文献［125］）

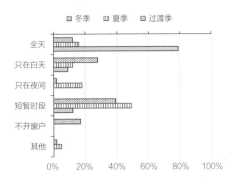

图6.8　各季节自然通风方式调查统计[①]
（资料来源：作者绘）

析，而通过对三倒拐地区的实地调研发现，笼统地认为使用者常年开窗通风，甚至是全时段开窗通风是不完全准确的，有必要对开窗通风使用模式进行分时分区讨论（图6.8）。

1）使用者自主调节开窗开门方式集中体现在室内核心功能空间，包括起居室、卧室、店铺、书房/工作间等，而辅助功能空间门窗开启部分基本保持长期开启状态或开窄缝透气状态，如厨房、卫生间、杂物间、储藏室等（这些空间的设计也往往只有镂空气口而没有开启扇）。

2）使用者对主要功能空间的门窗开闭时段与室外天气条件密切相关。在夏季，当室外温度较高时，使用者会适度关闭门窗以隔热，特别是开启空调时段。当夜晚及清晨外温较凉爽时，会在一定时段内开窗通风。在冬季，当室外温度较低时，使用者会通过关闭门窗起到保温作用，尤其是晚间使用局部辐射式采暖设备的房间。在上午或午间气温相对升高时进行短时的通风换气。重庆冬季湿冷的气候特点还体现为当室外天气晴朗时，因室内长期处于遮蔽状态，会出现室外比室内温度高且湿度更为适宜的情况，此时使用者会开启门窗将室外较为温暖的空气引入室内，以提高室内温度，并排除一定的湿气。在一些不利天气条件下，如刮大风、夏季暴雨以及冬季出现极端雨雪天气时，都会保持门窗长期关闭。

3）开窗开门行为也与使用者的其他需求因素相关，有时甚至是反气候的。调研发现，部分居民出于安全因素考虑，在夏季需开窗通风的晚间时段会关闭部分通风房间或通风廊道的门窗，以保证安全。而这种关闭门窗的做法会导致室内温度的上升，产生闷热感。例如，有的民居夜晚关闭通廊上的窗户，导致居室内的通风路径被阻断，房间内温度上升。还有的

---

① 调研主要针对具有可启闭门窗的核心空间。其中，短暂时段指在清晨、午间、傍晚等时段进行的短暂开窗透气行为；其他主要指使用者的一些特殊开窗习惯，如在三倒拐地区较为常见的是部分使用者会保持局部窗户常开窄缝等。

民居二层不住人，为保证夜晚居室安全，使用者常会关闭二层门窗，而事实上，阁楼在夏季夜晚通风时段的通风效果良好，且有利于首层居室保持较为良好的室内舒适度。实测数据显示，在夏季夜晚通风时段，阁楼的平均风速要比首层大1.3m/s，且通风前后平均温差可相差2~3℃左右。

综上，在三倒拐场镇民居中，基于建筑屋顶、山墙与檐口的气口设计和辅助空间半开敞的特征，以及该地区冬季相对温和的气候条件，为保持常年的透气性，使用者会普遍采取门窗开启模式。同时，使用者有较为强烈的开窗通风愿望和倾向，但并不是长期连续保持门窗开启状态，其具体的开窗开门行为模式具有分时分区的特点，并在一定程度上受其他功能需求和安全因素的限制。

6.2.3　降温采暖方式及设备使用模式

1．降温采暖方式选择及排序分析

1）夏季方式及排序分析

在夏季，使用者选择的防热降温方式主要包括自然通风、空调、风扇等10余项，使用频率排序依次为：自然通风≈减少衣物＞用扇子≈风扇＞空调＞喝凉水/冷饮＞冲澡＞户外乘凉＞减少活动＞关闭门窗＞地面屋面洒水（图6.9a）。

在优先级方面，自然通风、减少衣物、空调、风扇、扇子等是行之有效的主要方式，使用频率高。相比于其他调节自身的方式（减少活动、冲澡、喝冷饮等），借助工具/设备（扇子、风扇、空调等）降温是居民更优先和普遍采用的方式，在夏季高温期效果更为显著。同时，在使用设备期间，适当关闭门窗也是必要的保持低温的方式。而当天气高温闷热时，户外乘凉和地面洒水是无效果或反气候的。

在可操作性方面，自然通风、扇子、风扇、空调等对于一般使用者而言是比较容易实现的。冲澡、喝冷饮等都需要特定的条件和时段，其效果也是短暂的，因此采用的频率相对较低。

2）冬季方式及排序分析

在冬季，使用者选择的保温采暖方式主要包括增加衣物、增加室外活动、电暖炉/电热扇、热水袋/暖宝宝、电热毯等10余项，使用频率排序依次为：增加衣物＞电热毯＞喝热水≈增加室外活动≈洗热水澡/泡脚＞热水袋/暖宝宝≈小型电热器＞中型电热器＞自然通风①＞空调＞火炉/火盆（图6.9b）。

----

① 如前文所述（6.2.2），在重庆等夏热冬冷气候区，冬季自然通风有时是提升热舒适的有效方式。在天气晴朗的条件下，室内长期处于遮蔽状态下，室外的气温会比室内高，此时开窗通风可以促进热交换，适度提升室内温度并带走潮气。

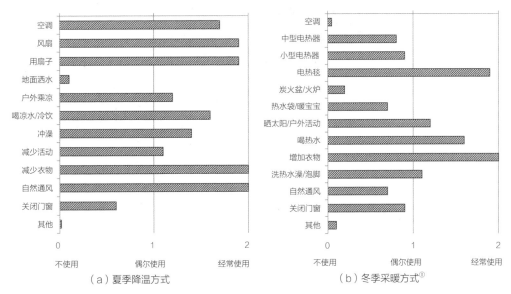

图6.9　降温采暖方式调查统计
（资料来源：作者绘）

在优先级方面，与夏季不同，冬季使用者更倾向优先选择个人调节（增加衣物、增加室外活动、喝热水以及在身体衣着上使用暖宝宝等），而后才借助工具/设备（电热毯、电暖器等）。工具/设备使用以间歇使用便携式电暖设备为主，临睡前开启电热毯和使用小型电暖设备也是主要方式之一（图6.10）。因卫浴条件有限，且大部分卫浴空间都与主体空间分离，洗热水澡以提升热感觉的方式并不是居民优先选择的方式，但泡脚则比较普遍。火炉、火盆等在三倒拐并不普遍，一是因为冬季气温并没有十分寒冷，二是出于安全和空气质量考虑，大部分居民不会选用传统的、与明火相关的方式。此外，三倒拐场镇大部分家庭安装的都是制冷空调，很少有家庭安装冷暖两用空调，因此在冬季几乎没有使用空调的情况。

在可操作性方面，增加衣物、增加室外活动、使用热水袋、暖宝宝、电热毯等对于一般使用者而言是比较容易实现的。电暖炉/电暖器等较多使用在核心空间中，需一定的时间才能有明显效果。

3）梅雨季除湿方式

在重庆地区梅雨季期间，居民会在建筑多处放置除湿、防潮、防霉材料，如竹炭、吸湿防潮袋、干燥剂等。只有极少数的年轻使用者会选择开空调除湿。除此以外，即使在过渡季

---

① 小型电热器主要包括暖脚器、电热扇等，中型电热器主要指电暖器、电烤炉、电烤桌等。

（a）卫浴冬季常用浴霸采暖 　　　　　（b）小型电热器-电热毯+电热扇

图6.10　三倒拐场镇居民小型采暖设备示例

（资料来源：作者摄）

和冬季湿度高时，使用者也很少使用机械设备除湿。

2．设备使用模式

1）设备开启方式

居民使用制冷或采暖设备的时段并非与室外最高或最低温度出现的时间密切相关，而是跟作息习惯和活动类型关联更为直接，并优先在核心空间使用，且具有典型的间歇式运行特点。

对于夏季制冷设备，使用者通常优先开启卧室和起居室的风扇或空调，营造局部舒适环境，并更倾向在用餐及睡眠时段进行间歇式制冷。例如，有的使用者下班回到家后会开启起居室制冷设备1~2小时，使屋内降温，至晚餐结束后关闭。而后在临睡前再次开启设备，至后半夜或清晨外界温度偏低时再关闭[①]。实际调研还发现，在非极端的高温条件下，使用者在中午前后是否开启空调及使用时长主要取决于使用者是否午睡、何时午睡，并不与室外高温时段完全契合。总体而言，大部分被访居民即使在夏季最为炎热的天气，也不会一直保持空调/风扇开启。根据空调使用的访谈结果，归纳其原因包括：①出于对自身健康的考虑，使用者认为长期处于空调环境下不利于身体健康，类似观点既受到当前社会及医学界普遍提出的"空调病"的影响，同时也来自于使用者的切身体会，特别是家中有老人和儿童的家庭，会更注意控制空调的使用时间。如三倒拐42号住户，家中长期居住着50多岁的陈氏夫妇和2岁的孙女，其子女在三倒拐上口附近的小区内有一处现代公寓式住宅，而夫妇两人在夏季坚持带孙女居住在三倒拐老宅中，并认为老宅通风透气好，不用长时间开空调，而公寓住

---

① 其中，部分居民会设定设备自动关闭时间，部分早起的居民会手动关闭并开窗通风，让室内纳入清晨较为凉爽清新的空气。

宅中则会长时间开启空调，对孙女和他们自身的健康都有所损害。②出于长期的自然通风倾向，大部分使用者在过渡季和夏季往往优先通过开窗、开门等行为调节实现房间的自然通风，尤其是在夜间和清晨尽可能加强通风以改善住宅室内热环境，并优先使用风扇。当外温超出可耐受情况下，才倾向使用空调。③出于经济节约的目的，部分使用者对居室环境的忍耐度更大，开启空调或其他制冷设备的时段也会相应缩短。

对于冬季制暖设备，同样存在间歇式局部运行特点。使用者普遍会在夜间使用电热毯、电暖炉等设备以获得卧室内舒适的睡眠温度，其余房间侧不使用任何采暖设备。而在白天，大部分居民均表示基本不使用采暖设备[①]。

2）设备设定方式

通过典型户调查发现，使用者夏季空调的设定温度普遍为26~27℃，少数为25℃，部分老年人会设定为28℃。冬季采用局部间歇式采暖方式，其局部温度一般也仅设定达到低温档，约在13~16℃[②]。

3．综合规律及特征

1）衣着调节是最直接和最优先的调节方式，并倾向采用操作简单、效果明显、成本可控的降温采暖方式。

2）夏季优先选择机械设备（以风扇、空调为主）和借助工具（扇子等）达到降温目的，而后是自身行为调节；冬季优先选择自身行为调节，而后是选择采暖设备（各式电器设备）和借助工具（热水袋等）。

3）从全年看，开门开窗通风和风扇使用是最普遍的调节措施。传统民居基本都是自然通风、风扇驱动通风与采暖空调间歇运行的热环境控制模式，冬夏两季均以电器制冷采暖设备为主，且设定温度范围较为宽泛。

6.2.4　空间使用模式

1．空间维度使用特征

1）在空间使用范围上，传统民居中的使用者活动范围较大。

基于三倒拐场镇民居空间形式特征，传统民居中的厨房、卫生间、生产劳作空间等大多是独立分散存在，或依附于主体建筑一侧，或位于庭院一隅。这一空间特点导致使用者的活

---

① 现场访谈中，大部分居民表示冬季白天从来没使用过任何电器采暖设备。
② 《夏热冬冷地区居住建筑节能设计标准》JGJ 134-2001中室内热环境设计指标的温度设定要求为：冬季采暖的卧室、起居室室内设计温度取16~18℃；夏季供暖的卧室、起居室室内设计温度取26~28℃。传统民居中温度的设定基本为夏季靠近上限，冬季靠近下限或低于下限。

动范围、活动流线比一般的现代居室更为丰富。从典型日连续24小时看（图6.11），使用者基本均会使用到室内主要房间（睡眠、起居、用餐等）、天井、檐下等半室外空间（店铺经营、劳作、清洁、饲养、娱乐等），以及室外空间（门前主街旁的休憩空间及水池清洗空间等见4.2.1）。

2）在空间使用比例上，核心空间与辅助空间占比差异明显。

对于室内功能空间，卧室的使用比例最高，约占比40%，其次是堂屋/起居室和宅内店铺，约占比26%。而其他辅助空间的使用占比基本在3%以下。对于庭院或院坝具有一定生产加工功能的家庭而言，其半室外空间的使用占比高。不同空间在季节上也有一定的差异规律（图6.11、图6.12）。

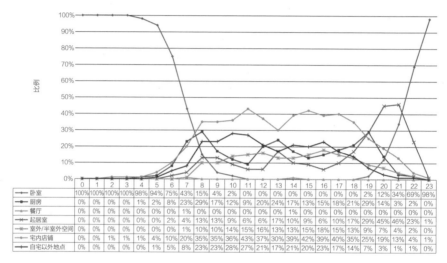

	0	1	2	3	4	5	6	7	8	9	10	11	12	13	14	15	16	17	18	19	20	21	22	23
卧室	100%	100%	100%	100%	98%	94%	75%	43%	15%	4%	2%	0%	0%	0%	0%	0%	0%	0%	2%	12%	34%	69%	98%
厨房	0%	0%	0%	0%	1%	2%	8%	23%	29%	17%	12%	9%	20%	24%	17%	13%	15%	18%	21%	29%	14%	3%	2%	0%
餐厅	0%	0%	0%	0%	0%	0%	1%	0%	0%	0%	0%	0%	1%	0%	0%	0%	0%	0%	0%	0%	0%	0%	0%	0%
起居室	0%	0%	0%	0%	0%	2%	4%	13%	13%	9%	6%	6%	17%	10%	9%	6%	10%	29%	45%	46%	23%	1%		
室外/半室外空间	0%	0%	0%	0%	0%	0%	1%	10%	10%	14%	15%	16%	13%	13%	15%	18%	15%	13%	9%	7%	4%	2%	1%	
宅内店铺	0%	0%	1%	1%	1%	4%	10%	20%	35%	35%	36%	43%	37%	30%	39%	42%	39%	40%	35%	25%	19%	13%	4%	1%
自宅以外地点	0%	0%	0%	0%	0%	1%	5%	8%	23%	23%	28%	27%	21%	17%	21%	20%	23%	17%	14%	7%	3%	1%	1%	0%

图6.11　不同功能空间使用时间分布
（资料来源：作者绘）

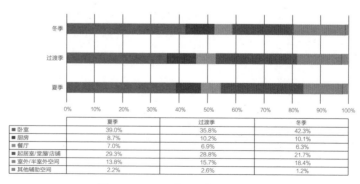

	夏季	过渡季	冬季
卧室	39.0%	35.8%	42.3%
厨房	8.7%	10.2%	10.1%
餐厅	7.0%	6.9%	6.3%
起居室/堂屋/店铺	29.3%	28.8%	21.7%
室外/半室外空间	13.8%	15.7%	18.4%
其他辅助空间	2.2%	2.6%	1.2%

图6.12　不同季节不同空间使用比例
（资料来源：作者绘）

3）在空间功能布局上，既具有一定的分区规律，又具有较强的灵活性和复合性，且竖向空间分区差异较为显著。

一方面，三倒拐场镇民居核心功能空间主要承担基本的生活功能，包括睡眠/休憩、炊事、用餐、休闲娱乐等，并因典型的"宅店合一"模式而兼具一定的经营售卖功能（宅内店铺）。而辅助半开放/开放空间则主要承担一定的生产功能，并兼具晾晒、纳凉、休憩、娱乐等生活功能。同时，竖向阁层和吊层空间的功能布局存在差异：阁层空间多用于储物，或仅作为顶部气候缓冲层，仅少数民居作为阁楼卧室，但也基本是临时性居住；吊层空间的功能则较为多元，既包括工作间、卧室、餐厅、厨房，也包括厕卫、储藏等。

另一方面，不同家庭、不同房间的功能划分又具有灵活性和复合性。除了临街面的堂屋或宅内店铺外，其余房间会被灵活布置成卧室、次客厅、工作间、储藏间等。使用者还会利用半室外空间自建一些偏厦或临时用房等。对于同一功能，炊事活动和晚间睡眠一般只在特定空间和时间段内进行，而用餐、休闲、娱乐的灵活性较强，可在多种空间类型内进行。针对三倒拐场镇的统计结果显示：休闲活动可在卧室、起居室及其他半室外/室外空间；用餐一般在厨房、餐厅或起居室以及临主街的檐下空间。对于同一空间，有的民居堂屋兼具起居、餐饮、工作室等功能，有的则兼具起居和睡眠功能，还有的兼具加工制作和店铺售卖。厨房及半室外空间也容纳了多种特色生产生活类活动，如川菜中的腊肉、糍粑、泡菜等都是地方特色食物，且有家庭自制的习惯，并需要相应的空间以完成不同的工序，由此产生了空间使用上的特殊性（图6.13）。其中，有家庭在冬季以生产腊肉为主要经营手段，则其庭院或院坝成为主要的生产空间，家人或相关制作者也都会长时间汇集于此，生产加工，进而售卖。在休闲活动上，摆龙门阵（聊天）、打麻将、喝茶等都是川渝地区的典型且特色的休闲活动，这些休闲活动大多集中在堂屋及檐下空间，并形成了一种独特的邻里交往模式和聚落文化。

图6.13　庭院内熏制腊肉并经营售卖
（资料来源：作者摄）

2. 时间维度使用特征

1）冬夏两季核心空间使用频率更高，过渡季半室外空间使用频率更高。

使用者在夏季高温和冬季低温时段以使用局部降温采暖方式为主，因此其活动范围明显缩小，多集中在有制冷和采暖的主要功能空间，如起居室、卧室等，并相应减少对于其他辅助空间及半室外空间的使用（图6.12）。在过渡季及冬夏两季室外天气较为舒适的情况下，使用者的活动范围明显扩大，具体包括：增加在主街檐下空间、天井空间及半开敞辅助空间内的活动，利用天井及院坝晾晒衣物、清洗打扫，制作手工艺品、农副食品，增加在半开敞堂屋、店铺的活动等。

2）使用者会根据不同的季节调整炊事方式和饮食种类，并结合地方特色菜品，形成既有季节差异又富有地方特色的饮食习惯。

在夏季，居民往往选择尽量少做复杂的热菜，以重庆特色的凉面、小面以及其他清淡、速成的家常菜为主。同时，因重庆地区餐饮业丰富，居民在夏季也会更多地选择直接购买一些凉菜或半成品，或直接在外就餐（如特色的大排档、面馆等），由此避免产生炊事余热。在冬季，居民会更倾向做热菜及重庆特色的火锅、汤锅类，吃火锅既可避免菜品因室内温度较低而快速变凉，还可增加室内热量，一家人围热而坐也有利于提升设备局部间歇采暖效率。

3）卧室在冬季的使用时长明显增加。

在冬季，因夜间和清晨气温相对偏低，使用者对卧室使用时间会比夏季明显延长。特别是冬季夜晚临睡前，使用者更倾向提早进入卧室，或提早上床盖着被子进行其他休闲活动，如看电视、上网等。

4）时段和季节差异更多体现于竖向空间使用中，但总体而言，季节性的迁徙居住现象并不普遍存在。

在早期哈桑·法赛的研究及国外学者针对南美、印度以及中国南方一些湿热或干热地区的民居研究中均涉及季节性的迁徙居住现象。但在本研究调研的三倒拐地区却发现，这一现象并不普遍，且只出现在个别民居对竖向不同卧室的使用上。究其原因可能为：

一方面，老年人的卧室除了必要的睡眠休憩等功能外，还常常兼具一定的起居功能，日常用品较多，特别是衣物、药品、电筒、扇子、电暖炉等，因此季节性地选择不同的房间居住意味着要搬移很多必备日常用品，对老年人而言是很麻烦甚至不切实际的做法。

另一方面，老年人由于长期生活在传统民居中自己特定的卧室里，对于其中的室内环境已较为适应，对于高温或低温的忍耐度也较为宽泛，因此并没有太多迁移的需要。而对于一些年轻居住者，因大部分时间通常在外上班或学习，其卧室布置较为简单，发现存在卧室使用的季节性迁移，方式包括：①使用者在夏季选择居住在底楼或半地下室较为凉爽的卧室，在冬季则搬移至二楼较为温暖的卧室；②借由山地和江水的作用，在过渡季和夏季夜晚夜间水陆风会经水面吹向建筑，此时，通风较好的二层或阁楼会比一层更为凉爽，使用者也会选择居住在阁楼或二层的卧室。但总体而言，使用者对于房间使用的季节性迁移并不普遍，且随着电器设备的普及，使用者更倾向通过设备使用以获得较为稳定的室内环境，而非季节性的迁移。

3. 综合规律及特征

1）核心空间使用较为集中，频率较高；辅助空间使用较为灵活，频率分散，分区特征明显，动线较为丰富，兼具川渝特色生产生活类活动。

2）水平空间使用更多地体现为灵活性，竖向空间使用更多地体现为差异性。同一空间可容纳多种复合功能，同一功能可分布于不同空间。

3）空间使用具有时段和季节变化规律，且主要体现于竖向空间使用。

6.3 热适应外部调节：基于自发营建的环境/技术调适

在夏热冬冷气候区，室外天气过程处于周期性矛盾变化，夏季和冬季均有较长时段超出舒适范围，也超出通过行为调节可扩展的舒适区间。传统民居中使用者对建筑的建造自由度较大，可根据需求自主对建筑进行更新改造。因此，使用者除了调整自身的衣着习惯、生活模式、空间使用模式等内部行为调节外，还形成了基于自发营建的一系列简单、直接的热适应外部环境/技术调适措施。这些质朴的民间智慧和技术虽不系统化，但却与居民的日常生活密切相关，真实反映了居民的环境需求和可操作的气候应对方式。自发营建现象的特征与成因不仅拓展了热适应在民居中的研究内容，也为地域适宜技术的选择提供了参照。

6.3.1 综合遮阳防热：自制外遮阳+自制立面绿化+天井绿化

1. 各式自制外遮阳装置

在夏季，三倒拐地区多数居民会利用棉布、织物、浅色帆布、竹帘等自制一些简易的遮阳棚架，并分别在上午和下午遮挡于建筑东西立面。这些遮阳措施与日常生活紧密相连，往往一物多用或废物利用，主要包括三种形式：

1）编织竹帘是最为简单、普遍的一种自制遮阳（图6.14a）。竹材在重庆及整个西南地区的应用十分广泛，其制品与编制工艺丰富成熟，在建筑中的应用也很普遍。部分居民会直接利用编制的竹帘或竹席，裁剪或接补为需要的尺寸，挂在阳台或入口处，既起到一定的遮阳作用，还兼具遮阳、透光、挡雨等作用，并可以遮挡部分视线保证私密性。大多数居民也不太考虑其可调性或不同时候段的收放，在夏季基本是长期悬挂于半室外檐下空间。

2）利用织布等在夏季对东西立面起到遮挡作用，并对应不同朝向、不同时段进行一定的收放（图6.14b）。三倒拐场镇部分居民会在屋檐下悬挂或架设竹竿，平时既用以晾晒衣物被褥，在夏季的上午或下午太阳直射时，又会悬挂较大面积的织物、帆布等，以此遮挡日照辐射。由于遮阳布帘一般不具有透光性，因而不会被长期悬挂、固定，往往具有一定的收放调节性，通常是在夏季上午将遮阳布帘悬挂在东立面，下午悬挂于西立面，无太阳直射时则收起布帘以获得更好的采光。

3）自制可升降遮阳帘，这种方式更为巧妙，但制作相对复杂，是少数居民才会采用的方式（图6.14c、图6.15）。在三倒拐场镇中发现一处典型案例：使用者利用滑轮、浅色帆布、竹竿、麻绳等自制可升降的简易遮阳帘，其基本构造为：在屋檐下安装滑轮，利用麻绳吊装帆布，帆布下端设置两个竹竿，一个起到卷轴的作用，另一个则在帆布完全展开时起到垂直支撑作用，并在墙面上挖出小的凹槽以放置支撑竹竿。在下午太阳直射期间，使用者会将帆布完全放下并将下端的支撑竹竿旋转90°支撑于墙面凹槽上。当傍晚太阳完全落山后，使用者又会以下端的竹竿为卷轴，将帆布卷起，并利用麻绳和滑轮将卷起的帆布收在屋檐下方。在夏季连续实地调研日间，使用者几乎每天都在下午相对固定的时间段收放遮阳帆布。

通过热成像分析可知（图6.14），在有自制外遮阳的情况下，外立面温度普遍要比没有外遮阳的立面平均温度低3～6℃左右。而在有外遮阳的情况下，竹帘、织布、帆布等遮阳防热的效果依次为：帆布≈织布>竹帘。

2. 自制盆栽式立面绿化

居民常采用一些废弃瓶罐作为承装器具，种植小型盆栽悬挂或遮挡于外立面作遮阳防热之用，并兼具绿化装饰效果。其气候调节原理类似于种植立面，但方式简单易操作，且废物利用，对建筑立面也没有造成不可逆的更改。种植的植物以当地极常见的花草类为主，在夏季靠雨水就可以保证自然生长。在三倒拐地区，由于大多数建筑的南立面相互遮挡，使用者更注重东西立面的绿化遮阳（图6.16）。

3. 天井/庭院内配置植物绿化

居民常在天井或庭院底部配置盆栽，或直接在天井地面种植低矮植物，以此减少阳光直射地面带来的热辐射，降低天井内近地面温度。而在冬季，植物的自然凋零，又使得天井或庭院内近地面可以获得一定的日照和辐射得热。实测数据表明，天井内种植植物近地面温度比没有植物的近地面温度可低2～3℃。同时，天井内绿化可加大底部与顶部的温差，促进竖向空气流动，夏季热成像分析显示，整个天井底部表面与上部竹篾墙表面温差可达约8℃（图6.17）。

（a）竹帘遮阳　　　　　　　（b）织布遮阳　　　　　　　（c）可升降遮阳帘

（d）竹帘遮阳热成像　　　　（e）织布遮阳热成像　　　　（f）可升降遮阳帘热成像

图6.14　自制外遮阳类型与热成像分析

（资料来源：作者摄、绘）

（a）双卷轴收起　　　　　　（b）帆布展开　　　　　（c）墙上凹槽放置支撑竹竿

图6.15　自制可升降外遮阳装置

（资料来源：作者摄、绘）

图6.16　使用者自制盆栽绿化立面并起到一定的遮阳降温效果

（资料来源：作者摄）

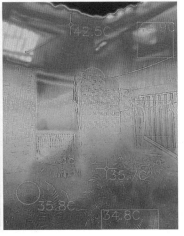

图6.17　夏季天井底面绿化及温度分层热成像分析

（资料来源：作者摄、绘）

6.3.2　促进自然通风：增设气口+增加门窗可开启面积

1．增设气口、老虎窗等

对于厨房、卫生间、储物阁楼等需要保持良好通风换气的空间，使用者会根据需要增设气口（图6.18），常见做法包括：1）在厨房灶台上方屋顶增设气口、老虎窗，或是在灶台所处的墙壁上方增设镂空气口；2）在阁楼屋面或山墙上方增设气口或开洞，促进阁楼的通风、散热和除湿；3）在竖井顶部屋面增设气口或老虎窗，促进竖向通风和采光；4）部分居民会在一些不常使用的次要房间或辅助空间屋顶上方增设气口，在一定程度上保持常年的通风透气。在重点调研的民居中，前两种做法最为普遍。

2．根据穿斗结构，增加门窗可开启面积

基于穿斗结构在立面上呈现的单元特性，使用者会根据柱距和梁高加大迎向主导风向的

| （a）厨房上方屋面 | （b）灶台上方立面 | （c）阁楼山墙面 |

图6.18　使用者增设气口的主要方式
（资料来源：作者摄）

开窗面积，特别是二层及主要功能空间的开窗面积，以此提高主要居室在夏季和过渡季通风时段的风速和风量。也有少数使用者会增大开门面积，尤以增加堂屋的开门面积为主。三倒拐场镇使用者增加开窗及开启扇面积的做法还多集中体现在山谷临水一侧，充分体现了使用者对于山谷风、水路风的积极利用（图6.19）。

图6.19　使用者根据穿斗结构模数加大迎向河谷方向窗户面积
（资料来源：作者摄）

3. 应用规律

1）在应用优先级方面，增设气口的现象更为普遍，在多种辅助空间、屋顶空间都有出现，应用便捷；而增加开窗面积和开启扇面积相对复杂，只在一些明显对建筑立面进行过更新改造的建筑中出现，或集中体现在山谷临水一侧的局部立面。

2）在应用位置方面，增设气口一般出现在辅助空间、阁楼及次要房间，而增加门窗开启面积则多出现在主要功能空间，如堂屋、主卧室等。

3）在应用效果方面，增设气口主要是增加热压通风和保持长期透光透气，而增加门窗开启面积则主要为促进风压通风。

6.3.3 屋面降温：小青瓦+雨水收集

由于重庆地区夏季雨水充沛，使用者常在天井、院坝等檐下空间设置蓄水池，既可收集雨水又可储存生活废水，用于打扫院落、牲畜清洗、种菜浇花等。小青瓦传热系数高，在夏季白天经太阳直射后升温较快，表面最高温度通常可升至60℃以上。但在白天非日照时段和夜间的降温散热也快，居民利用小青瓦这一热工特点，常在傍晚时分，用收集的雨水泼洒在小青瓦上，起到快速降温的作用，且比自然散热更易达到更低的表面温度。这一做法也巧妙地符合使用者在夏季的使用需求（6.2.3），即：在夏季，使用主体更注重傍晚和夜晚凉爽时段的室内环境和热舒适，因此，虽然小青瓦在白天升温快，但其降温快的特点可被使用者通过简单高效的方法加以利用，巧妙应对夏季高温，改善室内热环境。

调研发现的典型案例为民居A中，使用者在靠厨房的半室外檐下设置蓄水池用于收集雨水，在夏季傍晚，将蓄水池中的水泼洒在厨房的小青瓦屋面上，加速其降温散热，泼洒的水一部分还会回流至蓄水池中。经测试，泼洒一段时间后，小青瓦内表面温度从46.4℃迅速降至41.6℃左右（图6.20）。不仅如此，蓄水池还与自来水池相连，当蓄水池内水位超出边界时，会自动流入自来水池并顺排水沟排出。排水沟与自来水池相接处设有一围合小水池，可作洗涮墩布之用。蓄水池的水既可用于夏季傍晚小青瓦的泼洒降温，又用于打扫庭院、家犬清洗和宅基地蔬菜灌溉，在冬季还可蓄水做腌制腊肉的准备。这一巧妙的蓄水排水系统，既实现了对水资源的综合利用，又形成了基于物理环境需要的绿色策略，还满足了居民日常的多功能使用。

6.3.4 内部保温隔热：各式厚重织物+多层设计+增设辅助空间

对于居室内的核心空间而言，在夏季高温和冬季湿冷期，都需要适当加强围护结构隔热性和气密性。在三倒拐场镇民居中，使用者自发形成的内部保温隔热措施主要包括三种：

（a）使用者自发营建的多功能蓄水池　　　　（b）小青瓦降温对比

图6.20　蓄水池与小青瓦降温对比

（资料来源：作者摄、绘）

1）利用厚重织物附加在门窗等局部围护结构上；2）对门窗开口进行多层设计，增加空气间层；3）在核心空间西侧增设辅助空间形成气候缓冲层。

调研中发现多处利用厚重织物的方式，其中较为典型的案例为：民居F主卧室与廊道仅通过一层厚重绒布隔开，但绒布面积远大于房门，增大了气密性，进而增加局部房间的热稳定性。实测数据显示，主卧室在开启空调设定温度为26℃时，主卧室内平均温度为26.5℃，而与主卧室直接相连的走廊室内温度则为29.3℃，相差近3℃，体感温度也具有明显差异。而与走廊相连的次卧室、厨房等，基本与走廊室内温度保持一致，基本在29.3~30.2℃。由此可见，采用厚重织物并加强其气密性的隔热效果较为明显。利用厚重织物附加在门窗内侧或外侧，也相当于增加了空气间层，有助于提高门窗处的热稳定性，加上织物类物品在日常生活中较易获取，因此这一做法被使用者普遍采用。

6.3.5　围护结构优化：局部改善+上轻薄下厚重

传统民居的围护结构往往耐候性不佳，需要定期维护修补，替换受损构件，以保证外围护结构的安全性和气密性。使用者在进行围护结构修补优化时，一般遵照两种基本原则：一是局部改善；二是依然遵循上轻薄下厚重的营建策略（图6.21）。主要方式包括：1）将腐烂严重的木材用新木板材代替；2）将下部木夹壁或木骨泥墙用砖替换，而后表面粉刷或套白，这种措施同时具备加固和耐久的特征，但由于当时的砖墙热工性能较差，影响了民居的

图6.21　围护结构修补保持上轻薄下厚重的技术策略
（资料来源：作者摄）

保温隔热效果；3）将上部竹篾墙用新的竹制品代替。这些做法均体现出上轻薄下厚重的围护结构做法是被使用者普遍接受，且被认为是有利于维持建筑室内环境下部稳定，上部通风透气特征的有效措施。

6.3.6　改善采光：增加亮瓦

对于传统民居室内光环境的改善，使用者最先选择的做法即为增加亮瓦，也是最常见、最简单有效（图6.22）的方式。调研发现，超过75%的民居都存在使用过程中增加亮瓦以改善室内采光的做法。这也契合现代建筑采光设计中证实的天窗采光是侧窗采光效率的2倍左右（表6.2），说明在传统民居中利用屋顶改善采光的有效性和可行性。

（a）通高廊道上方　　　　　　（b）梯井上方　　　　　　（c）坡屋顶高空间上方

图6.22　在各类竖向空间上方屋面增设亮瓦
（资料来源：作者摄）

采光等级	房间类型	侧面采光				顶部采光		
		窗地面积比	采光系数标准值（C%）	室内天然光临界照度（lx）	室内天然光标准照度（lx）	窗地面积比	采光系数标准值（C%）	室内天然光临界照度（lx）
IV	起居室（厅）、卧室、书房、厨房	1/5	2.4	50	300	1/10.83	1.2	150
V	卫生间、过厅、楼梯间、餐厅	1/8.3	1.2	25	150	1/19.17	0.6	75

注：重庆属于V级光气候区，光气候系数K=1.2。

（资料来源：根据《建筑采光标准》GB 50033-2013计算绘制）

6.4　使用主体热适应与空间模式的气候适应性关联

上述基于使用主体的气候适应性研究包括环境需求、行为调节和自发营建技术调适三个基本方面，三者各有侧重，有机统一，并与建筑在物理环境营造、空间模式组织和适宜技术选择等层面相互关联（图6.23）。

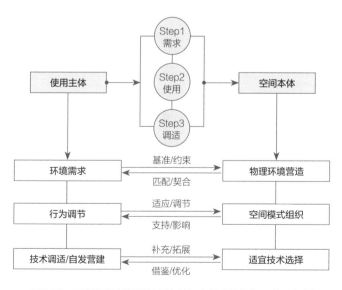

图6.23　三倒拐场镇民居使用主体与空间本体的相互作用机制

（资料来源：作者绘）

1）使用主体环境需求：侧重与物理环境营造层面的关联，重点在于根据热适应理论及其研究方法明晰特定区域使用主体的环境需求特点、内容类型及参数范围，由此归纳出适用于该地域使用主体需求的建筑环境性能设计目标。

2）使用主体行为调节：侧重与空间模式组织层面的关联，重点在于通过实地调查和数据统计，梳理使用主体的活动类型、行为规律、空间使用方式和设备使用方式，从而提取出可最大化支持使用主体行为模式的空间策略与模式特征。

3）使用主体自发营建技术调适：侧重与适宜技术选择层面的关联，重点在于通过调研记录和仪器测试，提取该地域使用主体自发形成的绿色措施、技术特点和应用方式等，分析自发技术的调节作用、生成原因及特征，进而明晰易被接纳和使用的适宜绿色技术。

上述三方面共同构成了人（使用主体）通过"环境需求"、"行为调节"、"技术调适"三个环节与建筑发生关联而形成的气候适应性。同时，建筑的物理环境营造又影响了使用者的环境需求及热舒适范围，空间的不同模式决定了为使用者提供的适应机会及其有效程度，而适宜技术选择又在很大程度上影响了自发营建的做法与遵循的技术原理。

6.4.1 环境需求与室内物理环境营造

三倒拐场镇民居中使用主体环境需求与室内物理环境营造的关联主要体现在：

1）优先热湿环境和风环境优化，兼顾光环境和室内空气质量。

从使用主体环境主观评价可知，夏热冬冷和常年高湿的气候特征导致使用者对热湿环境更为敏感。传统民居空间营建也体现出优先以营造良好的热湿环境和风环境为主。使用者对光环境、空气质量品质等的可接受范围较为宽泛，建筑的半开敞特征也普遍保证了良好的空气品质和较好的透光性。

2）以适度舒适为标准，营造动态舒适区间。

该地区使用者对室内物理环境，特别是热湿环境的需求并非精确满足，而是在"动态改善"条件下追求"适度舒适"，也更易于接受四季和昼夜的室内环境波动。传统民居室内物理环境以营造动态的舒适区间为基准，而非恒定、精确的舒适度，特别是热湿环境具有一定波动性。

3）注重不同需求特征与层级，营造物理环境的多样化与梯度化。

使用者对不同空间、不同活动的环境需求具有层级性和差异性，如优先注重核心空间舒适度，优先注重睡眠环境舒适度等，而对辅助空间，特别是生产劳作空间舒适度需求较低。与之相应，空间物理环境的动态化、多样化和梯度化与使用者不同的环境需求相互契合、动态关联，尽可能为使用主体提供多样的热适应机会。

6.4.2 热适应行为调节与空间组织模式

三倒拐场镇民居中使用主体的热适应行为调节与建筑空间组织模式的关联主要体现在：

1）建筑空间组织具有半开敞性和分区特征，最大化地契合并拓展使用者的行为调节。

建筑的半开敞性有助于使用者充分利用室外、半室外、室内等不同的拓展其舒适范围和空间利用的方式，特别是对于半室外檐下空间的利用，既满足了日常生活需要，又在一些时段获得了优于室内外的物理环境，还容纳了多种川渝地区特色的餐饮、休闲、生产活动（摆龙门阵、打麻将、特色食品加工等），不仅有利于使用者产生能动的热适应行为调节，也有助于地域文化特色以及地方家庭、邻里及社会人情网络的传承与维系。

水平/竖向空间组织的主次分区、内外分区、动静分区等均契合使用者在空间与设备使用上的分时分区规律。整体空间组织多以辅助空间形成气候缓冲层，进而营造核心空间较为稳定舒适的物理环境，使用者对核心空间与辅助空间的环境需求也具有梯度差异性，并在设备使用时优先注重对核心空间的调控。

2）注重多元空间原型的气候调节作用，为使用者提供较为丰富的适应机会。

聚落、建筑、界面空间层级的不同空间原型及其组合关系基于对地域气候微气候的积极应答，营造了多样化、复合化的物理环境，为使用者提供了较为丰富的适应机会。使用者会根据不同的功能需求、季节差异、昼夜变化等调节不同空间原型的功能布局、使用时间、使用比率等，从而更好地获得舒适感。例如，使用者会根据季节、环境变化调整檐下空间、天井空间、餐厨空间的使用比例，以及界面开口、细部元素的启闭等。竖向阁层和吊层空间的物理环境差异，也为使用者提供了功能分区使用和季节性变化使用的适应机会。

6.4.3 热适应环境/技术调适与适宜技术选择

三倒拐场镇民居基于使用主体自发营建的外部环境/技术调适与空间气候适应性营建技术的关联主要体现在：

1）夏季重建筑外部调适，冬季重建筑内部调适。

在传统民居"重夏轻冬、重通风遮阳"的气候策略基础上，使用者自发形成的气候适应性措施更多体现了夏季重建筑外部技术调适，冬季重建筑内部技术调适的特征，即：夏季侧重外遮阳、环境绿色、综合防热等技术，以丰富的形态直接体现于建筑外观形式和半室外空间的界面设计；冬季侧重核心空间的内部环境改善，包括利用织物等进行开口处的多层设计以增强气密性和保温性，采用中小型热辐射式采暖设备提高局部环境热舒适等，形式简单且基本仅体现在建筑内部界面。

这种冬夏气候策略的不同倾向也体现出与建筑空间营建在气候调节原理和技术选择上的协同性：①在重庆地区，夏季高温期长，温度极值高，由此带来的不舒适更为明显，而冬季的低温期相对较短，极值相较于寒冷地区也相对较高，加上使用者长期的生理习服，低温带来的不舒适在可接受或可调整的范围内。因此，使用主体更注重在夏季对建筑本体采取多种技术以改善建筑整体环境性能，而在冬季仅通过使用简单的内部措施以改善局部热舒适度。这也印证了现行通用的绿色建筑设计标准和建筑气候热工设计标准中，对夏热冬冷地区提出的总体气候策略，即必须满足夏季防热要求，适当兼顾冬季保温；②传统穿斗民居形式本就来源于湿热地区，其建筑布局、空间组织、细部界面都具有显著的通风透气和半开敞特征，这些均与冬季抵御低温所需的保温气密性在一定程度上是矛盾的，需要大量反建筑特征的冬季改善技术与措施才能加以调整，既不经济适用，也不高效，因此，使用主体会选择与建筑基本特征一致的技术措施，如增强自然通风、遮阳等。采用可用于房间内部采暖或自身身体上简单有效的措施，而非在整体建筑空间上外加多种气候调节技术；③使用者通过自身调节以应对低温的手段要比应对高温有效。应对冬季低温可增加衣物、增加活动量、使用各种取暖设施等，通过使用主体自身调节和建筑内部的局部采暖保温措施就可以获得较为舒适的冬季室内环境，并不需要对建筑本体及外部空间采取过多的技术改善。而应对夏季高温的自身调节作用有限，有必要通过改善建筑本体性能的技术措施有效提升室内环境舒适度。因此，使用者的自发营建技术调适更多体现出夏季重建筑外部策略，冬季重建筑内部策略的特征，契合并拓展了建筑重夏轻冬的营建策略。

2）注重技术的地域适宜性、可操作性和便捷性。

无论是使用者自发营建形成的气候调节措施，还是建筑通过空间营建形成的技术策略，均体现出对当地地域气候的应答，是平衡各气候矛盾后的适宜选择，并具有操作性强、取用便捷、维护简便等特点，易于被使用者广泛采用。同时，使用者自发营建的气候措施还往往与其他日常生活结合，如将晾晒功能与遮阳构建相结合、绿化种植与西立面防晒相结合、选用本地材料和日常生活中的物品进行废物利用等，这些质朴原生的自发营建措施均可作为建筑适宜技术的参照依据。

3）提供可支持使用者自主调节和营建的应变空间。

对于空间的可控程度会影响使用者的舒适范围和总体感受，传统民居中的檐下空间、界面空间等均在一定程度上提供并支持了使用者采取多种自主调节措施的可能，有利于增加使用者的热适应机会，丰富其热适应调节方式，同时引导使用者对空间气候调节技术的积极使用。

6.5 本章小结

本章基于主观调查统计，定性与定量相结合地分析了基于使用主体的环境需求特征、使用模式特征及自发营建形成的环境/技术调适措施，并指出上述三个层面与物理环境营造、空间模式组织、适宜技术选择的关联关系。主要研究内容与结论包括：

在环境需求方面：

1）使用者对室内环境的主观评价总体满意度较高，对风环境、光环境和室内空气品质的满意度优于热湿环境，对湿环境满意度最低，主观评价结果与实测值较为吻合。在适应性热舒适范围上，因长期生活于重庆夏热冬冷地区，使用者具有更为宽泛的热舒适范围，夏季可接受温度上限基本为28～30℃，冬季可接受温度下限低至5～10℃不等。对室内物理环境的需求是在"可接受"甚至"可耐受"的前提下追求适度舒适，这与该地区建筑具有半开敞的特征和动态变化的室内环境相契合。

2）环境需求依不同活动、不同人群具有差异性和层级性，总体呈现出对核心空间需求高、对睡眠环境需求高，而对劳作环境需求低的特点，这与建筑多样化和梯度化的空间环境相契合。

在热适应行为调节方面：

1）与既往研究统计结果相比，三倒拐场镇民居着装规律与夏热冬冷地区一致，且夏季服装热阻接近下限，在0.27～0.31clo之间，冬季服装热阻接近上限，在1.26～2.1clo之间，说明服装调节，尤其是冬季服装调节在该地区是有效且优先的行为调节方式，也是使用者综合应对夏热冬冷矛盾气候和建筑常年保持通风透气特征的适宜方式。衣着特征也决定了传统民居冬季室内设计采暖整体温度可接近或略低于绿色建筑标准的下限值，对冬季室内环境节能设计具有重要参考价值。

2）门窗开启方式是保持常年的透气性，注重核心空间和不同季节、不同时段的门窗启闭调节，而不能笼统地认为使用者长期保持开窗通风。门窗通风模式主要包括：①使用者自主调节开窗开门的方式集中体现在室内核心功能空间，对辅助功能空间基本保持长期开启或开窄缝透气状态；②使用者对主要功能空间的门窗开闭时段与室外天气条件密切相关，夏季高温炎热时段和冬季寒冷时段以及下雨等气候条件下均会关闭门窗；③开窗开门行为也与使用者的其他需求因素相关，如安全因素有时会导致反气候的门窗开启规律。

3）在降温采暖方式上，夏季降温制冷方式为自然通风~减少衣物＞用扇子~风扇＞空调＞喝凉水/冷饮＞冲澡＞户外乘凉＞减少活动＞关闭门窗＞地面屋面洒水，冬季保温采暖方式为：增加衣物＞电热毯＞喝热水≈增加室外活动≈洗热水澡/泡脚＞热水袋/暖宝宝≈小型电热器＞中型电热器＞自然通风＞空调＞火炉/火盆。设备使用时段并非与室外最高或最低温度出现的时段密切相关，而是与作息习惯和活动类型更为直接关联，并具有典型的间歇式运行特点。设备设定温度普遍较为宽泛，大部分使用者夏季空调设定温度为26～27℃，少数为25℃，部分老年人会设定28℃；冬季电暖设备基本设定在低温档，约在13～16℃。降温采暖调节规律包括：①衣着调节是最直接和最优先的调节方式，并倾向采用操作简单，效果明显，成本可控的降温采暖方式。②夏季优先选择机械设备（以风扇、空调为主）和借助工具（扇子等）达到降温目的，而后是自身行为调节；冬季优先选择自身行为调节，而后是选择采暖设备（各式电器设备）和借助工具（热水袋等）。③从全年看，门窗通风和风扇使用是最普遍的调节措施。传统民居基本都是自然通风、风扇驱动通风与采暖空调间歇运行的热环境控制模式，冬夏两季均以电器制冷、采暖设备为主，且设定温度范围较为宽泛。

4）空间使用模式即具有空间维度特征，也具有时间维度特征，主要包括：①核心空间使用较为集中，频率较高；辅助空间使用较为灵活，频率分散，分区特征明显，动线较为丰富，兼具川渝特色生产生活类活动。②水平空间使用更多体现为灵活性，竖向空间使用更多体现为差异性。同一空间可容纳多种复合功能，同一功能可分布于不同空间。③空间使用具有时段和季节变化规律，且主要体现于竖向空间使用。

在基于自发营建的环境/技术调适方面：

在技术措施的种类上，使用者自发营建的气候措施涵盖综合遮阳防热、促进自然通风、屋面降温、内部保温隔热、围护结构优化、改善采光等多个方面。其中，夏季采取的具体技术措施包括：各种自制可调式遮阳、西立面绿化降温、增加通风气口和通风面积、多层隔热设计等。在冬季，基本只注重利用织物等进行开口处的多层围护设计以增强气密性和保温性。在技术措施的有效性上，遮阳防热作用明显，其中，在有自制外遮阳的情况下，外立面温度普遍要比没有外遮阳的立面平均温度低3～6℃左右。

在使用主体与空间本体的气候适应性关联方面：

三倒拐场镇民居中使用主体与建筑在物理环境营造、空间模式组织、适宜技术选择的关联主要体现在：

使用主体环境需求与室内物理环境营造层面：①优先热湿环境和风环境优化，兼顾光环境和室内空气质量；②以适度舒适为标准，营造动态舒适区间；③注重不同需求特征与层级，营造物理环境的多样化与梯度化。

使用主体热适应行为调节与空间模式组织层面：①建筑空间组织具有半开敞性和分区特征，最大化地契合并拓展使用者的行为调节；②注重多元空间原型的气候调节作用，为使用者提供较为丰富的适应机会。

使用者基于自发营建的环境/技术调适与适宜技术选择层面：①夏季重建筑外部调适，冬季重建筑内部调适；②注重技术的地域适宜性、可操作性和便捷性；③提供可支持使用者自主调节和营建的应变空间。

第 7 章 | 重庆三倒拐场镇民居气候适应性
机理与现代设计方法

本章重点在于分析三倒拐场镇民居气候适应性基本要素之间的耦合关系、适应机理及现代设计方法。本章首先基于第3～6章的研究分析，对空间本体、使用主体的气候适应性机理进行了梳理与总结，进而归纳提出以"地域微气候—空间本体—使用主体"为整体动态关联的气候适应性机制（7.1）。在此基础上，提出了适用于该地区及类似气候区的山地地域建筑气候适应性设计理念、空间调节设计方法及具体的适宜技术策略（7.2）。同时，进一步提出一种性能导向的模块化空间调节方法——"性能原型"设计，阐述了其理念内涵、适用基础与应用途径（7.3）。

7.1　三倒拐场镇民居气候适应性机理

7.1.1　基于空间本体的气候适应性机理分析

三倒拐场镇民居在营建初期不具备精确控制室内环境的技术手段和机械设备，其气候适应性机制是充分利用空间调节来实现对室内环境的综合调控，而不是对单一环境性能或材料热工指标的控制。其空间调节机制包括：

1）在空间调节策略上，基于夏热冬冷的矛盾气候，以营造"动态改善型"室内环境为基准，建筑保持一定的半开敞特征，以自然通风和综合遮阳为主导策略，并注重对山地立体微气候的应答和山体热工性能的利用。

2）在空间调节方式上，三倒拐场镇民居积极利用不同空间组织、不同空间原型及其组合模式，综合对室内热湿环境、光环境、风环境进行动态调控，营造多样化和梯度化的室内环境，并在建筑内部实现从局部到整体的联动调节，尤其注重竖向空间组织、不同空间原型及山体利用的气候调节作用。不同于平地环境，竖向空间组织既在山地环境中具有多重的气候调节作用，又契合山地建筑空间生成的系统构成与结构逻辑。同时，不同于北方一些具有"完型"特征的民居，重庆山地场镇民居及乡土建筑具有更为多样的空间原型单元和形态变化，其空间的气候调节作用是通过不同的空间原型及其组合得以实现，而不是构建一个标准、固化的空间模式[①]。

3）在空间调节技术上，主要以自然通风、综合遮阳和山体利用为主，在聚落、建筑、

———————————
① 唐璞. 山地住宅建筑［M］. 北京：科学出版社，1995.

界面不同空间层级形成了相互协同的被动式空间调节技术，主要包括：①在自然通风方面，三倒拐场镇民居通过主街和冷巷的空间设计积极引入山地地方性风场和局地微气候。同时，建筑空间和界面空间均以促进竖向通风为主，包括竖井、天井、坡屋顶高空间等空间原型，以及上轻薄下厚重的围护结构组合和立面上部开口等具体措施；②在综合遮阳方面，三倒拐场镇民居形成了环境遮阳、建筑互遮阳、半室外空间和构件遮阳的综合体系，起到了有效的夏季遮阳防热作用；③在山体利用方面，主要基于山体稳定的热工性能和地形变化，形成了较为丰富的山体利用手段，包括利用山体作为局部围护结构、形成吊层和半掩体空间、形成井道风，以及利用地形丰富建筑竖向空间模式等，营造了具有一定"冬暖夏凉"调节作用的局部空间。

7.1.2 基于使用主体的气候适应性机理分析

三倒拐场镇民居中的使用者对于室外地域微气候和室内物理环境均呈现主观能动的积极适应，并通过环境需求和热适应内部、外部调节与建筑发生关联互动。

1）在环境需求方面：长期生活于重庆夏热冬冷地区的使用主体具有更为宽泛的热舒适范围，夏季可接受温度上限基本为28～30℃，冬季可接受温度下限可低至5～10℃不等。在三倒拐场镇以生产经营和自由职业为主的社会生活形态下，使用者的生活本身与地域微气候有更为紧密的关联，因此其对环境条件更多是亲近而非躲避，对室内物理环境的需求是在"可接受"甚至"可耐受"的前提下追求"适度舒适"，并对不同空间、不同功能环境需求具有层级性、差异性，与该地区建筑具有半开敞的特征和动态变化的室内环境相契合。

2）在热适应行为调节方面：首先，当环境条件变化或偏离舒适范围时，使用者优先通过服装调节、作息调节、增加室外活动等个体调节行为提高舒适感受，具有较为丰富的个人调节方式，从而降低了对设备使用的依赖程度。其次，使用者积极利用不同空间原型、水平/竖向不同空间组织拓展了其行为调节方式和适应性热舒适范围，其空间使用和设备使用均体现出显著的分时分区特征，尤其注重竖向空间的差异化使用。使用者的热适应内部调节既呈现出以分时分区对夏热冬冷矛盾气候的调节，也体现出利用竖向分区对山地微气候和山体热工性能的利用。

3）在基于自发营建的热适应环境/技术调适方面：使用者积极利用日常生活物品，在遮阳、防热、采光等方面对建筑空间进行调适，并形成了简单有效的技术措施，其成因和形式既与主导气候策略相一致，也遵循气候调控原理，与建筑气候营建技术相协同。

7.1.3 以"地域微气候—空间本体—使用主体"为整体的机理分析

三倒拐场镇民居气候适应性的总体关联机制体现为（图7.1）：外场地域微气候为建筑空间和使用主体提供了选择限度和约束条件，建筑空间和使用主体均呈现出动态适应、能动调节的积极应答。相对于寒冷和其他夏热冬冷地区，三倒拐地区过渡季和冬季气候相对温和，夏季高温期长，常年高湿，山地环境的地方性风场作用明显。建筑空间应对地域微气候的方式是将其作为一种资源引入和调控，并针对夏热冬冷的矛盾性，营造多样化和梯度化的"动态改善型"室内环境，空间形态具有显著的半开敞特征。使用主体基于长期的习服与适应，对地域微气候的态度是亲近而非躲避，具有宽泛的热舒适需求，并优先通过个人调节，能动适应外场气候和建筑环境。建筑的半开敞特征和"动态改善型"的室内环境与使用主体宽泛的热舒适需求和积极的热适应机制相互契合，并通过具体的空间模式和热适应调节模式相互关联作用，共同促进气候适应性机制和室内物理环境舒适度的达成。三倒拐场镇民居的气候适应性既包括基于空间营建对地域气候的应答，也包括基于使用主体热舒适对地域气候的应答，还包括使用主体在空间中的热适应调节和空间为使用者提供的适应机会。

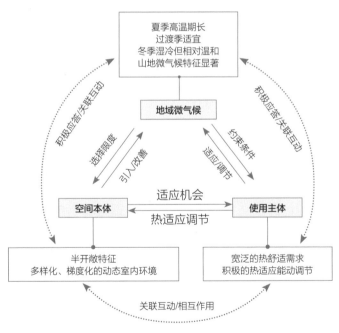

图7.1 三倒拐场镇民居气候适应性总体关联机制
（资料来源：作者绘）

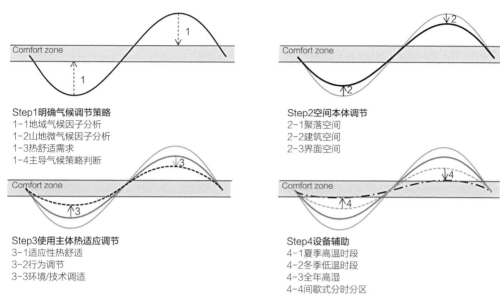

Step1明确气候调节策略
1-1地域气候因子分析
1-2山地微气候因子分析
1-3热舒适需求
1-4主导气候策略判断

Step2空间本体调节
2-1聚落空间
2-2建筑空间
2-3界面空间

Step3使用主体热适应调节
3-1适应性热舒适
3-2行为调节
3-3环境/技术调适

Step4设备辅助
4-1夏季高温时段
4-2冬季低温时段
4-3全年高湿
4-4间歇式分时分区

图7.2　三倒拐场镇民居气候适应性关联过程
（资料来源：作者绘）

　　基于气候适应性整体关联机制，可将三倒拐场镇民居气候适应性过程分解为如图7.2所示的四个主要步骤：①明晰气候策略，注重对山地微气候因子的分析，明确使用主体的热舒适范围是一个动态区间，进而结合热舒适需求进行气候策略判断与选择；②空间本体调节，包括聚落、建筑、界面不同空间层级的营建模式；③使用主体热适应调节，包括基于热适应需求的拓展、行为调节、环境/技术调节等；④在超出热舒适可接受，甚至可耐受范围的时段，为应对高温高湿和低温高湿，需要辅以间歇式运行的主动式设备进行调节。三倒拐场镇民居的气候适应性过程可为现代地域绿色建筑的气候适应性设计提供参照。

　　基于气候适应性的总体关联机制和过程，其具体作用机理主要体现为：

　　1）注重山地地域微气候适应性。

　　一方面，三倒拐场镇民居体现出对局地微气候的适应性是引入而非屏蔽，对地形的适应性是轻度利用而非重度干预，积极利用山地地形组织竖向空间，迎纳山地地方性风场，并利用山体地表热工性能调节室内热环境。另一方面，使用主体的生产生活方式及其季节性变化规律体现出与地域气候的密切关联以及对地域微气候的利用和适应，并在环境改变时，优先通过个人调节拓展舒适范围。

　　2）注重空间调节机制。

　　充分利用空间组织和空间原型的调节机制来实现对室内环境的综合调控，而不是对单一环境性能或材料热工指标的控制。空间调节体现出以自然通风和遮阳防热为主的策略倾向，注重竖向空间和山体利用的气候调节性能优势，并综合聚落、建筑、界面层面的多种空间原型及其组合模式，对室内环境从局部到整体进行协同调控。

3）注重使用者的热适应能动调节机制。

一方面，使用者具有丰富的行为调节方式，通过服装调节、自主调节自然通风、复合利用檐下空间，以及间歇式设备制冷制热等，充分发挥其适应性和能动性，拓展适应性热舒适范围，适度对人工环境进行精确调控。另一方面，使用者还自发形成了多种简单有效的环境/技术调适措施，既与主导气候策略相契合，又与日常生活密切关联。

4）注重空间本体与使用主体的气候适应性关联作用机制。

其一，建筑的半开敞特征，以及动态化、多样化、梯度化的室内环境，与使用主体宽泛的热舒适需求和对不同空间、不同功能环境需求的层级性、差异性相契合，并为使用者提供了充分的热适应机会。

其二，建筑空间组织和空间原型的调节方式与使用者的空间使用规律和设备使用规律相契合，空间模式最大化地支持使用者的行为调节，特别是竖向空间组织和檐下空间为使用者提供了良好的适应机会。其中，竖向阁层和吊层空间的物理环境差异，充分地为使用者提供了功能分区使用和季节性变化使用的适应机会，而檐下空间则容纳了多种川渝地区特色的生产经营和餐饮休闲活动。

其三，使用者对建筑空间进行能动的自发营建和技术调适，补充强化了建筑在遮阳防热、通风采光等方面的调节效果，建筑界面空间也支持了使用者的自发营建。

其四，建筑以空间调节方式获得环境的综合调控，而使用者的舒适度和满意度也是基于对室内物理环境的综合感受，并对空间调节效应给予主观反馈，空间调节有利于整体提高使用者的舒适感受，客观物理环境性能与主观评价结果密切关联、相互作用（图7.3）。

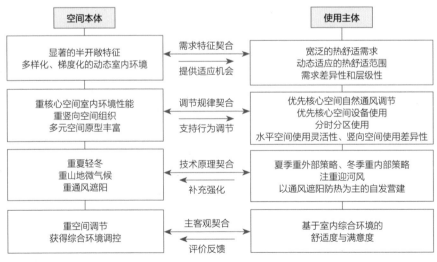

图7.3　空间本体与使用主体的相互作用关系
（资料来源：作者绘）

7.2 现代设计方法与适宜技术策略

7.2.1 物理环境营造理念与原则

传统民居的气候适应性更注重营造综合物理环境品质，而不是追求单一环境性能指标，更不是一味追求围护结构热工系数的优异。同时，由于使用主体宽泛的舒适范围、能动的热适应调节，以及经济、生活条件和其他生活习惯的综合影响，传统民居的实际能耗并不高。因此，在传统民居的绿色更新或新建地域绿色设计中，需学习传统民居以综合物理环境营造为原则，优先注重改善室内物理环境品质，进而结合适宜技术，在一定范围内控制建筑的实际总能耗，既符合传统气候适应性营建理念，又契合成本经济、以人为本的绿色技术地域化理念。具体包括以下方面：

1）针对重庆夏季高温、冬季阴冷、终年高湿的气候状况，注重营造适宜的室内热湿环境和风环境，同时兼顾光环境和室内空气品质。注重利用山地微气候和引入地方性立体风场营造适宜的风环境。

2）室内物理环境调控并不以营造"全时间、全空间、恒温恒湿"为目标，而是继承传统民居中随外界波动变化的调控机制，营造"部分时间、部分空间、变温变湿"的多样化、梯度化室内物理环境，既符合该地区使用者的环境需求和使用习惯，又是巧妙应对重庆及夏热冬冷地区矛盾气候条件的一种"动态改善型"气候适应性设计理念。

3）以综合环境品质提升为主导，适度优化核心空间环境品质，保持建筑的半开敞特征和分时分区规律，不以体形系数、围护结构热工性能指标参数或节能率为绝对指标限制，在综合提升核心空间环境品质的前提下，通过空间设计和围护结构的优化，结合实际使用方式，在一定范围内控制建筑的实际能耗强度和能耗总量[1]。

4）环境品质改善不仅应包括环境性能的呈现结果，还应包括提升使用主体对室内环境舒适度和满意度的主观评价，以及使用主体在空间中可获得的适应机会。

---

① 在《中国建筑节能理念思辨》中明确提出了从实际用能耗出发的中国特色建筑节能理念，并提出实行总量和强度双控的一系列可持续发展的节能减排战略与政策。参见《中国建筑节能理念思辨》上篇，江亿著。

7.2.2 以空间调节为主导的被动式设计策略

从三倒拐场镇民居气候适应性营建模式可以看出，空间调节，特别是竖向空间组织和多元空间原型是建筑室内环境调控的主要途径，同时注重巧妙利用山地地形和山体热工特点进行环境调控和适地营建。在现代绿色建筑设计中，以空间调节[①]为主导的设计方法一方面强调从建筑设计前期就将空间设计作为环境调节的手段，另一方面也强调基于空间本体的物理环境调控核心认识论和方法论。空间调节事实上也是一种性能导向设计（Performance-oriented Design），需注重传承和优化传统空间调节营建经验，同时运用现代设计方法与技术，对典型地域空间原型及组合模式的环境性能进行优化提升。以空间调节为主导的气候适应性贯穿了从建筑物选址到空间组织，再到界面空间构造设计的各个方面，更强调设计对于绿色节能具有前期决定性，也更适用于注重被动式技术的地域绿色建筑设计。

1. 主要设计方法

1）重核心空间，保持建筑物理环境的多样化和梯度化特征。

优先注重核心功能区物理环境营造并兼顾复合化设计，在成本经济、简单适用的取用原则下，提高核心空间的围护结构性能以及门窗的应变设计，适度改善核心功能区的舒适区间和稳定性。次要功能区（包括辅助功能用房及半室外空间）可营造更为宽泛的、波动的室内物理环境，并对核心空间起到一定的气候缓冲空间。整体形成核心空间导控、辅助空间动态调节的梯度化设计[②]，以此有效应对夏热冬冷矛盾气候，并有助于提升按需分区调控室内环境的节能潜力。

2）重竖向空间，积极运用典型地域空间原型的环境调节作用。

其一，优先注重竖向空间设计。竖向空间模式既包含多种典型竖向空间原型，又包含不同空间的竖向组织。在自然通风方面，注重迎纳山地立体地方性风场，并以促进竖向通风透气来应对宏观风速低的不利因素；在综合遮阳方面，利用地形高差形成互遮阳体系；在天然采光方面，利用地形及建筑高差争取不同的采光面，并注重竖向空间顶部和高处采光对建筑整体采光效率的提升；在热环境方面，注重利用吊层、阁层及竖井的组合，平衡调节建筑整体室内温度。竖向空间是山地建成环境中有效应对地域微气候的重要空间调节方法，不仅体现了良好的气候调节性能，也契合山地地形及立体微气候利用。

其二，综合运用多种地域空间原型的气候调节作用，如吊层、阁层、竖井、天井、檐廊

---

① 在现代绿色建筑设计中，张彤教授及东南大学研究团队在2009～2010年以实际绿建工程项目为依托，明确提出了与"空气调节（Air-conditioning）"相对应的"空间调节（Space-conditioning）"概念与方法。

② 重庆市《绿色建筑评价标准》DBJ 50/T-066-2014：5.2.9 -1.区分房间的朝向，细分供暖、空调区域，对空调系统进行分区控制，得3分。

等，同时注重不同空间原型之间的组合运用。以典型空间原型及其适宜性转化为基础，优化集成更多适宜的性能调节技术或现代绿色设计策略。

3）充分利用山体及其稳定的热工特性进行适地设计。

其一，利用山地增加空间竖向高差，形成温度分层，促进室内热压通风和气流循环。

其二，注重吊层及竖井与山地的连接关系，以及利用山体作为局部围护结构的做法，借由山体全年的热稳定性对室内热环境起到调节作用。

其三，在立面或底面与山体形成井道空间以促进自然通风和防潮除湿。

其四，在利用山体性能的同时需注重运用现代技术或设备辅助进行防潮除湿处理。

4）注重不同空间层级的协同调节作用。

综合场地内不同空间层级的空间原型和细部要素，利用基本组合模式和可变组合模式强化、优化其气候调节作用，充分发挥不同空间组合的协同调节效应。

5）夏季重建筑外部策略，冬季重建筑内部策略。

夏季综合外部环境和建筑外界面空间，注重外部环境设计和建筑综合遮阳等外部界面空间的调节措施。冬季则侧重室内核心空间的局部环境营造，如阁层的启闭、露明造的可变设计、内隔墙多层设计、利用厚重织物增加门窗气密性和保温性等。

6）综合考虑环境需求和使用模式，利用空间设计最大化地支持和引导使用者的热适应调节。

提高建筑整体舒适度的关键在于满足使用者的环境需求，契合使用者的空间使用习惯和设备使用习惯，最大化地为使用者提供适应机会，并通过空间设计适当引导适宜的使用模式。这种同时考虑建筑的调节性能和人的主动适应能力的设计理念，改变了传统的基于机械调节的恒温环境设计思维，以及一味追求围护结构性能参数的对标设计方法，为建筑环境设计带来新的视角，有利于促进建筑的可持续发展。

其一，综合室外、半室外、室内空间的组织和灵活应变，为使用者提供多样的适应机会。

其二，相较于安全、经济等生存性需求，舒适性需求存在更大的弹性，需综合使用者不同层级的环境需求进行合理化设计，密切联系地方生活，避免唯气候论而忽略安全、经济等基本生存需求，导致使用者出现过多反气候的行为模式，也需尽量避免采用不利于使用者自主调控的技术措施[1]。

---

[1] Nicol和Humphrey的热适应理论表明：适应约束越少，适应机会越多，则使用主体的适应能力及作用越强。适应性热舒适的区间范围取决于适应机会的有效性和可行性。国内很多学者在对人体热适应进行研究时，也提出了对空间的控制能力有助于提高使用者热舒适感受。

其三，通过合理的空间设计引导使用主体对空间的使用，例如：通过对核心空间室内环境的改善，提高使用主体对核心空间的复合化利用率，集中空间使用范围；通过门窗合理的启闭设计，引导使用主体在通风时段加强自然通风，而在设备使用时段，自主关闭门窗；通过提供多样的半室外空间，给予使用者更多的适应机会，并可与地方生活和文化活动特色相结合。

2．被动式技术策略

综合本研究实证分析提取的三倒拐场镇民居性能优异的营建模式和上述提炼的现代设计方法，重点提出以下具体的被动式技术：

1）山体利用

其一，因地制宜设置吊层。山体常年稳定的热工性能可使吊层空间具有一定的冬暖夏凉特性，利用吊层和竖井的结合，促进建筑竖向空气对流，进而调节建筑整体室内热环境。但利用山体形成的吊层或半地下空间往往容易形成高湿的室内物理环境，需注重强化吊层非临山一侧的自然通风设计（吊层一般一侧临山，一侧面向山谷或临水），并利用建筑与山体之间形成一定的井道空间，必要时应辅助机械设备进行除湿防潮处理。

其二，建筑局部直接利用山体作为围护结构，并在表面做适当的防潮、加固等处理。在山地地区，建筑与山体的相互关系尤为重要，所谓的"适地"设计，不仅包括建筑底面与山体的接地关系，还包括建筑局部与山体的关系。实测数据也表明利用山体作为围护结构也有利于提高局部空间在全年季节变化中的热稳定性。

2）门窗开口设计与材料选择

其一，门窗设计既要保证开启时的通风量，又要兼顾气密性和安全性。根据使用主体开窗开门的季节规律，首先要区分主次空间，主要空间既要在适宜的通风时段促进、保证开窗后的通风效果，又要在开启机械设备制冷采暖时及冬季寒冷时段保证良好的气密性。可适当加大核心空间开启扇面积，同时在构造上强化启闭部分的气密性。开启扇还需结合采光标准共同设计，同时优化室内风环境和光环境。

其二，多层设计。对核心功能空间的窗户，宜进行多层设计，在外侧设置格栅或护栏，内侧设置开启扇，外侧格栅还可结合局部遮阳板进行整体设计，既可保证开窗时的安全性，引导使用主体可以自由开窗通风，又在格栅和窗户关闭时形成空气夹层，在不以增加高性能围护材料的情况下，在一定程度上提高整体构件的热稳定性。川渝地区传统的遮掩"竹帘"是夏季有效的外遮阳装置，可多加运用。

其三，多分割设计。对于门窗宜采用多分割设计，特别是院内宅门，可以综合采光、安全、通风等需要进行适当的多分割设计，如增设亮扇、增加固定采光玻璃，将启闭部分适度分割，有利于使用者依据通风需要和安全需要调可开启部分。

其四，从通风、采光和安全性考虑，可结合传统民居上部轻薄和具有模数的竹篾墙或木板墙增设高窗。

其五，增设天窗。宜采用兼顾夏季通风散热、冬季防风的可控式天窗。

3）界面空间与建筑空间协同设计

其一，在建筑内部采取核心空间与辅助空间围护结构差异化设计，即区分制冷制热房间与非制冷制热房间，强化核心空间的围护结构性能，并通过适度提升该空间相应的屋面、门窗等细部元素的热工性能，使得核心空间与相应的界面空间热工性能协同，在使用设备辅助降温采暖时，可快速制冷制热并具有一定的稳定性。

其二，优先注重提升主要空间围护结构的动态应变设计，并强化气密性，适度提升建筑围护结构抵御夏冬两季的外部冷热负荷向建筑室内渗入的能力。

其三，界面空间采取适当的材料差异化设计（如上轻薄下厚重），并注重与室内竖向空间在促进通风、提高采光效率以及提高近人高度热环境稳定性方面的协同作用。

7.2.3 主动式设计策略辅助建议

1）应对夏季高温期的主动防热策略：对室内核心功能空间设置必要的制冷设备，结合使用模式、环境需求进行间歇性制冷，优先选用当地使用者普遍采用的简单有效的机械设备，并与被动式设计结合，形成"环境—建筑防热—核心空间设备制冷"的系统性防热降温措施。三倒拐场镇民居中惯用的吊扇、电扇等简单机械设备，宜作为该地区乡土建筑的优选措施，也可积极运用一些新的湿热地区设备技术[1]。适度引导设备的设定方式和使用方式，例如，开启空调时需注重除湿功能的使用，在除湿功能下可适当提高空调设定温度，以利于夏季总体节能。空调室外机宜布置在遮阴且便于清洗维护的地方[2]。

2）应对常年高湿的主动除湿策略：必要时使用设备除湿，特别是在春季梅雨季节期间，与被动式设计结合，形成"自然通风优化—主动设备除湿"的协同除湿策略。优先对吊层空间设置必要的除湿机或添加除湿剂等。对室内核心功能空间设置必要的除湿机或具有除湿功能的空调，并采用间歇式除湿模式。在主要通风路径或风道处加设简单机械通风设备，以利于排出多余湿气。

3）应对冬季湿冷期的主动制热策略：对室内核心功能空间设置冷暖两用空调、电暖器等必要设备辅助制热，结合使用模式、环境需求进行间歇式制热，与被动式设计结合，形成"建筑防寒—核心空间设备采暖"的系统性防寒制热措施。当地使用者惯用的电暖器、电热

---

[1] 如华南理工大学亚热带建筑科学国家重点实验室开放项目"风扇空调动态联控下的热环境与节能研究"等研究成果。
[2] 参见重庆市《居住建筑节能65%（绿色建筑）设计标准》DBJ 50-071-2016第4.1.5条规定。

毯等，宜作为夏热冬冷地区的优选制热措施。

4）井道风/地道风和可再生能源设备的利用策略：借鉴传统民居对山体的利用，适当考虑添加机械设备，利用建筑与山体形成的井道风、地道风等增强对室内新风的调节和热回收。积极鼓励运用可再生能源与建筑一体化设计，如生物质储存与建筑一体化设计、在有条件的情况下鼓励使用太阳能空气设备等。

7.3 "性能原型"：一种性能导向的模块化空间调节方法

7.3.1 理念：以空间原型调节为核心的性能导向设计

"性能原型"（Performance-prototype）设计是在传统民居空间调节机理的基础上，综合现代设计方法，进一步构想的一种以空间原型调节为核心的性能导向设计（Performance-oriented Design），其具体内涵体现在：

1）从地域空间原型到地域性能原型

本研究提出的"性能原型"并不是否认空间原型唯技术论，而是强调以地域空间原型为依托，以空间调节机理为核心，从以往建筑设计以空间—功能—形式为主的设计思路，转变为以空间—环境—性能为主的设计思路。"性能原型"包含了合理的空间布局、功能设置等与既往建筑设计相契合的设计内容，同时注重运用空间调节方法和绿色适宜技术营造舒适的建筑室内物理环境，并达到节能目的。

2）从原型（Prototype）到原型研发（Prototyping）

以往建筑设计中对于"原型"的理解常偏重于静态的空间呈现结果，以及专注于空间形态设计的单一学科视角。"性能原型"则是一种以"原型研发"为出发点的动态呈现，其包括了对于建筑设计方法、空间调节机理、绿色技术原理的知识点综合，又包含了依据知识点和空间本体的可变化调适的操作系统，对于不同的建筑类型和环境性能需求进行具体的拓扑变化和应用转化。"性能原型"更注重空间与性能的关联度，以及建筑设计与建筑环境学的学科融贯，并强调一种动态调适过程，这一过程包含了对于空间建构理论的不断丰富，包括了基于使用主体环境需求和行为模式的互动应答，还包括了对于具体环境条件、人文特征和建筑类型的地域化重构过程。

"性能原型"是一种更注重量化的"原型研发"设计方法，通过利用环境性能测试、气候分析软件等对于空间"原型研发"的升级，改变以往定性研究的"经验型"和"试错型"

方法，以量化数据探索建筑空间生成与环境性能交互作用的设计方法，进而探索提升建筑绿色设计的科学化和定量化水平，并在性能目标前提下进行综合判定和科学决策。

3）从功能模块到性能模块

模块化是"性能原型"的具体操作方式之一。当前，对于川渝传统民居或其他乡土建筑设计，多借鉴绿色建筑的装配式理念，采取了模块化的设计与建造方式，并大多以不同功能为分类依据，可根据使用者的不同需求进行模块组合。如西安建筑科技大学绿色课题组在四川省彭州市通济镇大坪村灾后重建生态民居示范项目中，便采用了平面功能模块化的设计，并提供了模块组合的几种优化选型（图7.4）。

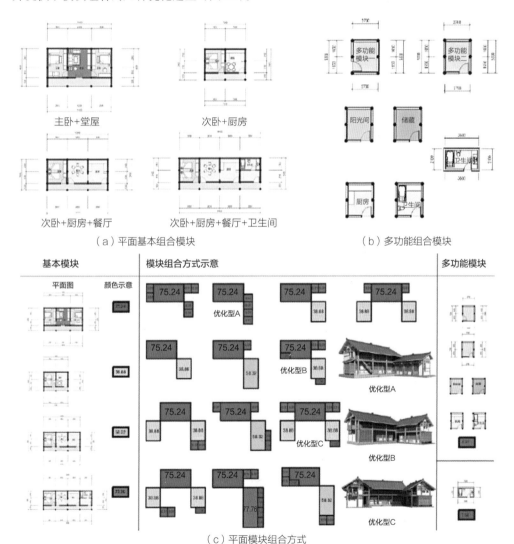

图7.4　四川省彭州市通济镇大坪村生态民居平面功能模块化设计

（资料来源：文献［56］）

"性能原型"的模块化设计借鉴了当前的功能模块化设计，在合理的功能布局基础上，注重对于环境的调节作用，以空间原型的环境性能和气候调节作用为分类依据，进行模块化设计和组合设计。"性能原型"的模块化设计既可灵活应用于建筑更新中的不同局部，也可与不同的功能模块相结合，应用于新建建筑。在现代建筑的"形式追随功能"的基础上，气候适应型绿色建筑设计更注重附加"形式追随性能"的理念，从而导向一种绿色营建范式。

4）从技术叠加到空间设计调节

"性能原型"强调以空间调节为核心，结合适宜绿色技术，而非单纯依靠高新技术来对建筑进行"装修"，避免以往"重后期技术叠加，轻前期空间设计"的设计矛盾。同时，以空间调节为核心的"性能原型"设计更容易被设计师所理解和掌握，便于从建筑设计源头实现生态、绿色、节能、环保等设计理念。

5）从单一要素性能提升到复合化应变设计

"性能原型"注重以空间原型为系统的调节作用，强调室内物理环境的综合营造以及各要素之间的协同作用，有助于规避只注重单一元素性能提升，或一味强调围护结构、门窗构件热工性能指标而造成经济成本不可控或地域环境不适用的情况。同时，"性能原型"注重复合化应变设计，根据气候的季节性变化和使用主体的不同需求进行适应性应变调节。

7.3.2 基础：山地建筑多样性与气候环境共性

"性能原型"模块化设计的现实基础，是山地场镇民居的多样性及其所处自然环境条件的共性特征。

一方面，由于山地的特殊地形条件，山地场镇民居的典型特征即为空间的多样性，也构成了山地民居独特的地域性。李先逵总结了川渝民居不同空间类型及建造手法，包括筑台、悬挑、吊脚、拖厢、下跌、架空等，并归纳了"川渝山地营建十八法"[①]。正是这种多样性，使得不同的空间原型及其转化、组合的气候调节机制成为山地场镇民居气候适应性的重要部分。因此，"性能原型"的空间调节方法更适用于山地建筑绿色设计。

另一方面，虽然山地场镇在空间组织上具有多样性和灵活性，但气候地形的限制因素又具有规律性，因而其绿色策略具有一定共性，形成与主导气候策略相适应的典型地域空间原型，如天井、吊层、竖井等。因此，"性能原型"基于地域空间原型的传承与优化，可有效应对特定地区的自然环境条件，并有针对性地发挥空间的调节作用。

---

① 李先逵. 川渝山地营建十八法 [J]. 西部人居环境学刊，2016，31（02）：1-5. 其中，"山地营建十八法"概括为六类三式十八种手法：台、挑、吊；坡、拖、梭；转、跨、架；靠、跌、爬；退、让、钻；错、分、联。

7.3.3 应用：典型"性能原型"模块与运用转化

1."性能原型"模块的特征

空间性——"性能原型"模块首先具有空间的本体属性，是基于地域建筑空间原型，从建筑环境视角，综合其环境性能调节作用的原型建构。

地域性——"性能原型"以地域空间原型为基础，具有鲜明的地域特性，但由于技术原理的客观规律性，"性能原型"又具有跨地域的共性。

动态性——"性能原型"具有显著的动态特征，原型与具体的语境、文本相互关联，随环境的变化进行转化。同时，"性能原型"本身也具有环境调节的动态性，随外界气候变化而变化，营造的是适度舒适的动态物理环境。

开放性——"性能原型"是一个开放的系统，它允许不同性能的融合，也允许新技术对实体要素的改变，也可根据不同的建筑和使用需求，改变形态和结构关系。

2.典型"性能原型"模块

基于对三倒拐场镇民居不同空间原型实测的环境性能和调节作用分析结果，重点提出6种典型"性能原型"："吊层原型"、"天井原型"、"竖井原型"、"坡屋顶高空间原型"、"阁层原型"、"檐廊原型"。

1）"吊层原型"：山地环境中，吊层原型具有良好的地形适应性，并结合山体利用，具有一定的"冬暖夏凉"特征，有助于平衡室内温度，还可通过现代绿色技术，形成良好的地道风、井道风，并与建筑新风设计相结合，优化室内全年热环境。

2）"天井原型"：天井具有综合的环境调节作用，可结合建筑功能和平面布局，进行多元化设计，其顶界面也可根据建筑的不同类型、不同功能需求进行有无、可变或结合太阳能等设计。

3）"竖井原型"：在湿热地区，竖井空间对于竖向空气对流和促进通风有明显的调节作用，包括各类通高空间，并可与顶部天窗、高侧窗等进行综合设计，获得更为良好的室内风环境和光环境。

4）"坡屋顶高空间原型"：坡屋顶高空间不仅具有良好的室内环境调节作用，还是具有传统意向的空间原型，设计时可设置单坡、双坡或其他可变形式，也可与竖井空间、阁层空间统一关联设计。

5）"阁层原型"：可应变的阁层设计在夏热冬冷地区十分重要，有利于夏季防热、冬季保温。其应变设计既可体现在顶部屋面或山墙面的启闭设计上，也可体现在底部楼板（下层吊顶）的启闭设计上，抑或二者的结合；既包括开口设计，也包括格栅、通风夹层等设计；既可设置为阁楼，也可设置为全阁层、局部阁层或类夹层屋面等，并常与坡屋顶高空间进行一体化设计。

6）"檐廊原型"：檐廊空间包括多种丰富的半室外形式，同时可结合外遮阳、通风路径等进行综合设计，为使用者提供良好的半室外活动场所。

3."性能原型"模块的应用转化

"性能原型"模块的应用转化实质是一种前文探讨的原型研发、升级迭代的过程（7.3.1），包括直接应用和转化应用。其中，转化应用路径包括：实体要素变化、比例尺度变化和结构模式的拓扑变化[①]。按转化程度的不同，又可分为三种转化方式：

1）低度转化——对原有的地域空间原型改变较小，偏重于以地域空间原型为依托的"性能原型"的直接应用，对原型进行组成要素或材料的微调，或在局部附加必要的性能，如在"竖井原型"中增设天窗采光等，通常适用于既有乡土民居更新或新建乡土建筑。

2）中度转化——根据不同的建筑类型，兼顾不同的性能需要，对"性能原型"的实体要素和比例尺度进行适当改变，并与建筑整体形态有机结合，通常适用于既有乡土建筑或地域建筑的更新与新建。

3）高度转化——保持"性能原型"原有的技术原理，但在实体要素、比例尺度和结构模式等多个方面都存在变化，通常适用于新建地域绿色建筑，特别是公共建筑以及与高新通用技术的结合等方面。

"性能原型"模块的应用与转化有助于实现乡土建筑绿色经验与模式的传承，也是对地域建筑基因和建筑文脉的继承，其在现代设计中的不同转化方式也是一种面向当下和未来发展的可持续设计，旨在实现"环境—建筑—人"三者相互协同的设计路径，并赋予建筑地域基因和绿色基因的整体建构内涵（图7.5）。

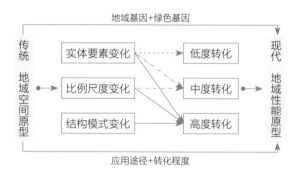

图7.5 "性能原型"应用转化途径
（资料来源：作者绘）

7.4 本章小结

本章首先综合第3~6章山地地域微气候特征、空间本体气候适应性、使用主体气候适应

---

① 卢鹏，周若祁，刘燕辉.以"原型"从事"转译"——解析建筑节能技术影响建筑形态生成的机制[J].建筑学报，2007（03）：72-74.

性的分析结论，系统梳理了三倒拐场镇民居气候适应性的作用机理。整体关联机制为：山地地域微气候为建筑空间和使用主体提供了选择限度和约束条件，建筑空间和使用主体均呈现出动态适应、能动调节的积极应答。建筑空间应对地域微气候的方式是将其作为一种资源引入和调控，并针对夏热冬冷的矛盾性，营造"动态改善型"的室内环境，空间形态具有显著的半开敞特征。使用主体基于长期的习服与适应，对地域微气候的态度是亲近而非躲避，具有宽泛的热舒适需求，并优先通过个人调节，能动适应外场气候和建筑环境。建筑的半开敞特征和"动态改善型"的室内环境与使用主体宽泛的热舒适需求和积极的热适应调节相互契合。具体作用机理包括：1）注重地域微气候适应性；2）注重空间调节机制；3）注重使用者的适应性能动调节机制；4）注重空间本体与使用主体的相互作用机制。

其次，立足建筑设计视角，提出物理环境营建理念和以空间调节为主导的气候设计策略，主要包括：

1）重核心空间，保持建筑环境的多样化和梯度化特征；

2）重竖向空间，积极运用典型地域空间原型的气候调节作用；

3）充分利用山体及其稳定的热工特性进行适地设计；

4）夏季重建筑外部策略，冬季重建筑内部策略；

5）注重不同空间层级的协同调节作用；

6）综合考虑环境需求和使用模式，利用空间设计最大化地支持和引导使用者的行为调节。

在此基础上，重点针对山体利用、门窗开口设计及界面与建筑空间的协同设计提出具体的被动式技术策略，并基于夏热冬冷、常年高湿的气候特征，提出主动式设计策略辅助建议。

最后，提出一种性能导向的模块化空间调节方法——"性能原型"。在三倒拐场镇民居多元空间原型模式的基础上，以空间调节机制为核心，将多元地域空间原型与气候性能调节作用相结合，提出"性能原型"的设计方法，并借鉴现代绿色设计和乡土建筑更新设计的模块化方法，提出多种典型性能原型，指出其在具体设计中的应用与转化途径。

第 8 章 │ 结论与展望

8.1 主要研究内容与结论

传统民居气候适应性的科学机理与现代应用是当前绿色建筑研究的核心问题之一。明晰传统民居绿色性能优异的科学机理和营建模式，探讨其转化为现代设计方法和适宜技术的应用途径，对当代地域绿色建筑体系的健全发展具有理论和实践的双重指导价值。

既往研究往往侧重空间层面的研究，基于地域气候、空间、主体相关联的系统实证研究较少，对民居气候适应性整体作用机理的研究有待进一步深化与细化。在针对空间的实测分析中，多以单一民居或特定空间类型为主，量化比较分析不同空间组织和不同空间原型的少；多以平地环境和水平空间分析为主，对于山地环境和竖向空间的实测研究少；多将实证分析结果用于民居改建为主，转化成现代设计方法并提出具体应用途径的较少。

本研究围绕上述核心科学问题，针对既往研究不足，选取重庆三倒拐场镇民居为典型案例，基于建筑学综合的田野调查及大量物理环境实测数据，对三倒拐场镇民居气候适应性进行定性与定量相结合的实证研究，以期揭示其气候适应性的科学机理，并提出转化为现代绿色设计的理念与方法。

本研究的主要工作和结论包括：

1. 构建了"地域微气候—空间本体—使用主体"三个基本要素及六个对应细分层面的三倒拐场镇民居气候适应性研究系统和研究方法。

本研究在理论梳理的基础上，提出三倒拐场镇民居气候适应性研究包括地域微气候、空间本体、使用主体三个基本要素，即：首先需明确地域微气候特征，进而分析建筑空间与使用主体以何种方式进行应答，以及空间本体与使用主体的相互作用关系。其气候适应性的整体机制是三者之间的动态关联，具体表征体现在基于空间营建的气候适应性策略与技术和基于使用主体热舒适的环境需求与调节，以及热适应行为调节（使用主体）与适应机会（空间模式）之间的气候适应性关联。

基于民居气候适应性基本过程和三倒拐场镇民居特征，将三个研究要素细分为对应的六个层面：地域微气候包括山地地域微气候和主导气候策略，拓展山地微气候因子分析；空间本体包括空间营建模式和物理环境性能，建立空间与性能的数据链接和信息交互；使用主体包括环境需求和热适应调节，建立热适应调节与空间营建的气候适应性关联。

2. 对三倒拐场镇民居进行了全面调查，在对25栋传统民居进行详细调研的基础上，重点选取10栋典型民居进行长时段、多参数、多空间实测，建立了以空间和性能为一体的样本资料库。

基于三倒拐民居气候适应性研究体系，构建了基于建筑学、建筑环境学、环境行为学等多学科综合的实地调研与实测方法。建立了包含建筑空间数据模型和包含热湿环境、风环境、光环境、室内空气品质等多参数的样本数据库，并对使用主体的环境需求和热适应调节进行了主观问卷调查和量化统计。从建筑空间测绘、环境性能实测、主观调查统计等多个方面为民居气候适应性研究提供了可参考的调研方法。

3．综合重庆地域气象数据和山地实测数据，运用Climate Consultant气候分析工具，对山地地域气候进行了多因子可视化分析，指出三倒拐场镇具有显著的山地微气候特征，明晰了主导气候设计策略及效应排序。

区别于既往多数民居研究对于地域气候数据的罗列与描述，本研究运用Climate Consultant气候分析软件，详细对重庆地域气候多因子进行可视化分析。针对山地环境特征，对其热湿环境差异、地方性风场和山体与地表温度进行了分析，明晰了三倒拐场镇民居具有显著的山地微气候特征。

基于生物气候图法，分析了16项气候策略的有效性和有效程度。结果表明，自然通风、风扇驱动通风和除湿对于改善重庆地区室内热湿环境作用显著，窗户遮阳在5～9月均有一定作用，7月对夏季室内热舒适的改善最明显。

4．基于田野调查、大量实测数据和理论模拟辅助，从空间营建模式和物理环境性能层面深入分析基于空间本体的气候适应性，提出竖向空间模式、多元空间原型模式、山体利用模式在山地建成环境中具有的综合气候调节作用。

一方面，从聚落、建筑、界面三个空间层级提取并分析了三倒拐场镇民居典型空间组织和空间原型模式的气候调节作用，进而从主导气候策略角度（自然通风、综合遮阳、天然采光等）分析了各空间层级的组合模式和应变模式。重点提出空间本体的气候适应性是充分利用空间组织和空间原型的调节机制实现对室内综合环境的营造。

另一方面，基于大量物理环境实测数据，量化分析了典型民居的综合物理环境特征（热湿环境、风环境、光环境、室内空气品质），并分空间、分时段详细计算了不同民居室内舒适度达标率，弥补了既往研究在该方面的欠缺。结果表明：三倒拐场镇民居热湿环境具有波动性、多样性和梯度性。过渡季舒适度达标率最好，其次为冬季，夏季达标率较低。核心空间达标率和达标等级优于辅助空间。风环境和室内空气品质整体较好，不同空间、不同民居风环境差异大。光环境整体较暗，更多注重屋顶采光和间接采光，不同民居差异大。进一步基于气候策略效应、空间模式、物理环境实测和理论模拟的数据链接和信息交互，比较研究了不同空间组织、不同空间原型的物理环境特征和气候调节作用。结果表明竖向空间模式、多元空间原型模式、山体利用模式在山地建成环境中具有重要的综合气候调节作用：

1）竖向空间模式：三倒拐场镇民居竖向空间模式最为丰富，既包含多种典型竖向空间原型，又包含不同空间的竖向组织，在促进自然通风，特别是引入山地立体风场和促进竖向热压通风上效果显著，同时在综合遮阳、天然采光及热缓冲等方面均有不同的调节作用，是山地环境中有效应对立体微气候和地形高差的重要营建策略，也反映出山地环境中空间生成的内在逻辑。

2）多元空间原型模式：同一空间原型可具有多种气候调节作用，同一气候策略可通过不同的空间原型组合得以实现和强化，建筑整体的室内物理环境也依赖于不同空间原型的综合调节作用，多元空间原型也是山地民居地域性和多样性的体现，是一种综合"地域基因"和"绿色基因"的气候调控方法。

3）山体利用模式：巧妙利用了山体及地表常年较为稳定的热工性能，既在热环境调控方面具有明显优势，又适应了地形地貌，是山地环境中重要的气候设计方法。

本研究部分所积累的大量现场实测数据及性能分析结论，可为所属的国家课题及民居气候适应性的持续研究提供数据支持和技术储备。

5. 基于主观调查统计，从环境需求和热适应调节方面分析了基于使用主体的气候适应性，明晰了其与建筑在物理环境营造、空间模式组织、适宜技术选择上的关联关系。

从"环境需求"、"行为调节"、"外部环境/技术调适"方面分析了使用主体的气候适应性，尤其补充并拓展了对于自发营建形成的外部环境/技术措施的研究，明晰了使用主体气候适应性与建筑在物理环境营造、空间模式组织、适宜技术选择上的关联关系。

现场调研结果表明，使用主体的气候适应性特征主要包括：

1）在环境需求上，使用主体具有宽泛的热舒适区间，对建筑整体物理环境的需求是在"可接受"甚至"可耐受"的前提下追求适度舒适，环境需求存在差异性，优先注重核心空间的舒适度，需求特征与该地区建筑具有的半开敞特征和多样化、梯度化的室内环境相契合。使用者对室内环境的主观评价总体满意度较高，对风环境、光环境和室内空气品质的满意度优于热湿环境，对湿环境满意度最低，主观评价结果与实测值基本吻合。

2）当环境条件变化或偏离舒适范围时，使用者优先通过服装调节、作息调节、增加室外活动等个体调节行为提高舒适感受，并优先选择自然通风方式，而后以操作简单、局部间歇式的机械设备为主。在设备使用时，更注重核心空间舒适度调控。在行为调节上，使用者充分利用不同空间原型的适应机会拓展其舒适范围，空间使用具有显著的分时分区特征，特别是竖向空间使用存在显著差异。

3）在自发营建的外部环境/技术调适上，使用者积极利用日常生活物品，在遮阳、防热、采光等方面对建筑空间及界面空间进行调适，并形成了简单有效的技术措施，其成因和形式可为地方适宜技术的选择提供借鉴与参照。

基于上述三个层面的特征分析，进一步解析了三倒拐场镇民居中使用主体环境需求与室内物理环境营造、热适应行为调节与空间模式组织、自发营建的环境/技术调适与适宜技术选择的关联性。

6．从整体机制和具体作用机理上揭示了三倒拐场镇民居的气候适应性机理。

整体关联机制包括：山地地域微气候为建筑空间和使用主体提供了选择限度和约束条件，建筑空间和使用主体均呈现出动态适应、能动调节的积极应答。建筑空间应对地域微气候的方式是将其作为一种资源引入和调控，并针对夏热冬冷的矛盾性，营造多样化和梯度化的"动态改善型"室内环境，空间形态具有显著的半开敞特征。使用主体基于长期的生理习服与适应，对地域微气候的态度是亲近而非躲避，具有宽泛的热舒适需求，并优先通过个人调节，能动适应外场气候和建筑环境。建筑的半开敞特征和"动态改善型"的室内环境与使用主体宽泛的热舒适需求和积极的热适应机制相互契合。

具体作用机理包括：注重地域微气候特征、注重空间调节机制、注重使用者的适应性能动调节、注重空间本体与使用主体的相互作用。

7．立足建筑设计视角，提出山地地域微气候条件下以空间调节为主导的气候适应性设计方法和一种性能导向的模块化空间调节设计方法——"性能原型"。

以空间调节为主导的气候适应性设计方法主要包括六个方面：1）重核心空间，保持建筑环境的多样化和梯度化特征；2）重竖向空间组织，积极运用不同空间原型及其组合模式的环境调节作用；3）充分利用山体及其稳定的热工特性进行适地设计；4）夏季重建筑外部策略，冬季重建筑内部策略；5）注重不同空间层级的协同调节作用；6）综合考虑使用主体的环境需求和热适应调节模式，利用空间设计最大化地支持和引导使用者的热适应行为调节。

基于三倒拐场镇民居空间调节机制，提出"性能原型"的设计方法，并借鉴现代绿色设计和乡土建筑更新设计的模块化方法，提出了"吊层原型"、"天井原型"、"竖井原型"、"坡屋顶高空间"、"檐廊原型"等典型性能原型，指出其设计应用与转化途径。"性能原型"模块的应用可实现地域基因的优化传承和绿色基因的优先创造，并契合当前绿色建筑设计强调"空间调节"和"设计导向"的节能发展趋势。

8.2　研究创新点

本研究的主要创新性工作与成果包括：

1．从微气候维度、竖向维度和多样性维度拓展了气候适应性理论体系在山地建成环境

中的发展，提出竖向空间组织、不同空间原型和山体利用在山地建成环境中的重要作用。

针对山地立体微气候特征及聚落民居多样性特征，拓展了以山地微气候为要素的气候环境分析，拓展了从水平空间到竖向空间、从单一民居到多个民居、从特定空间类型到不同空间类型比较的气候适应性研究，提出竖向空间组织、不同空间原型和山体利用在山地建成环境中的重要作用，揭示山地气候适应性的特殊性和内在机理。

2. 基于大量实测数据和量化方法，实现山地微气候特征、气候策略效应、空间营建模式、室内物理环境的数据链接和信息交互，明晰主导气候策略排序、不同空间模式物理环境及气候调节作用差异。

以长时段、多参数、多测点的物理环境集成实测为基础，综合大数据处理、数理统计、理论模拟及气候可视化分析等绿色建筑前沿量化方法，以大量一手调研数据和资料，补充山地微气候因子与聚落民居物理环境性能数据，实现山地气候策略效应、空间营建模式和物理环境性能的数据链接和信息交互，明晰主导气候策略排序，量化分析不同空间原型气候调节作用及不同空间组织物理环境差异，为山地聚落民居气候适应性的持续研究提供数据支持和技术储备。

3. 拓展基于人体热适应理论的民居气候适应性研究要素和热适应行为调节在民居中的研究内容，建立使用主体热适应与空间模式的气候适应性关联。

将人体热舒适气候适应理论及行为调节模式纳入民居气候适应性研究中，建立热适应调节与空间模式的气候适应性关联，完善了以"山地地域微气候—空间本体—使用主体"为整体关联的民居气候适应性研究体系，并拓展基于使用主体自发营建的外部环境/技术调节研究，丰富了人体热适应理论在民居中的研究内容。

4. 提出山地地域微气候条件下以空间调节为主导的现代设计方法和"性能原型"模块化空间调节方法。

变革技术叠加与参数对标式设计方法，提出山地地域微气候条件下以空间调节为主导的现代设计方法和一种性能导向的模块化空间调节方法——"性能原型"，为山地地域绿色建筑设计提供参照，同时契合当前绿色建筑设计强调"空间调节"和"设计导向"的节能发展趋势。

8.3　研究展望

1）受使用者、房屋质量、外场环境等多方实测条件限制，本研究中一些典型空间类型在不同季节的物理环境性能缺乏更深入的量化比较分析，需进一步挖掘补充，细化山地场镇民居气候适应性机理分析。同时，在本研究提出的民居气候适应性研究方法与实测方案的基础上，可进一步拓展针对不同民居类型的系统研究，补充并丰富空间模式与环境性能为一体的样本数据库，为传统民居气候适应性研究的科学化和现代化提供案例储备及数据支持。

2）本书中提出的现代设计方法与技术策略更多是一种设计探索，可进一步基于基础数据，拓展多因素模拟与量化分析，如主成分分析、敏感性分析等，进而提取控制性参变量，明确性能优异的不同空间原型的适宜尺度范围、最优性能效应等，并搭建实验平台进行技术验证。

3）在"性能原型"的基础上，深入研究本土材料与工业体系的结合，构建集性能原型、新型本土材料、适宜技术为一体的地域绿色技术体系，继而推动民居气候适应性的现代化应用。

三倒拐场镇基础调研记录表

编号	名称	年代	面积（m²）	特点	用途	备注
01	老城东门	清代	50	条石垒砌，结构稳定，残存两侧	城门黄桷树两旁均为么店子	又名铜鼓坎
02	三倒拐72-73号	清代	71	穿斗式构架，面阔2间，进深1间	71-73号均为小商品店、副食品店	
03	三倒拐67号	清代	100	穿斗式构架，面阔1间，进深3间		现为消防站
04	三倒拐68号	清代	105	穿斗式构架，面阔1间，进深3间		
05	三倒拐69-70号	清代	200	穿斗式构架，面阔4间，进深2间	均为小百货店、副食品店	69号为杨家剃头店
06	三倒拐63-66号	清代	200	穿斗式构架，面阔4间，进深2间	小吃商铺	
07	三倒拐57-58号	清代	80	穿斗式构架，面阔3间，进深1间	57号为小摊贩、58号为抬滑竿	建筑是清代，地基是明代
08	三倒拐54-56号	清代	108	穿斗式构架，面阔3间，进深2间6柱	李家木匠铺，做箱子	
09	三倒拐49号	清代		穿斗式构架	原为木板楼，现已破烧毁	著名电影演员赵丹的姨姐居住地
10	三倒拐40-39号	清代	140	穿斗式构架，面阔2间，进深2间	39号为卖臊汤，40号为卖棉花的	
11	三倒拐35-38号	民国	150	穿斗式构架，面阔2间，进深2间	做秤杆手工艺作坊	
12	三倒拐34号	民国	80	穿斗式构架，面阔1间，进深2间	小商品	地基基础部分为清代屋基，地面原有清代建筑已毁坏，现为近现代建筑
13	三倒拐32-33号	民国	80	穿斗式构架，面阔2间，进深1间	王贤淑（同音）日杂、卖纸张、卖罐等	
14	三倒拐30号	清代		穿斗式构架	卖糖、卖盐	
15	三倒拐31号	清代		穿斗式构架	卖窑罐	
16	三倒拐28号黄家小院	清代	400	四合院布局，共11间房，穿斗式构架	黄家住宅	院内具有全国罕见的带眉的石阶

编号	名称	年代	面积（m²）	特点	用途	备注
17	三倒拐18号	清代	160	穿斗式构架，共4间房	曹家住宅	
18	八角井（古井）	清代	30	高存完好的八角古井一口，附近居民生活用水来源，目前仍在使用	旁边为刘兑明民国建的小洋楼旧址	中华人民共和国成立后为城关镇政府所在地
19	八角井45号	民国	220	2层建筑，歇山式屋顶，砖石结构	住宅	
20	三倒拐19号	清代			邱糍粑	
21	三倒拐20号	清代	96	穿斗式构架，面阔3间	做面、做蒸笼	
22	三倒拐21号	清代	102	穿斗式构架，面阔3间	做面、做蒸笼	
23	三倒拐17号	清代	150	穿斗式构架，面阔2间	小吃店	
24	三倒拐15号	清代	150	穿斗式构架，面阔2间	小吃店	
25	三倒拐14号	清代	150	穿斗式构架，面阔2间	卖糖、卖盐	
26	三倒拐13号	清代			小摊贩	
27	三倒拐10号	清代			小摊贩	
28	三倒拐9号	清代	150	穿斗式构架，面阔2间	小摊贩	
29	三倒拐7号	清代	195	穿斗式构架，面阔3间	小摊贩	屋面大部分垮塌
30	三倒拐5号	清代			黄家做铁器、包铜烟杆的	
31	三倒拐2号	清代		后面有座扎元桥，下有溪流鹅卵石，清代小院坝	住宅	
32	三倒拐1号	清代		1号处有座木制的棚栏进入三倒拐的五香门，门已被拆除	住宅	和平街140号对应也有一座五香门
33	三倒拐1号附2号	清代			傅家住宅	
34	和平街136-138号	清代	106	穿斗式构架，面阔3间，进深5柱2间	彭家住宅	其中137号为刘应中（同音）开绸缎庄

续表

编号	名称	年代	面积 (m²)	特点	用途	备注
35	和平街138号	清代	68	穿斗式构架，面阔3间，进深5柱2间		
36	和平街129-132号	清代	102	穿斗式构架	住宅	
37	和平街133-136号	清代		穿斗式构架	住宅	
38	和平街128号	清代	150	穿斗式构架，面阔3间，进深5柱2间		孟炳阳做盐糖生意的
39	和平街125-127号	清代	56	穿斗式构架，面阔3间，进深5柱2间	李家院子	弄堂里面是韩幼文（同音）国民党少将参谋长的住所
40	和平街124号	清代		穿斗式构架	孟家院子	里面的天井独具明清风格
41	和平街118-120号	清代	96	穿斗式构架，面阔3间，进深5柱2间	住宅	120号为中华人民共和国成立时的布鞋社
42	和平街121号	清代	96	穿斗式构架，面阔3间，进深3间	住宅	121号为刘克明开面粉厂的
43	和平街122号	清代	96	穿斗式构架，面阔1间，进深3间	住宅	
44	和平街123号			从120号进入巷子住八角井方向60米为原南洋兄弟烟厂旧址，尚存古井一口，现仍在使用		
45	和平街116号	清代	96	穿斗式构架，面阔3间，进深3间	住宅	内置双天井，破损较为严重
46	和平街117号、119号	清代	90	穿斗式构架，面阔2间，进深3间		119号外墙为风火墙
47	和平街113号、115号	清代	90	穿斗式构架，面阔2间，进深3间	住宅	
48	和平街112号	清代	128	穿斗式构架，面阔2间，进深3间	幺店子、开茶馆、面馆	
49	和平街109-111号	清代	128	穿斗式构架，面阔4间，进深3间	做顶罐面	

编号	名称	年代	面积（m²）	特点	用途	备注
50	和平街105号、107号	清代	128	穿斗式构架，面阔2间，进深3间	住宅	
51	和平街106号、108号	清代	420	四合院布局，共10间房	住宅	
52	和平街103号、104号	清代	80	穿斗式构架，面阔2间，进深7柱2间	开小商品店	
53	和平街102号（附8间）	清代	520	民居群，共11间建筑	开小商品店	
54	和平街101号	清代	66	穿斗式构架，面阔1间，进深2间	讲圣谕的	
55	和平街100号	清代			琼林角	善堂讲宗教的
56	和平街98号	清代	100	为两层建筑，底层中间门倒，两侧各1间	住宅	
57	和平街99号	清代	120	两层建筑，底层面阔3间，进深2间	住宅	
58	和平街96-97号	清代			住宅	对面有个清静庵
59	和平街94号	清代	60	穿斗式构架，面阔1间，进深2间	小副食品店	
60	和平街95号	清代	75	吊脚建筑，面阔1间，进深3间	小副食品店	
61	和平街91号、93号	清代	90	两层建筑，底层面阔2间，进深3间	文房	开字画，装裱的文房
62	和平街92号	清代	80	穿斗式构架，面阔1间，进深3间	住宅	
63	和平街90号	清代	160	三合院布局，共8间房	彭光中开箱子铺的	
64	和平街89号	清代	80	两层建筑，底层面阔1间，进深3间	开绸缎庄的	
65	和平街87号	清代			夏红福（同音）家做蚊烟生意的	
66	和平街86号	清代	140	共7间房屋，穿斗式架梁	余家做皮蛋生意的	中华人民共和国成立后为派出所

编号	名称	年代	面积（m²）	特点	用途	备注
67	和平街78号、80号	清代	160	整体独栋建筑，面阔3间，进深9住2间	民国时期小洋楼，后面为吊脚楼84号有消防应急专用井	中华人民共和国成立时政协所在地，后又为工商联所在地
68	和平街83号、84号	民国	105	整体3层建筑，砖石结构		
69	和平街81-80号	清代			为基督教的所在地	
70	和平街79号	清代	84	穿斗式架梁，面阔2间，进深2间	做小生意	
71	和平街78号	清代		穿斗式架梁，面阔1间	住宅	
72	和平街75号、77号	清代	77	穿斗式架梁，面阔2间，进深2间	小摊贩	
73	和平街76号	清代	45	穿斗式架梁，面阔2间，进深1间	小摊贩	
74	和平街74号	清代	35	穿斗式架梁，面阔2间，进深2间	小摊贩	
75	长寿川剧团团旧址	清代	550	内附10户居民房屋		
76	和平街71号、73号	清代	70	两层建筑，底层面阔2间，进深2间	胡家院子，72号为民国重修，前段为民国，后段为清代	多处屋梁上都有雕花，栩栩如生
77	和平街65号、67号	清代	150	两层建筑，底层面阔3间，进深3间	70号做小电器生意	
78	和平街69号、70号	清代	150	两层建筑，底层面阔3间，进深3间		
79	和平街44号、46号	清代	90	两层建筑，底层面阔2间，进深3间	此处有座文礼门，还有消防站	46号为眼镜铺
80	居委会（和平街64号、66号）	清代	120	面阔2间，进深2间	黄家住宅	
81	和平街61号、63号	清代	100	穿斗式架梁，面阔2间，进深3间	62号周家铜匠铺并做秤杆生意（周胜英家）	专门铸铜的，中华人民共和国成立后为市管会
82	和平街57号、59号	清代	96	穿斗式架梁，面阔3间，进深3间	刮肠子、卖碗、瓦盆	
83	和平街50号、52号、54号	清代	128	穿斗式架梁，面阔4间，进深3间	百花营又名百花殿，佛教的所在地	民国时的商会

编号	名称	年代	面积(m²)	特点	用途	备注
84	和平街47号、49号	清代	80	穿斗式架梁，面阔2间，进深3间	住宅	屋檐配有玄宗、雕花
85	和平街44号、46号	清代	90	两层建筑，底层面阔2间，进深3间	此处有座文礼门及消防蓄水池	46号为朱家眼镜铺，对面为郭朝贤磁庄
86	和平街45号、43号	清代			李家住宅	李家个儿子李德兴，毕业于黄埔军校
87	和平街37号、39号、41号	清代	150	穿斗式架梁，面阔3间，进深3间	住宅	
88	和平街40号、41号	清代	86	穿斗式架梁，面阔1间，进深3间	住宅	
89	和平街38号	清代			绸缎铺	
90	和平街34号、36号	清代	120	穿斗式架梁，面阔2间，进深2间	住宅	
91	和平街35号	清代	48	穿斗式架梁，面阔1间，进深2间	住宅	
92	和平街31号、33号	清代	70	两层建筑，底层面阔2间，进深2间	住宅	中华人民共和国成立时的显真相馆
93	和平街28号、30号	清代	80	穿斗式架梁，面阔2间，进深2间	住宅	
94	和平街27号	清代	40	面阔1间，进深8柱3间	住宅	
95	和平街26号对面	民国			许佰衡小洋楼	面粉厂
96	和平街23号	清代			黄家院子，有槽门	中华人民共和国成立时为供销社招待所
97	和平街18号、19号	清代			住宅	
98	和平街15号	民国	550	四合院布局，主题建筑为3层砖石结构	住宅	
99	和平街11号	清代	150	穿斗式架梁，面阔3间，进深2间	住宅	
100	和平街10号	清代			朱家院子	民国时又为商会会所在地
101	河街老电影院	民国			佛教圣地	

（资料来源：作者根据2016年长寿区规划及凤城街道居委会登记表调研补充绘制）

三倒拐场镇民居气候适应性空间原型及细部元素提取

序号	结构形式	朝向	水平空间组织			竖向空间组织	吊层空间		天井空间				坡屋顶高空间		檐下空间			阁层空间				辅助空间				竖井空间		山体利用
			天井式	竹筒式	自由式	层数	有吊层	半掩体	天井	庭院	院坝	抱厅	全部	局部	檐廊	出檐	悬挑	阁楼	阁层	有通风开口	无通风开口	厨房	厕卫	储藏	偏厦	通高走廊	梯井	
HP-17#	穿斗木构	东偏北EN	√			2层	√	√	√				√			√				√						√	√	√
HP-18#	穿斗木构	西偏南WS	√					√	√				√			√					√					√	√	√
S-30#	穿斗木构	南偏东SE	√				√	√	√					√	√	√	√		√	√		√	√				√	
S-42#	穿斗木构+山体利用	西偏南WS	√			1层			√		√		√	√	√	√	√		√		√	√	√	√	√			√
S-67#	穿斗木构	东偏北EN		√		2层	√	√			√			√				√			√	√	√				√
S-68#	穿斗木构	东偏北NE				2层	√	√			√			√				√	√		√	√				√		√
HP-91#	穿斗木构	西W			√	3层	√	√			√			√	√	√						√	√		√	√		√
HP-94#	砖木木构	西W			√	1层					√		√	√	√	√			√			√	√	√	√			
HP-126#	穿斗木构	西W	√			1层			√		√			√	√	√	√	√	√	√		√	√	√	√	√	√	√
HP-122#	穿斗木构	东E			√	1层	√							√	√		√	√	√		√	√	√	√		√	√	√

序号	结构形式	朝向	水平空间组织			竖向空间组织	吊层空间			天井空间				坡屋顶高空间		檐下空间			阁层空间				辅助空间				竖井空间		山体利用
			天井式	竹筒式	自由式	层数	有吊层	吊脚层	半掩体	天井	庭院	院坝	抱厅	全部	局部	檐廊	出檐	悬挑	阁楼	阁层	有通风开口	无通风开口	厨房	厕卫	储藏	偏厦	通高走廊	梯井	
S-6566#	穿斗木构	东E		✓		1层	✓		✓			✓				✓					✓			✓	✓		✓	✓	✓
S-6970#	穿斗木构	东E		✓		1层	✓		✓			✓				✓					✓			✓	✓		✓	✓	✓
HP-115/113#	穿斗木构	东偏北NE		✓		2层						✓				✓					✓			✓	✓			✓	
HP116#	穿斗木构	东E	✓			1层	✓		✓			✓				✓					✓			✓	✓		✓	✓	✓
HP112#	穿斗木构	东E	✓			2层						✓				✓	✓				✓			✓	✓		✓	✓	✓
HP-105/107#	穿斗木构	东E	✓			1层		✓	✓			✓				✓	✓				✓			✓	✓		✓	✓	✓
HP-125#	穿斗木构	东E			✓	1层	✓		✓			✓				✓		✓	✓			✓	✓	✓	✓			✓	✓
HP-39#	穿斗木构	东偏南ES			✓	2层			✓	✓		✓									✓			✓	✓				
HP-37#	穿斗木构	东E	✓			2层	✓		✓			✓			✓					✓		✓		✓	✓		✓	✓	✓
HP-4345#	穿斗木构	东偏南ES			✓	1层	✓		✓			✓				✓	✓				✓		✓	✓	✓		✓	✓	✓
HP63#	穿斗木构	西W		✓		1层					✓	✓				✓			✓	✓			✓	✓	✓			✓	
HP-656769#	穿斗木构	西W		✓		2层			✓		✓	✓				✓			✓	✓			✓	✓	✓		✓	✓	✓

序号	墙体材料与构造							屋面构造与细部元素				立面开口形式与特殊处理			
	木板壁墙	竹篾泥墙	土墙	石墙	砖墙	墙体上菜（露明造）	山体岩壁	冷摊瓦	出檐	老虎窗/猫儿钻	亮瓦	门	窗	山墙开洞	镂空等其他处理
17#	√	√			√	√		√	√			√	√		√
18#	√	√			√	√		√	√	√		√	√	√	√
30#	√	√			√	√	√	√	√	√	√	√	√	√	√
42#	√	√	√			√	√	√	√		√	√	√	√	√
67#	√	√			√	√	√	√	√	√		√	√	√	√
68#	√	√			√	√	√	√	√			√	√	√	√
69#	√	√			√	√	√	√	√			√	√	√	√
70#	√	√			√	√	√	√	√			√	√		√
91#	√	√			√	√	√	√	√		√	√	√	√	√
122#	√	√		√	√	√		√	√	√	√	√	√	√	√
126#	√	√			√	√		√	√	√	√	√	√	√	√
116#	√	√			√	√		√	√			√	√	√	√
112#	√	√			√	√		√	√	√		√	√	√	√
117#	√	√			√	√		√	√	√	√	√	√	√	√
113#	√	√			√	√	√	√	√			√	√		√
115#	√	√			√	√	√	√	√		√	√	√	√	√
125#	√	√			√	√		√	√	√	√	√	√	√	√
105#	√	√			√	√	√	√	√		√	√	√	√	√
107#	√	√			√	√	√	√	√		√	√	√	√	√
37#	√	√			√	√	√	√	√	√		√	√	√	√
39#	√	√			√	√	√	√	√			√	√	√	√
63#	√	√			√	√	√	√	√		√	√	√	√	√

序号	墙体材料与构造							屋面构造与细部元素				立面开口形式与特殊处理			
	木板壁墙	竹篾泥墙	土墙	石墙	砖墙	墙体上空（露明造）	山体岩壁	冷摊瓦	出檐	老虎窗/猫儿钻	亮瓦	门	窗	山墙开洞	镂空等其他处理
65#	✓	✓			✓	✓	✓	✓	✓		✓	✓	✓	✓	✓
67#	✓	✓			✓	✓	✓	✓	✓	✓		✓	✓	✓	✓
69#	✓	✓		✓	✓	✓		✓	✓		✓	✓	✓	✓	✓
43#	✓	✓			✓	✓		✓	✓	✓	✓	✓	✓	✓	✓
45#	✓	✓			✓	✓	✓	✓	✓	✓	✓	✓	✓	✓	✓

（资料来源：刘可、作者绘）

附录 C

典型实测民居样本信息及样本库构建示例

序号	编号	建筑	朝向	结构形式	平面组织	竖向组织	围护结构	温度	湿度	PM2.5	CO_2	照度	风速	风温	PMV	测试覆盖季节	记录数据条数	备注
1	A	S-42#	西偏南WS	穿斗木构	天井式	1层	竹木+夯土+石材	✓	✓	✓	✓	✓	✓	✓	✓	夏/冬/过渡	206789	
2	B	HP-126#	西W	穿斗木构	天井式	1层，有阁层	竹木+砖	✓	✓	✓	✓	✓	✓	✓	✓	夏/冬	142679	
3	C	HP-91#	西W	穿斗木构+山体	自由式	3层，有吊层	竹木+砖+岩壁	✓	✓	✓	✓	✓	✓	✓	✓	夏/冬/过渡	218267	
4	D	S-67#	东偏北EN	穿斗木构	竹筒式	2层，有吊层	竹木+砖+岩壁	✓	✓	✓	✓	✓	✓	✓	✓	夏/冬/过渡	267554	相邻
5	D'	S-68#	东偏北EN	穿斗木构	竹筒式	1层，有阁层	竹木+砖	✓	✓	✓	✓	✓	✓	✓	✓	夏/冬/过渡	284613	
6	E	HP-18#	西偏南WS	穿斗木构+山体	自由式	1层，有阁层	竹木+混凝土	✓	✓	✓	✓	✓	✓	✓	✓	夏/冬/过渡	226743	
7	F	HP-122#	东E	穿斗木构	自由式	1层	竹木	✓	✓	✓	✓	✓	✓	✓	✓	夏/冬/过渡	126861	
8	G	HP-17#	东偏北EN	穿斗木构	竹筒式	2层，有吊层	竹木+砖	✓	✓	✓	✓	✓				夏/冬	14057	
9	H	HP-94#	东偏北EN	砖混	自由式	1层	砖混	✓	✓	✓	✓	✓				冬/过渡	16735	
10	I	S-30#	南偏东SE	穿斗木构	天井式	1层，有阁层	竹木+砖	✓	✓	✓	✓	✓				夏/冬	91254	

（资料来源：作者绘）

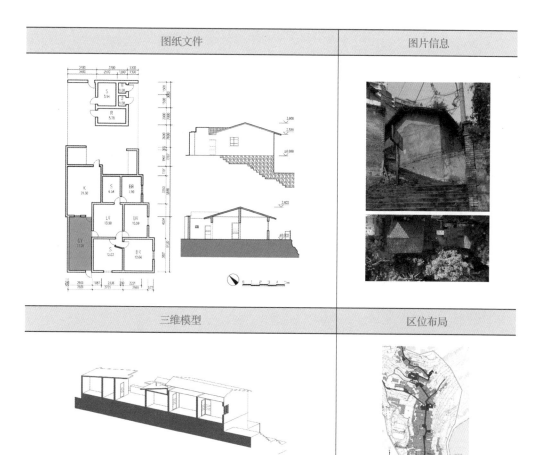

	图纸文件				图片信息	

	三维模型				区位布局	

	基本信息	空间原型及形态			界面空间构造	
编号	A-42#	吊层空间	√	半掩体	墙体材料与构造	夯土+砖
面积	154m²	天井空间	√	位于入口一侧		
朝向	西南-东北	竖井空间			屋面与细部元素	冷摊瓦、亮瓦；深出檐；老虎窗
功能	宅店	坡屋顶高空间	√	厨房与卧室		
结构	穿斗木构+夯土	阁层空间	√	吊顶，有通风开口	立面开口	门；窗
平面	天井式+自由式	檐下空间	√			
剖面	平层	山体利用	√	厨房一侧墙体	特殊处理	砖墙镂空
实测备注	部分建筑主体为近代翻建，三倒拐场镇唯一夯土民居；长时段室外环境与室内综合物理环境实测					

（资料来源：刘可、作者绘）

图纸文件	图片信息

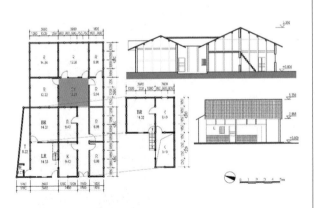

三维模型	区位布局

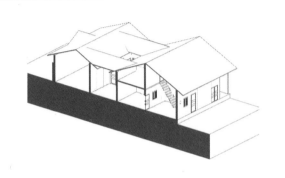

基本信息		空间原型及形态		界面空间构造	
编号	B-126#	吊层空间		墙体材料与构造	竹木+砖
面积	187m²	天井空间	√ 位于中部		
朝向	西东	竖井空间	√ 通高廊道，吹拔	屋面与细部元素	冷摊瓦、亮瓦；深出檐
功能	宅店	坡屋顶高空间	√ 堂屋		
结构	穿斗木构	阁层空间	√ 阁楼	立面开口	门；窗；山墙上部
平面	内廊天井式	檐下空间	√		
剖面	平层	山体利用		特殊处理	镂空
实测备注	三倒拐场镇内形制较为规整的天井式民居；典型空间热湿环境、风环境对比实测				

（资料来源：刘可、作者绘）

图纸文件	图片信息

三维模型	区位布局

基本信息		空间原型及形态			界面空间构造	
编号	C-91#	吊层空间	√	半掩体	墙体材料 与构造	竹木+砖
面积	174m²	天井空间				
朝向	西东	竖井空间	√	通高梯井-3层	屋面与 细部元素	冷摊瓦、亮瓦； 深出檐
功能	住宅	坡屋顶 高空间	√	二层卧室		
结构	穿斗木构	阁层空间	√	阁楼	立面开口	门； 窗； 山墙上部
平面	自由式	檐下空间	√	悬挑阳台		
剖面	3层，含吊层、 阁层	山体利用	√	梯井下部、吊层 局部墙体	特殊处理	
实测 备注	三倒拐场镇内竖向空间组合丰富的典型民居；长时段室内综合物理环境实测					

（资料来源：刘可、作者绘）

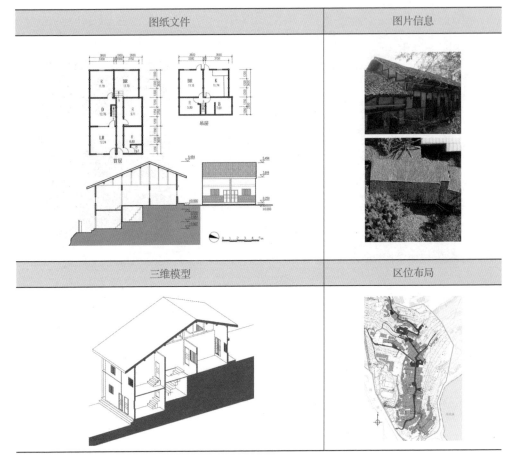

	图纸文件		图片信息

	三维模型		区位布局

基本信息		空间原型及形态		界面空间构造	
编号	D-67#/D′-68#	吊层空间 √	半掩体	墙体材料与构造	竹木+砖
面积	118m²	天井空间			
朝向	东北-西南	竖井空间 √	梯井-2层	屋面与细部元素	冷摊瓦、亮瓦；深出檐
功能	住宅	坡屋顶高空间 √	临街起居室		
结构	穿斗木构	阁层空间 √	局部阁层	立面开口	门；窗；山墙上部
平面	竹筒式	檐下空间 √			
剖面	2层，含吊层、阁层	山体利用 √	吊层局部墙体	特殊处理	镂空
实测备注	三倒拐场镇内典型竹筒式民居；长时段室外环境与室内综合物理环境实测				

（资料来源：刘可、作者绘）

图纸文件	图片信息
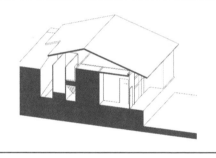	
三维模型	区位布局

基本信息		空间原型及形态			界面空间构造	
编号	E-18#	吊层空间			墙体材料与构造	竹木+砖
面积	73.5m²	天井空间				
朝向	西东	竖井空间			屋面与细部元素	冷摊瓦、亮瓦；深出檐
功能	宅店	坡屋顶高空间	√	厨房		
结构	穿斗木构	阁层空间	√	储物阁层	立面开口	门；窗；山墙开洞
平面	自由式	檐下空间	√	入口平台		
剖面	平层	山体利用	√	井道空间厨房、书房局部墙体	特殊处理	厨房露明造
实测备注	百年老屋；长时段室内综合物理环境实测					

（资料来源：作者绘）

图纸文件	图片信息

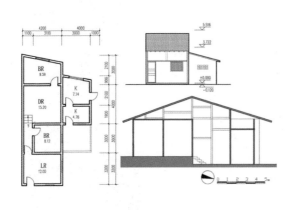 

三维模型	区位布局

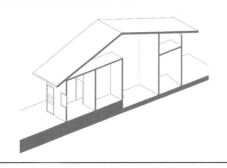 

基本信息		空间原型及形态			界面空间构造	
编号	F-122#	吊层空间			墙体材料 与构造	竹木+砖
面积	125.5m²	天井空间				
朝向	西东	竖井空间	√	通高廊道	屋面与 细部元素	冷摊瓦、亮瓦； 深出檐
功能	住宅	坡屋顶 高空间	√	餐厅		
结构	穿斗木构	阁层空间	√	储物阁层	立面开口	门； 窗； 山墙开洞
平面	竹筒式	檐下空间	√			
剖面	平层，局部跌落	山体利用			特殊处理	
实测 备注	长时段室内综合物理环境实测					

（资料来源：作者绘）

图纸文件	图片信息
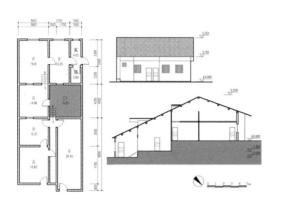	

三维模型	区位布局

基本信息		空间原型及形态			界面空间构造	
编号	G/17#	吊层空间	√	半掩体	墙体材料与构造	竹木/青砖
面积	137m²	天井空间	√	位于中间		
朝向	东北-西南	竖井空间	√	梯井	屋面与细部元素	冷摊瓦、亮瓦;深出檐;老虎窗
功能	住宅	坡屋顶高空间	√	临主街房间		
结构	穿斗木构	阁层空间	√	临主街房间内	立面开口	门;窗;山墙上部
平面	内廊天井式	檐下空间	√			
剖面	跌落式,含阁层	山体利用	√	吊层局部墙体	特殊处理	内墙不到顶
实测备注	典型空间热湿环境对比实测					

(资料来源:刘可、作者绘)

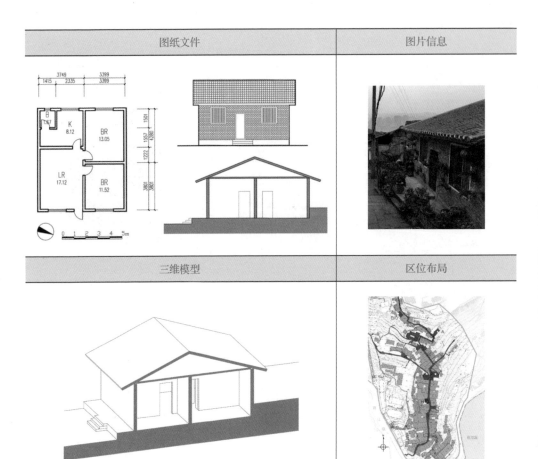

图纸文件		图片信息
三维模型		区位布局

基本信息		空间原型及形态			界面空间构造	
编号	H-94#	吊层空间			墙体材料与构造	砖
面积	58.4m²	天井空间				
朝向	东西	竖井空间			屋面与细部元素	混凝土+小青瓦；局部出檐
功能	住宅	坡屋顶高空间				
结构	砖混	阁层空间			立面开口	门；窗
平面	自由式	檐下空间	√	局部		
剖面	平层	山体利用			特殊处理	
实测备注	近代翻建；室外环境及典型室内空间热湿环境对比实测					

（资料来源：作者绘）

	图纸文件		图片信息

三维模型	区位布局

基本信息		空间原型及形态			界面空间构造	
编号	I-30#	吊层空间			墙体材料 与构造	竹木+青砖
面积	110m²	天井空间	√	中部		
朝向	东南-西北	竖井空间	√	梯井	屋面与 细部元素	冷摊瓦、亮瓦； 局部出檐
功能	住宅	坡屋顶 高空间	√	餐厅		
结构	穿斗木构	阁层空间	√	阁楼	立面开口	门； 窗
平面	天井式	檐下空间	√	局部		
剖面	平层	山体利用			特殊处理	镂空
实测 备注	主街拐角处，朝向特殊；典型室内空间热湿环境对比实测					

（资料来源：刘可、作者绘）

Pearson相关系数验证计算

1. 同一民居不同楼层温湿度Pearson相关系数计算[①]

		夏季室外温度	C2夏季温度	C3夏季温度	C4夏季温度
"夏季室外温度"	Pearson Corr.	1	0.97635*	0.87289*	0.89603*
	p-value	—	3.63803E-288	4.26951E-136	1.01901E-153
"C2夏季温度"	Pearson Corr.	0.97635*	1	0.9254*	0.91959*
	p-value	3.63803E-288	—	2.70173E-183	1.43123E-176
"C3夏季温度"	Pearson Corr.	0.87289*	0.9254*	1	0.91811*
	p-value	4.26951E-136	2.70173E-183	—	6.05945E-175
"C4夏季温度"	Pearson Corr.	0.89603*	0.91959*	0.91811*	1
	p-value	1.01901E-153	1.43123E-176	6.05945E-175	—

（a）夏季

		过渡季室外温度	C2过渡季温度	C3过渡季温度	C4过渡季温度
"过渡季室外温度"	Pearson Corr.	1	0.7194*	0.81946*	0.26626*
	p-value	—	4.69812E-70	5.25486E-106	1.91193E-8
"C2过渡季温度"	Pearson Corr.	0.7194*	1	0.93585*	0.78865*
	p-value	4.69812E-70	—	6.83429E-197	7.148E-93
"C3过渡季温度"	Pearson Corr.	0.81946*	0.93585*	1	0.67509*
	p-value	5.25486E-106	6.83429E-197	—	8.95792E-59
"C4过渡季温度"	Pearson Corr.	0.26626*	0.78865*	0.67509*	1
	p-value	1.91193E-8	7.148E-93	8.95792E-59	—

（b）过渡季

		冬季室外温度	C2冬季温度	C3冬季温度	C4冬季温度
"冬季室外温度"	Pearson Corr.	1	0.79164*	0.81975*	-0.01224
	p-value	—	4.78774E-94	3.84155E-106	0.79968
"C2冬季温度"	Pearson Corr.	0.79164*	1	0.97234*	0.52921*
	p-value	4.78774E-94	—	1.00654E-273	1.50154E-32
"C3冬季温度"	Pearson Corr.	0.81975*	0.97234*	1	0.4687*
	p-value	3.84155E-106	1.00654E-273	—	5.61997E-25
"C4冬季温度"	Pearson Corr.	-0.01224	0.52921*	0.4687*	1
	p-value	0.79968	1.50154E-32	5.61997E-25	—

（c）冬季

		冬季极端室外温度	C2冬季极端温度	C3冬季极端温度	C4冬季极端温度
"冬季极端室外温度"	Pearson Corr.	1	0.78556*	0.85544*	-0.04978
	p-value		1.12107E-91	6.03224E-125	0.30197
"C2冬季极端温度"	Pearson Corr.	0.78556*	1	0.9436*	0.35415*
	p-value	1.12107E-91	—	1.55826E-208	3.27644E-14
"C3冬季极端温度"	Pearson Corr.	0.85544*	0.9436*	1	0.28609*
	p-value	6.03224E-125	1.55826E-208	—	1.39458E-9
"C4冬季极端温度"	Pearson Corr.	-0.04978	0.35415*	0.28609*	1
	p-value	0.30197	3.27644E-14	1.39458E-9	—

（d）冬季低温期

图D.1　同一民居不同楼层各季节温度Pearson相关系数计算
（资料来源：作者绘）

---

① 带星号的都是在95%的置信区间下，认为两者强相关。Pearson相关系数值越大，相关性越大。

		夏季室外湿度	C2夏季湿度	C3夏季湿度	C4夏季湿度
"夏季室外湿度"	Pearson Corr.	1	0.99034*	0.86056*	0.89886*
	p-value	—	0	4.65098E-128	3.67054E-156
"C2夏季湿度"	Pearson Corr.	0.99034*	1	0.87628*	0.91137*
	p-value	0	—	1.87444E-138	6.99946E-168
"C3夏季湿度"	Pearson Corr.	0.86056*	0.87628*	1	0.88104*
	p-value	4.65098E-128	1.87444E-138	—	7.04697E-142
"C4夏季湿度"	Pearson Corr.	0.89886*	0.91137*	0.88104*	1
	p-value	3.67054E-156	6.99946E-168	7.04697E-142	—

（a）夏季

		过渡季室外湿度	C2过渡季湿度	C3过渡季湿度	C4过渡季湿度
"过渡季室外湿度"	Pearson Corr.	1	0.80781*	0.0168	0.321*
	p-value	—	9.27815E-101	0.72765	8.24592E-12
"C2过渡季湿度"	Pearson Corr.	0.80781*	1	0.35294*	0.49764*
	p-value	9.27815E-101	—	4.05841E-14	2.06733E-28
"C3过渡季湿度"	Pearson Corr.	0.0168	0.35294*	1	0.66571*
	p-value	0.72765	4.05841E-14	—	1.23569E-56
"C4过渡季湿度"	Pearson Corr.	0.321*	0.49764*	0.66571*	1
	p-value	8.24592E-12	2.06733E-28	1.23569E-56	—

（b）过渡季

		冬季室外湿度	C2冬季湿度	C3冬季湿度	C4冬季湿度
"冬季室外湿度"	Pearson Corr.	1	0.7625*	0.71199*	0.404*
	p-value	—	2.44624E-83	5.08912E-68	2.16436E-18
"C2冬季湿度"	Pearson Corr.	0.7625*	1	0.93788*	0.75691*
	p-value	2.44624E-83	—	8.48272E-200	1.84267E-81
"C3冬季湿度"	Pearson Corr.	0.71199*	0.93788*	1	0.80917*
	p-value	5.08912E-68	8.48272E-200	—	2.36656E-101
"C4冬季湿度"	Pearson Corr.	0.404*	0.75691*	0.80917*	1
	p-value	2.16436E-18	1.84267E-81	2.36656E-101	—

（c）冬季

		冬季极端室外湿度	C2冬季极端湿度	C3冬季极端湿度	C4冬季极端湿度
"冬季极端室外湿度"	Pearson Corr.	1	0.92118*	0.78067*	0.31841*
	p-value	—	2.31524E-178	7.97329E-90	1.23636E-11
"C2冬季极端湿度"	Pearson Corr.	0.92118*	1	0.85882*	0.44216*
	p-value	2.31524E-178	—	5.48505E-127	4.19114E-22
"C3冬季极端湿度"	Pearson Corr.	0.78067*	0.85882*	1	0.58616*
	p-value	7.97329E-90	5.48505E-127	—	3.22269E-41
"C4冬季极端湿度"	Pearson Corr.	0.31841*	0.44216*	0.58616*	1
	p-value	1.23636E-11	4.19114E-22	3.22269E-41	—

（d）冬季低温期

图D.2　同一民居不同楼层各季节相对湿度Pearson相关系数计算
（资料来源：作者绘）

2. 同一坡屋顶高空间不同高度温湿度Pearson相关系数计算

		室外温度	瓦屋面温度	4m温度	2.5m温度	1m温度
"室外温度"	Pearson Corr.	1	0.9474*	0.96857*	0.94206*	0.92395*
	p-value	—	6.99019E-215	5.75707E-262	4.17646E-206	1.42386E-181
"瓦屋面温度"	Pearson Corr.	0.9474*	1	0.97792*	0.88057*	0.86287*
	p-value	6.99019E-215	—	0	1.54641E-141	1.67651E-129
"4m温度"	Pearson Corr.	0.96857*	0.97792*	1	0.93684*	0.92403*
	p-value	5.75707E-262	0	—	2.72892E-198	1.153E-181
"2.5m温度"	Pearson Corr.	0.94206*	0.88057*	0.93684*	1	0.9775*
	p-value	4.17646E-206	1.54641E-141	2.72892E-198	—	0
"1m温度"	Pearson Corr.	0.92395*	0.86287*	0.92403*	0.9775*	1
	p-value	1.42386E-181	1.67651E-129	1.153E-181	0	—

（a）夏季

		室外温度	4m温度	2.5m温度	1m温度
"室外温度"	Pearson Corr.	1	0.77452*	0.84379*	0.81946*
	p-value	—	1.46054E-87	2.72836E-118	5.25486E-106
"4m温度"	Pearson Corr.	0.77452*	1	0.63927*	0.6412*
	p-value	1.46054E-87	—	5.27396E-51	2.13666E-51
"2.5m温度"	Pearson Corr.	0.84379*	0.63927*	1	0.96515*
	p-value	2.72836E-118	5.27396E-51	—	1.81648E-252
"1m温度"	Pearson Corr.	0.81946*	0.6412*	0.96515*	1
	p-value	5.25486E-106	2.13666E-51	1.81648E-252	—

（b）过渡季

		室外温度	4m温度	2.5m温度	1m温度
"室外温度"	Pearson Corr.	1	0.60533*	0.71359*	0.90773*
	p-value	—	1.54064E-44	1.8792E-68	2.68617E-164
"4m温度"	Pearson Corr.	0.60533*	1	0.67808*	0.70658*
	p-value	1.54064E-44	—	1.78659E-59	1.42069E-66
"2.5m温度"	Pearson Corr.	0.71359*	0.67808*	1	0.87864*
	P-value	1.8792E-68	1.78659E-59	—	3.90682E-140
"1m温度"	Pearson Corr.	0.90773*	0.70658*	0.87864*	1
	p-value	2.68617E-164	1.42069E-66	3.90682E-140	—

（c）冬季

		室外温度	4m温度	2.5m温度	1m温度
"室外温度"	Pearson Corr.	1	0.44714*	0.80467*	0.87772*
	p-value	—	1.26577E-22	2.09682E-99	1.7885E-139
"4m温度"	Pearson Corr.	0.44714*	1	0.30059*	0.42852*
	p-value	1.26577E-22	—	1.79964E-10	1.00991E-20
"2.5m温度"	Pearson Corr.	0.80467*	0.30059*	1	0.89365*
	P-value	2.09682E-99	1.79964E-10	—	1.00377E-151
"1m温度"	Pearson Corr.	0.87772*	0.42852*	0.89365*	1
	p-value	1.7885E-139	1.00991E-20	1.00377E-151	—

（d）冬季低温期

图D.3　同一坡屋顶高空间不同高度各季节温度Pearson相关系数计算

（资料来源：作者绘）

		室外湿度	瓦屋面湿度	4m湿度	2.5m湿度	1m湿度
"室外湿度"	Pearson Corr.	1	0.96386*	0.98135*	0.98379*	0.94615*
	p-value	—	3.87089E-249	0	0	9.83175E-213
"瓦屋面湿度"	Pearson Corr.	0.96386*	1	0.95816*	0.93542*	0.89696*
	p-value	3.87089E-249	—	9.85251E-236	2.78765E-196	1.62918E-154
"4m湿度"	Pearson Corr.	0.98135*	0.95816*	1	0.97352*	0.95631*
	p-value	0	9.85251E-236	—	1.00642E-277	8.73295E-232
"2.5m湿度"	Pearson Corr.	0.98379*	0.93542*	0.97352*	1	0.94062*
	p-value	0	2.78765E-196	1.00642E-277	—	7.01223E-204
"1m湿度"	Pearson Corr.	0.94615*	0.89696*	0.95631*	0.94062*	1
	p-value	9.83175E-213	1.62918E-154	8.73295E-232	7.01223E-204	—

（a）夏季

		室外湿度	4m湿度	2.5m湿度	1m湿度
"室外湿度"	Pearson Corr.	1	0.68602*	0.8078*	0.01688
	p-value	—	2.27714E-61	9.33006E-101	0.7265
"4m湿度"	Pearson Corr.	0.68602*	1	0.80851*	0.17843*
	p-value	2.27714E-61	—	4.58237E-101	1.93212E-4
"2.5m湿度"	Pearson Corr.	0.8078*	0.80851*	1	0.35298*
	p-value	9.33006E-101	4.58237E-101	—	4.03271E-14
"1m湿度"	Pearson Corr.	0.01688	0.17843*	0.35298*	1
	p-value	0.7265	1.93212E-4	4.03271E-14	—

（b）过渡季

		室外湿度	4m湿度	2.5m湿度	1m湿度
"室外湿度"	Pearson Corr.	1	0.65749*	0.74619*	0.90342*
	p-value	—	7.98168E-55	5.36592E-78	3.02232E-160
"4m湿度"	Pearson Corr.	0.65749*	1	0.63334*	0.73918*
	p-value	7.98168E-55	—	8.13954E-50	7.99994E-76
"2.5m湿度"	Pearson Corr.	0.74619*	0.63334*	1	0.88316*
	p-value	5.36592E-78	8.13954E-50	—	1.8656E-143
"1m湿度"	Pearson Corr.	0.90342*	0.73918*	0.88316*	1
	p-value	3.02232E-160	7.99994E-76	1.8656E-143	—

（c）冬季

		室外湿度	4m湿度	2.5m湿度	1m湿度
"室外湿度"	Pearson Corr.	1	0.6353*	0.84254*	0.96423*
	p-value	—	3.30722E-50	1.30673E-117	4.36611E-250
"4m湿度"	Pearson Corr.	0.6353*	1	0.66303*	0.66515*
	p-value	3.30722E-50	—	4.88479E-56	1.64355E-56
"2.5m湿度"	Pearson Corr.	0.84254*	0.66303*	1	0.90943*
	p-value	1.30673E-117	4.88479E-56	—	5.8845E-166
"1m湿度"	Pearson Corr.	0.96423*	0.66515*	0.90943*	1
	p-value	4.36611E-250	1.64355E-56	5.8845E-166	—

（d）冬季低温期

图D.4　同一坡屋顶高空间不同高度各季节相对湿度Pearson相关系数计算
（资料来源：作者绘）

入户访谈问卷（样例）[①]

问卷编号：_____　　记录人：_____　　门牌号：_____　　记录时间：_____

A. 现居住房屋基本信息

1. 您的性别：

☐男　☐女

2. 您的年龄：_____

3. 建筑基本结构：

建筑层数：☐1层　☐2层　☐3层　☐其他_____

结构形式：☐1-穿斗木结构　☐2-砖墙承重结构（砖混、砖木）　☐3-夯土　☐4-石材、混凝土等

_____

墙体材料：☐1-木板　☐2-竹篾墙　☐3-砖墙　☐4-夯土　☐5-石材　☐6-混凝土

屋面形式：☐1-坡屋面　☐2-其他_____

8. 空间使用模式

8.1　在家中从事何种生产活动：☐经营店铺　☐豢养牲畜　☐晾晒农作物　☐食品制作　☐其他及备注
（备注各类活动具体内容）_____

8.2　夏季空间使用模式

	0	1	2	3	4	5	6	7	8	9	10	11	12	13	14	15	16	17	18	19	20	21	22	23
活动内容																								
活动地点																										

8.3　冬季空间使用模式

	0	1	2	3	4	5	6	7	8	9	10	11	12	13	14	15	16	17	18	19	20	21	22	23
活动内容																								
活动地点																										

注：*活动种类：区分做饭、吃饭及具体活动

**活动地点（填写相应字母）：B-卧室；L-起居室/堂屋/店铺；K-厨房；D-餐厅；O-天井/院坝/檐下/街道；
W-卫生间等其他辅助空间

_____

[①] 问卷样例为本研究所属课题实地调研问卷中与本研究相关的问题摘录，因此部分问题编号不连续。

9. 夏季降温方式

	0不使用	1偶尔使用	2经常使用		0不使用	1偶尔使用	2经常使用
空调				冲澡			
风扇				地面洒水			
扇子				喝凉水/冷饮			
户外乘凉				减少衣服			
自然通风				关闭			
减少活动				其他_____			

夏季自然通风时段：

□1.全天　□2.只在白天　□3.只在夜间　□4.短暂时段　□5.不开窗户　□6.其他注明_____

对现有的降温方式是否满意：

□1.满意　□2.不满意

不满的原因（可多选）：□1.操作不方便　□2.不卫生　□3.花销大　□4.效果不好　□5.其他_____

10. 冬季采暖方式

	0不使用	1偶尔使用	2经常使用		0不使用	1偶尔使用	2经常使用
空调				晒太阳/外出			
中型电热器				喝热水			
小型电热器				热水袋			
电热毯				增加衣物			
炭火炉/火盆				洗热水澡			
热水袋/暖宝宝				泡脚			
自然通风				其他_____			
关闭门窗							

冬季自然通风时段：

□1.全天　□2.只在白天　□3.只在夜间　□4.短暂时段　□5.不开窗户　□6.其他注明_____

对现有的采暖方式是否满意：

□1.满意　□2.不满意

不满的原因（可多选）：□1.操作不方便　□2.不卫生　□3.花销大　□4.效果不好　□5.其他_____

11. 整体室内环境质量评价

夏季热环境	夏季白天热感觉	冷 比较冷 有点冷 适中 有点热 比较热 热 -3 -2 -1 0 +1 +2 +3
	夏季夜晚热感觉	冷 比较冷 有点冷 适中 有点热 比较热 热 -3 -2 -1 0 +1 +2 +3
	夏季整体舒适度	舒适 稍不舒适 不舒适 很不舒适 不能忍受 0 1 2 3 4
	夏季整体满意度	不满意 刚好不满意 刚好满意 满意 -1 -0 +0 +1
	夏季希望室内：	□1-凉一些 □2-不变 □3-热一些
冬季热环境	冬季白天热感觉	冷 比较冷 有点冷 适中 有点热 比较热 热 -3 -2 -1 0 +1 +2 +3
	冬季夜晚热感觉	冷 比较冷 有点冷 适中 有点热 比较热 热 -3 -2 -1 0 +1 +2 +3
	冬季整体舒适度	舒适 稍不舒适 不舒适 很不舒适 不能忍受 0 1 2 3 4
	冬季整体满意度	不满意 刚好不满意 刚好满意 满意 -1 -0 +0 +1
	冬季希望室内：	□1-凉一些 □2-不变 □3-热一些
室内空气质量	夏季室内有无异味	无异味 稍有异味 有异味 很大异味 不能忍受的异味 0 1 2 3 4 异味来源：□烧柴 □牲畜棚 □厕所 □其他：_____
	夏季室内气味满意度	不满意 刚好不满意 刚好满意 满意 -1 -0 +0 +1
	冬季室内有无异味	无异味 稍有异味 有异味 很大异味 不能忍受的异味 0 1 2 3 4 异味来源：□烧柴 □牲畜棚 □厕所 □其他：_____
	冬季室内气味满意度	不满意 刚好不满意 刚好满意 满意 -1 -0 +0 +1
光环境	白天室内亮度感觉	很暗 比较暗 不暗也不亮 比较亮 很亮 -2 -1 0 +1 +2
	室内亮度满意度	不满意 刚好不满意 刚好满意 满意 -1 -0 +0 +1
	期望室内白天	□1-暗一些 □2-不变 □3-亮一些
声环境	室内噪声感觉	没有噪声 有轻微噪声 有噪声 有较大噪声 不能忍受的噪声 0 1 2 3 4 噪声来源：□自家其他房间 □邻居家 □街道 □其他_____
	室内噪声满意度	不满意 刚好不满意 刚好满意 满意 -1 -0 +0 +1

［1］ 江亿. 中国建筑节能理念思辨［M］. 北京：中国建筑工业出版社，2016.

［2］ 吴良镛. 乡土建筑现代化，现代建筑地区化——在中国新建筑的探索道路上［J］. 华中建筑，华中建筑，1998（01）：9-12.

［3］ 刘加平，等. 绿色建筑——西部践行［M］. 北京：中国建筑工业出版社，2015.

［4］ 刘加平，陈景衡. 城镇化进程中建筑学研究的新挑战［J］. 新建筑，2017（03）：9-13.

［5］ 刘莹，王竹. 绿色住居地域基因理论研究概论［J］. 新建筑，2003（02）：21-23.

［6］ 王竹，王玲. 绿色建筑体系的导衡机制［J］. 建筑学报，2001（05）：58-59+68.

［7］ 庄惟敏，张维，梁思思. 建筑策划与后评估［M］. 北京：中国建筑工业出版社，2018.

［8］ 刘彦辰，林波荣，洪家杰. 夏热冬暖地区绿色建筑性能后评估研究［J］. 南方建筑，2017（02）：8-13.

［9］ 林波荣. 迈向精细化的绿色建筑设计与运行优化［J］. 南方建筑，2018（02）：7.

［10］ 宋晔皓，王嘉亮，朱宁. 中国本土绿色建筑被动式设计策略思考［J］. 建筑学报，2013（07）：94-99.

［11］ 江亿，林波荣. 住宅节能［M］. 北京：中国建材工业出版社，2006.

［12］ 宋晔皓. 结合自然整体设计——注重生态的建筑设计研究［M］. 北京：中国建筑工业出版社，2000.

［13］ 西安交通大学，西安建筑科技大学，长安大学，住房和城乡建设部科技发展促进中心，中国建筑标准设计研究院有限公司编著. 中国传统建筑的绿色技术与人文理念［M］. 北京：中国建筑工业出版社，2017.

［14］ COCH H. Bioclimatism in vernacular architecture [J]. Renewable and Sustainable Energy Reviews, 1998, (02): 67-68.

［15］ 郝石盟. 民居气候适应性研究［D］. 北京：清华大学，2016.

［16］ 李晓峰. 乡土建筑：跨学科研究理论与方法［M］. 北京：中国建筑工业出版社，2005.

［17］ 单军. 建筑与城市的地区性——一种人居环境理念的地区建筑学研究［M］. 北京：中国建筑工业出版社，2010.

［18］ 唐璞. 住宅建筑在山地城镇设计中的辩证系统观［J］. 四川建筑，1993（03）：2-6.

［19］ 唐璞. 山地住宅建筑［M］. 北京：科学出版社，1995.

［20］ 张利. 山地建成环境的可持续性［J］. 世界建筑，2015（09）：18-19.

［21］ 李先逵. 四川民居［M］. 北京：中国建筑工业出版社，2009.

［22］ 赵万民. 巴渝古镇聚居空间研究［M］. 南京：东南大学出版社，2011.

［23］ 林波荣. 绿色建筑性能模拟优化方法［M］. 北京：中国建材工业出版社，2016.

［24］ Victor Olgyay. Design with Climate: Bioclimatic Approach to Architectural Regionalism [M].

Princeton University Press, New and expended edition, 2015.

[25] Nicol J F, Humphreys M A. Thermal comfort as part of a self-regulating system [J]. Building Research and Practice, 1973, 6 (03).

[26] Brager G S, dE Dear R J. Thermal adaptation in the built environment: a literature review [J]. Energy and Buildings, 1998, 27: 83-96.

[27] 杨柳，闫海燕，茅艳，杨茜. 人体热舒适的气候适应基础 [M]. 北京：科学出版社，2017.

[28] 张利. 舒适：技术性的与非技术性的 [J]. 世界建筑，2015（07）：18-21.

[29] （美）C·亚历山大，等著. 周序鸿，王听度，等译. 李道增，高亦兰，关肇邺，刘鸿滨，等审校. 建筑模式语言——城镇·建筑·构造 [M]. 北京：知识产权出版社，2004.

[30] （英）布赖恩·爱德华兹. 周玉鹏，宋晔皓译. 可持续性建筑 [M]. 北京：中国建筑工业出版社，2003.

[31] （美）米勒DG. 可持续发展的建筑和城市化——概念·技术·实例 [M]. 北京：中国建筑工业出版社，2008.

[32] 阿摩斯·拉普卜特. 常青，等译. 宅形与文化 [M]. 北京：中国建筑工业出版社，2007.

[33] FATHY H. Architecture for the Poor- An experiment in Rural Egypt [M]. Chicago: University of Chicago Press, 1973.

[34] Hassan Fathy. Natural energy and vernacular architecture: principles and examples with reference to hot arid climates [M]. Chicago: Published for the United Nations University by the University of Chicago Press, 1986.

[35] DOLLFUS J G. Les Aspects De L'architecture Populaire dans le Monde [M]. Paris: Editions Albert Morance, 1954.

[36] 夏昌世. 亚热带建筑的降温问题——遮阳·隔热·通风 [J]. 建筑学报，1958（10）：36-39+42.

[37] Charles Correa. Climate Control [J]. Architecture Design, 1969.

[38] Charles Correa. A Place in the Shade: The New Landscape & Other Essays [M]. Berlin: Hatje Cantz, 2012.

[39] OLIVER P. Shelter and Society [M]. London: Frederick A. Praeger, Publishers, 1969.

[40] OLIVER P. Dwellings: The Vernacular House World Wide [M]. London: Phaidon, 2003.

[41] OLIVER P. Encyclopedia of Vernacular Architecture of the World [M]. London: Cambridge University Press, 1997.

[42] 陈伯齐. 天井与南方城市住宅建筑——从适应气候角度探讨 [J]. 华南工学院学报，1965（04）：1-18.

[43] 陆元鼎. 南方地区传统建筑的通风与防热 [J]. 建筑学报，1978（04）：36-41+63-64.

[44] Ian L. McHarg. Design Combines Nature [M]. John Wiley&Sons. Inc, 1992.

[45] 刘加平，张继良. 黄土高原新窑居 [J]. 建设科技，2004（19）：30-31.

[46] 刘加平，何泉，杨柳，等. 黄土高原新型窑居建筑 [J]. 建筑与文化，2007（06）：39-41.

[47] Anh Tuan Nguyen, Nguyen Song Ha Truong, David Rockwood, Anh Dung Tran Le. Studies on sustainable features of vernacular architecture in different regions across the world: A comprehensive synthesis and evaluation, Frontiers of Architectural Research, 2019, 8 (04):

535-548.

[48] Amin Mohammadia, Mahmoud Reza Saghafi, Mansoureh Tahbaz, Farshad Nasrollahi. The study of climate-responsive solutions in traditional dwellings of Bushehr City in Southern Iran [J]. Journal of Building Engineering, Volume 16, 2018 (05): 169-183.

[49] Mobark M. Osman, Harun Sevinc. Adaptation of Climate-Responsive Building Design Strategies and Resilience to Climate Change in the Hot/Arid Region of Khartoum, Sudan [J]. Sustainable Cities and Society, 2019.

[50] Lingjiang Huang, Neveen Hamza, Bing Lan, Dava Zahi. Climate-responsive design of traditional dwellings in the cold-arid regions of Tibet and a field investigation of indoor environments in winter [J]. Energy and Buildings, Volume 128, 2016.

[51] Maria Alejandra Del Rio, Takashi Asawa, Yukari Hirayama, Rihito Sato, Isamu Ohta. Evaluation of passive cooling methods to improve microclimate for natural ventilation of a house during summer [J]. Building and Environment, Volume 149, 2019.

[52] Giovanni Litti, Amaryllis Audenaert. An integrated approach for indoor microclimate diagnosis of heritage and museum buildings: The main exhibition hall of Vleeshuis museum in Antwerp [J]. Energy and Buildings, Volume 162, 2018.

[53] A.M. Broadbent, A.M. Coutts, N.J. Tapper, M. Demuzere, J. Beringer. The Microscale cooling effects of water sensitive urban design and irrigation in a suburban environment [J]. Theoretical and Applied Climatology, 2018 (134).

[54] 齐羚, 马梓烜, 张雨洋, 刘加根. 基于微气候适应性设计的京西南窖乡水峪村山水格局研究 [J]. 风景园林, 2018, 25 (10): 38-44.

[55] 齐羚, 马梓烜, 郭雨萌, 刘加根, 宋志生. 基于微气候适应性设计的天津市蓟州区西井峪村山水格局分析 [J]. 中国园林, 2018, 34 (02): 34-41.

[56] 高源. 西部湿热湿冷地区山地农村传统民居气候适应性建造模式分析 [D]. 西安: 西安建筑科技大学, 2014.

[57] 贾鹏. 陕南山地聚落环境空间形态的气候适应性特点初探 [D]. 西安: 西安建筑科技大学, 2015.

[58] 梁健. 坡地型传统聚落环境空间形态的气候适应性特点初探 [D]. 西安: 西安建筑科技大学, 2014.

[59] 曹萌萌. 靠山型传统聚落环境空间形态的气候适应性特点初探 [D]. 西安: 西安建筑科技大学, 2014.

[60] 翟静. 沟谷型传统聚落环境空间形态的气候适应性特点初探 [D]. 西安: 西安建筑科技大学, 2014.

[61] 张乾. 聚落空间特征与气候适应性的关联研究 [D]. 武汉: 华中科技大学, 2012.

[62] Zujian Huang, Yimin Sun, Florian Musso. Hygrothermal performance optimization on bamboo building envelope in Hot-Humid climate region [J]. Construction and Building Materials, Volume 202, 2019.

[63] Susanne Bodach, Werner Lang, Johannes Hamhaber. Climate responsive building design strategies of vernacular architecture in Nepal [J]. Energy and Buildings, Volume 81, 2014.

[64] Shaoqing Gou, Zhengrong Li, Qun Zhao, Vahid M. Nik, Jean-Louis Scartezzini. Climate responsive strategies of traditional dwellings located in an ancient village in hot summer and

cold winter region of China [J]. Building and Environment, Volume 86, 2015.

［65］陈全荣，李洁. 中国传统民居坡屋顶气候适应性研究［J］. 华中建筑，2013，31（04）：140-142+146.

［66］李道一，张萍，闫海燕. 豫北传统民居院落形制的气候适应性［J］. 绿色科技，2015（09）：291-293.

［67］郝石盟，宋晔皓. 湿热气候下民居天井空间的气候适应机制研究［J］. 动感（生态城市与绿色建筑），2016（04）：22-29.

［68］田银城. 传统民居庭院类型的气候适应性初探［D］. 西安：西安建筑科技大学，2013.

［69］焦胜，柳肃，周建飞，等. 基于气候适应性的湘南天井式民居研究［J］. 建筑热能通风空调，2006（06）：88-91.

［70］Fatemeh Jomehzadeh, Payam Nejat, John Kaiser Calautit, Mohd Badruddin Mohd Yusof, Sheikh Ahmad Zaki, Ben Richard Hughes, Muhammad Noor Afiq Witri Muhammad Yazid. A review on windcatcher for passive cooling and natural ventilation in buildings, Part 1: Indoor air quality and thermal comfort assessment [J]. Renewable and Sustainable Energy Reviews, Volume 70, 2017.

［71］肖毅强，刘穗杰. 岭南传统建筑气候空间的尺度研究［J］. 动感（生态城市与绿色建筑），2015（02）：73-79.

［72］Sanyogita Manu, Gail Brager, Rajan Rawal, Angela Geronazzo, Devarsh Kumar. Performance evaluation of climate responsive buildings in India – Case studies from cooling dominated climate zones [J]. Building and Environment, Volume 148, 2019.

［73］Fang'ai Chi, Iryna Borys, Lei Jin, Zongzhou Zhu, Dewancker Bart. The strategies and effectiveness of climate adaptation for the thousand pillars dwelling based on passive elements and passive spaces [J]. Energy and Buildings, Volume 183, 2019.

［74］Parinaz Motealleh, Maryam Zolfaghari, Mojtaba Parsaee. Investigating climate responsive solutions in vernacular architecture of Bushehr city [J]. HBRC Journal, Volume 14, Issue 2, 2018.

［75］Amin Mohammadia, Mahmoud Reza Saghafi, Mansoureh Tahbaz, Farshad Nasrollahi. The study of climate-responsive solutions in traditional dwellings of Bushehr City in Southern Iran [J]. Journal of Building Engineering, Volume 16, 2018.

［76］陆莹，王冬，毛志睿. 不同气候山地民居被动节能技术适应探索——以云南大理诺邓村和贵州西江千户苗寨为例［J］. 新建筑，2017（04）：96-99.

［77］A.S. Dili, M.A. Naseer, T. Zacharia Varghese. Passive control methods for a comfortable indoor environment: Comparative investigation of traditional and modern architecture of Kerala in summer [J]. Energy and Buildings, Volume 43, 2011.

［78］Maria Philokyprou, Aimilios Michael, Eleni Malaktou, Andreas Savvides. Environmentally responsive design in Eastern Mediterranean. The case of vernacular architecture in the coastal, lowland and mountainous regions of Cyprus [J]. Building and Environment, Volume 111, 2017.

[79] 周婷. 湘西土家族建筑演变的适应性机制研究 [D]. 北京: 清华大学, 2014.

[80] 肖毅强, 林瀚坤. 广州竹筒屋的气候适应性空间尺度模型研究 [J]. 南方建筑, 2013 (02): 82-86.

[81] SALJOUGHINEJAD S, RASHIDI SHARIFABAD S. Classification of climatic strategies, used in Iranian vernacular residences based on spatial constituent elements [J]. Building and Environment, 2015 (92).

[82] GARG V, KOTHARKAR R, SATHAYE J, et al. Assessment of the Impact of Cool Roofs in Rural Buildings in India [J]. Energy and Buildings, 2015.

[83] DU X, BOKEL R, VAN DEN DOBBELSTEEN A. Building microclimate and summer thermal comfort in free-running buildings with diverse spaces: A Chinese vernacular house case [J]. Building and Environment, 2014, 82 (0).

[84] DILI A S, NASEER M A, VARGHESE T Z. Passive environment control system of Kerala vernacular residential architecture for a comfortable indoor environment: A qualitative and quantitative analyses [J]. Energy and Buildings, 2010, 42 (6).

[85] ODACH S, LANG W, HAMHABER J. Climate responsive building design strategies of vernacular architecture in Nepal [J]. Energy and Buildings, 2014, 81 (0).

[86] NGUYEN A-T, TRAN Q-B, TRAN D-Q, et al. An investigation on climate responsive design strategies of vernacular housing in Vietnam [J]. Building and Environment, 2011, 46 (10).

[87] 肖毅强. 亚热带绿色建筑气候适应性设计的关键问题思考 [J]. 世界建筑, 2016 (06): 34-37+127.

[88] 黄凌江, 兰兵. 从地域性到可持续——国外乡土建筑气候适应性研究的发展与启示 [J]. 建筑学报, 2011 (S1): 103-107.

[89] 王朕. 黄河中下游地区民居的气候适应性研究 [D]. 西安: 西安建筑科技大学, 2014.

[90] 李峥嵘, 苟少清, 赵群, 等. 浙江中部古村落传统民居的气候适应性研究 [J]. 太阳能学报, 2014 (08): 1486-1492.

[91] 张颀, 徐虹, 黄琼, 等. 北方古代大空间建筑气候适应性初探 [J]. 新建筑, 2015 (03): 110-115.

[92] 孟昭磊. 南方传统民居的气候适应性探索 [J]. 现代装饰（理论）, 2015 (04): 294.

[93] 施慰. 庭院式民居日照适应性研究 [D]. 上海: 同济大学, 2008.

[94] GHAFFARIANHOSEINI A, BERARDI U, GHAFFARIANHOSEINI A. Thermal performance characteristics of unshaded courtyards in hot and humid climates [J]. Building and Environment, 2015, 87 (0): 154-168.

[95] KHALILI M, AMINDELDAR S. Traditional solutions in low energy buildings of hot-arid regions of Iran [J]. Sustainable Cities and Society, 2014, 13 (0): 171-181.

[96] 李涛, 雷振东. 基于Climate Consultant分析的吐鲁番民居气候适应性设计策略研究 [J]. 世界建筑, 2018 (09): 102-105+120.

[97] 何泉, 王文超, 刘加平, 杨柳. 基于Climate Consultant的拉萨传统民居气候适应性分析 [J]. 建筑科学, 2017, 33 (04): 94-100.

[98] CARDINALE T, BALESTRA A, CARDINALE N. Thermographic Mapping of a Complex

Vernacular Settlement: The Case Study of Casalnuovo District within the Sassi of Matera (Italy)[J]. Energy Procedia, 2015 (76).

[99] 张涛. 国内典型传统民居外围护结构的气候适应性研究 [D]. 西安：西安建筑科技大学，2013.

[100] 闵天怡，张彤. 苏州地区乡土民居"开启"要素的气候适应性浅析 [J]. 西部人居环境学刊，2015，30（02）：25-35.

[101] 李丽雪，徐峰，卢偉松. 湘北传统民居开口方式的气候适应性研究——以岳阳张谷英村传统住宅为例 [J]. 华中建筑，2012（12）：159-164.

[102] 李娟. 皖南传统民居气候适应性技术研究 [D]. 安徽：合肥工业大学，2012.

[103] 高欢. 传统民居的气候适应性研究 [D]. 西安：西安建筑科技大学，2013.

[104] LI Qindi, YOU Ruoyu, CHEN Chun, et al. A field investigation and comparative study of indoor environmental quality in heritage Chinese rural buildings with thick rammed earth wall [J]. Energy and Buildings, 2013 (62).

[105] 陈杰锋. 潮汕传统村落街巷与民居空间系统的自然通风组织研究 [D]. 广州：华南理工大学，2014.

[106] 应丹华. 浙江南部山区传统民居适宜性节能技术提炼与优化 [D]. 杭州：浙江大学，2013.

[107] 张韵. 浙江传统民居遮阳效果模拟评价及设计优化 [D]. 杭州：浙江大学，2015.

[108] 余欣婷. 广府地区传统民居自然通风技术研究 [D]. 广州：华南理工大学，2012.

[109] 曾志辉. 广府传统民居通风方法及其现代建筑应用 [D]. 广州：华南理工大学，2010.

[110] 谢浩. 西藏高海拔地区传统建筑的气候适应性及其发展策略研究 [J]. 四川建筑，2014，34（04）：90-91+93.

[111] 张桂. 海南儒谢村民居可持续改造的适宜设计及技术策略研究 [D]. 北京：清华大学，2015.

[112] 周铁军，王雪松. 基于可持续发展的传统技术现代化 [J]. 华中建筑，2000（02）：11-13.

[113] 何文芳，杨柳，刘加平，等. 秦岭山地生土民居气候适应性再生研究 [J]. 建筑学报，2009（S2）：24-26.

[114] ZHU Xinrong, LIU Jiaping, YANG Liu, et al. Energy performance of a new Yaodong dwelling, in the Loess Plateau of China [J]. Energy and Buildings, Elsevier B.V., 2014, 70: 159-166.

[115] LIU Jiaping, WANG Lijuan, YOSHINO Y, et al. The thermal mechanism of warm in winter and cool in summer in China traditional vernacular dwellings [J]. Building and Environment, Elsevier Ltd, 2011, 46 (8): 1709-1715.

[116] 李愉. 应对气候的建筑设计——在重庆湿热山地条件下的研究 [D]. 重庆：重庆大学，2006.

[117] 李强. 结合湿热气候的建筑形体设计 [D]. 重庆：重庆大学，2004.

[118] 张彤. 空间调节——绿色建筑的需求侧调控 [J]. 城市环境设计，2016（03）：353+352.

[119] 张彤. 空间调节——中国普天信息产业上海工业园智能生态科研楼的被动式节能建筑设计 [J]. 动感（生态城市与绿色建筑），2010（01）：82-93.

[120] 饶永. 徽州古建聚落民居室内物理环境改善技术研究 [D]. 南京：东南大学，2017.

[121] LI Qindi, SUN Xiao, CHEN Chun, et al. Characterizing the household energy consumption in heritage Nanjing Tulou buildings, China: A comparative field survey study [J]. Energy and Buildings, 2012, (49).

［122］刘晶. 夏热冬冷地区自然通风建筑室内热环境与人体热舒适的研究［D］. 重庆：重庆大学，2007.

［123］茅艳. 人体热舒适气候适应性研究［D］. 西安：西安建筑科技大学，2007.

［124］刘红. 重庆地区建筑室内动态环境热舒适研究［D］. 重庆：重庆大学，2009.

［125］曹彬. 气候与建筑环境对人体热适应性的影响研究［D］. 北京：清华大学，2012.

［126］金振星. 不同气候区居民热适应行为和热舒适区研究［D］. 重庆：重庆大学，2011.

［127］李兆坚，轩志勇，刘岩云，邱一男. 住宅空调行为调查的现状与问题分析［J］. 暖通空调，2018，48（05）：9-16.

［128］朱光俊，张晓亮，燕达. 住宅建筑采暖空调能耗模拟方法的研究［J］. 重庆建筑大学学报，2006（06）：95-98.

［129］Chenchen Xu, Shuhong Li, Xiaosong Zhang, Suola Shao. Thermal comfort and thermal adaptive behaviours in traditional dwellings: A case study in Nanjing, China [J]. Building and Environment, 2018 (142).

［130］杨真静，田瀚元. 巴渝地区夯土民居室内热环境［J］. 土木建筑与环境工程，2015（06）：141-146.

［131］杨真静，熊珂. 巴渝传统民居的可持续更新改造——以重庆安居古镇典型民居为例［J］. 西部人居环境学刊，2016，31（02）：85-88.

［132］熊珂. 重庆场镇型传统民居室内热环境优化适宜技术研究——以安居古镇典型民居为例［D］. 重庆：重庆大学，2017.

［133］缪佳伟. 重庆地区传统民居通风优化策略研究［D］. 重庆：重庆大学，2014.

［134］翟逸波. 重庆地区传统民居光环境优化设计策略研究［D］. 重庆：重庆大学，2014.

［135］刘江乔. 基于巴渝传统民居被动式降温模式的村镇住区设计研究［D］. 重庆：重庆大学，2014.

［136］王莺. 重庆传统民居适应气候的建造措施初探［J］. 小城镇建设，2003（03）：57-60.

［137］王显英. 川西民居气候适应性设计策略与应用研究［D］. 成都：西南交通大学，2013.

［138］王文婧. 重庆地区乡土建筑气候适应性研究［J］. 四川建筑，2011（05）：10-12.

［139］任鑫佳. 改善重庆地区村镇住宅热湿环境的节能围护结构研究［D］. 重庆：重庆大学，2010.

［140］卢峰. 重庆地区建筑创作的地域性研究［D］. 重庆：重庆大学，2004.

［141］赵霞，徐明. 重庆市长寿区总体风貌规划设计［J］. 城市规划通讯，2012（15）：15-16.

［142］魏猛. 场所感受视角下的历史街区文脉影响研究——基于重庆市三倒拐历史街区的实证分析［C］. 中国城市科学研究会，江苏省住房和城乡建设厅，苏州市人民政府. 2018城市发展与规划论文集. 中国城市科学研究会，江苏省住房和城乡建设厅，苏州市人民政府：北京邦蒂会务有限公司，2018：733-739.

［143］牟红. 打造长寿旅游规划形象战略［J］. 桂林旅游高等专科学校学报（城市规划通讯），2002（03）：49-54.

［144］赵万民，彭薇颖，黄勇. 基于社会网络重建的历史街区保护与更新研究——以重庆市长寿区三倒拐历史街区为例［J］. 规划师，2008（02）：9-13.

［145］张飞. 长寿三道拐，拐进时间的空隙安放心灵［J］. 中国西部，2011（22）：214.

［146］偶春，姚侠妹，张建林. 山地城市绿地生态系统规划研究——以重庆长寿区为例［C］. 2013中国城市会话年会论文集.

［147］闵天怡. 生物气候地方主义建筑设计理论与方法研究［J］. 生态城市与绿色建筑. 2017（04）: 97-104.

［148］（日）日本建筑学会编. 李逸定，胡惠琴译. 设计中的建筑环境学［M］. 北京: 中国建筑工业出版社，2015.

［149］杨柳. 建筑气候分析与设计策略研究［D］. 西安: 西安建筑科技大学，2003.

［150］杨柳. 建筑气候学［M］. 北京: 中国建筑工业出版社，2010.

［151］朱颖心. 建筑环境学［M］. 北京: 中国建筑工业出版社，2010.

［152］黑岛晨汛. 朱世华，等译. 环境生理学［M］. 北京: 海洋出版社，1986.

［153］ Givoni B. Man, Climate and Architecture [M]. 2th edition. London: Applied Science, 1976.

［154］Givoni B. Comfort, climate analysis and building design guidelines [J]. Energy and Buildings, 1992, 18 (1).

［155］MEIR I A, PEARLMUTTER D, ETZION Y. On the microclimatic behavior of two semi-enclosed attached courtyards in a hot dry region [J]. Building and Environment, 1995, 30 (4).

［156］Prosser C L. Physiological adaptation [M]. Washington: American Physiological Society, 1958.

［157］Goldsmith R. Acclimatisation to cold in man—Fact or fiction? Heat loss from animals and man: Assessment and control [C]. Proceeding of the 20th Easter School in Agricultural Science, University of Notting ham. London, 1974.

［158］Humphreys M A. Outdoor temperatures and comfort indoors [J]. Building Research Practice, 1978 (6).

［159］Chatonnet J, Cabanac M. The perception of thermal comfort [J]. International Journal of Biometeorology, 1965, 9 (2):183-193.

［160］Humphreys M A, Nicol J F. An adaptive guideline for UK office temperatures [G]// Nicol J F, Humphreys M A, Sykes O, et al. Standards for thermal comfort. London: E and FN Spon, 1995.

［161］Nicol J F. Humphreys M A. Adaptive thermal comfort and sustainable thermal standard for buildings [J]. Energy and Buildings, 2002 (34).

［162］Salman Shooshtarian, Priyadarsini Rajagopalan, Amrit Sagoo. A comprehensive review of thermal adaptive strategies in outdoor spaces [J]. Sustainable Cities and Society, Volume 41, 2018.

［163］Salman Shooshtarian. Theoretical dimension of outdoor thermal comfort research [J]. Sustainable Cities and Society, Volume 47, 2019.

［164］Baker N, Standeven M. Comfort criteria for passively cooled buildings a PASCOOL task [J]. Renewable Energy, 1994 (5).

［165］N. Baker, M. Standeven. Thermal comfort for Free-running buildings [J]. Energy and Buildings, 1996 (23).

［166］M. Nikolopoulou, K. Steemers. Thermal comfort and psychological adaptation as a guide for designing urban spaces [J]. Energy and Buildings, 2003 (35).

［167］Gerlach K A. Environmental design to counter thermal boredom [J]. J Arch Res, 1974, 3:15-19.

［168］Webb C G. An analysis of some observations of thermal comfort in an equatorial climate [J]. British Journal of Industrial Medicine, 1959, 16: 297-310.

［169］Auliciems A. Air conditioning in Australia III: Thermobile controls [J]. Architectural Science Review, 1986, 33:43-48.

［170］A.M. Broadbent, A.M. Coutts, N.J. Tapper, M. Demuzere, J. Beringer. The Microscale cooling effects of water sensitive urban design and irrigation in a suburban environment [J]. Theoretical and Applied Climatology, 2018, 134: 1-23.

［171］鲁道夫斯基. 没有建筑师的建筑［M］. 天津：天津大学出版社，2011.

［172］OLIVER P. Built to Meet Needs: Cultural Issues in Vernacular Architecture [M]. Oxford: Architectural Press, 2006.

［173］BROWN G Z. Sun Wind and Light: architectral design strategies [J]. New York: John Wiley and Sons, 2001.

［174］（美）比尔·华莱士著. 刘加平，孙婧，梁蕾译. 可持续发展之路：工程师手册［M］. 北京：中国建筑工业出版社，2008.

［175］刘念雄，秦佑国. 建筑热环境［M］. 北京：清华大学出版社，2005.

［176］朱鹏飞主编. 建筑生态学［M］. 北京：中国建筑工业出版社，2011.

［177］顾朝林主编. 人文地理学导论［M］. 北京：科学出版社，2012.

［178］OIKONOMOU A, BOUGIATIOTI F. Architectural structure and environmental performance of the traditional buildings in Florina, NW Greece [J]. Building and Environment, 2011, 46 (3): 669-689.

［179］DILI A S, NASEER M A, VARGHESE T Z. Passive control methods of Kerala traditional architecture for a comfortable indoor environment: A comparative investigation during winter and summer [J]. Building and Environment, 2010, 45 (5): 1134-1143.

［180］闫海燕. 基于地域气候的适应性热舒适研究［D］. 西安：西安建筑科技大学，2013.

［181］GOU Shaoqing, LI Zhengrong, ZHAO Qun, et al. Climate responsive strategies of traditional dwellings located in an ancient village in hot summer and cold winter region of China [J]. Building and Environment, 2015, 86 (0): 151-165.

［182］SINGH M K, MAHAPATRA S, ATREYA S K. Thermal performance study and evaluation of comfort temperatures in vernacular buildings of North-East India [J]. Building and Environment, Elsevier Ltd., 2010, 45 (2): 320-329.

［183］OOKA R. Field study on sustainable indoor climate design of a Japanese traditional folk house in cold climate area [J]. Building and Environment, Elsevier, 2002, 37 (3): 319‐329.

［184］RIJAL H B, YOSHIDA H, UMEMIYA N. Seasonal and regional differences in neutral temperatures in Nepalese traditional vernacular houses [J]. Building and Environment, Elsevier Ltd., 2010, 45 (12): 2743-2753.

［185］BORONG L, GANG T, PENG W, et al. Study on the thermal performance of the Chinese traditional vernacular dwellings in Summer [J]. Energy and Buildings, 2004, 36 (1).

[186] 中国气象局，清华大学. 中国建筑热环境分析专用气象数据集［M］. 北京：中国建筑工业出版社，2005.

[187] 中华人民共和国住房和城乡建设部. 建筑采光设计标准GB5003-2013［S］. 北京：中国建筑工业出版社，2013.

[188] 中华人民共和国住房和城乡建设部，中华人民共和国国家质量监督检验检疫总局联合发布. 民用建筑热工设计规范GB50176-2016［S］. 北京：中国建筑工业出版社，2016.

[189] 重庆市城乡建设委员会. 重庆市工程建设标准. 居住建筑节能65%（绿色建筑）设计标准DBJ 50-071-2016［S］.

[190] 重庆市城乡建设委员会. 重庆市工程建设标准. 绿色建筑评价标准DBJ 50/T-066-2014［S］.

[191] 中华人民共和国住房和城乡建设部. 夏热冬冷地区居住建筑节能设计标准JGJ 134-2010［S］. 北京：中国建筑工业出版社，2010.

[192] California Energy Commission. CEC-400-2012-004-CMF-REV2, 2013 Building Energy Efficiency Standards for Residential and Nonresidential Buildings [S]. Sacramento: California Energy Commission, 2012.

[193] ASHRAE. ASHRAE Standard 55-2013, Thermal Environmental Conditions for Human Occupancy [S]. Atlanta: ASHRAE, Inc., 2013.

[194] ASHRAE. Chapter 8, Thermal Comfort, ASHRAE Handbook of Fundamentals [S]. Atlanta: ASHRAE, Inc., 2005.

[195] ASHRAE. ASHRAE Standard 55-2010, Thermal Environmental Conditions for Human Occupancy [S]. Atlanta: ASHRAE, Inc. , 2009.

[196] 中华人民共和国国家质量监督检验检疫总局，中国国家标准化管理委员会联合发布. 采光测量方法GB/T 5699-2017［S］.

[197] 中华人民共和国住房和城乡建设部. 民用建筑室内热湿环境评价标准GB/T 50785-2012［S］. 北京：中国建筑工业出版社，2012.

[198] 姚青石. 川渝地区传统场镇空间环境特色及其保护策略研究［D］. 重庆：重庆大学，2015.

[199] 林波荣. 绿化对室外热环境影响的研究［D］. 北京：清华大学，2004.

[200] 李畅. 乡土聚落景观的场所性诠释——以巴渝沿江场镇为例［D］. 重庆：重庆大学，2015.

[201] 周玮佳. 巴蜀传统场镇交易空间演进研究［D］. 重庆：重庆大学，2015.

[202] 李欣蔚. 渝东南土家族传统民居的夏季自然通风技术研究［D］. 重庆：重庆大学，2016.

[203] 铁雷，赵一舟. 建筑的偶然性与创造性——民族聚居区建筑的实用性原则研究［J］. 住区，2018（01）：127-131.

[204] 吴勇. 山地城镇空间结构演变研究——以西南地区山地城镇为主［D］. 重庆：重庆大学，2012.

[205] 肖竞. 西南山地历史城镇文化景观演进过程极其动力机制研究［D］. 重庆：重庆大学，2015.

[206] 中国建筑学会建筑物理分会建筑热工与节能委员会，中国建筑西南设计研究院有限公司，四川省绿色建筑与节能青年委员会编. 低能耗宜居建筑营造理论与实践：2017全国建筑热工与节能学术会议论文集［M］. 成都：西南交通大学出版社，2017.

[207] Ethnoarch. What is vernacular architecture [EB/OL]. (2006-05-29) [2015-09-25]. http://

www.vernaculararchitecture.com/.

[208] 王立雄，党睿. 建筑节能 [M]. 北京：中国建筑工业出版社，2015.

[209] 林波荣，谭刚，王鹏，等. 皖南民居夏季热环境实测分析 [J]. 清华大学自然科学学报（自然科学版），2002，42（08）：1071-1074.

[210] DABAIEH M, WANAS O, HEGAZY M A, et al. Reducing cooling demands in a hot dry climate: A simulation study for non-insulated passive cool roof thermal performance in residential buildings [J]. Energy and Buildings, 2015, 89 (0):142-152.

[211] MISSOUM M, HAMIDAT A, LOUKARFI L, et al. Impact of rural housing energy performance improvement on the energy balance in the North-West of Algeria [J]. Energy and Buildings, 2014, 85 (0): 374-388.

[212] 卢鹏，周若祁，刘燕辉. 以"原型"从事"转译"——解析建筑节能技术影响建筑形态生成的机制 [J]. 建筑学报，2007（03）：72-74.

致谢

衷心感谢导师单军教授，单老师在本研究选题的前瞻性、框架思路的逻辑性及成果细节的缜密性等方面给予了悉心指导，同时，单老师先进的建筑理念、独到的学术视角和深厚的理论功底为本书撰写提供了极大的帮助与镜鉴。

衷心感谢联合导师林波荣教授在绿色建筑理念与技术等方面的详细指导，使得基于大量物理环境实测数据的量化分析成为本研究的核心内容和重要创新点。

衷心感谢庄惟敏院长、王路老师、宋晔皓老师、崔彤老师、范霄鹏老师、李兴钢老师、张弘老师对本研究的指导与建议。

感谢重庆市长寿区规划局、文化局、档案馆为本研究提供的资料与帮助。感谢长寿区区政府、管委会和龙河镇政府给予本研究的实践机会。感谢重庆大学建筑城规学院、四川美术学院，以及杜春兰老师、杨真静老师、黄勇老师、段胜峰老师、黄红春老师、刘涛老师为本研究提供的基础分析资料及研究建议。感谢参与实地测试和实践的诸位同学。感谢曹彬师兄、张德银师兄、孙诗萌师姐以及刘可、连路、杜顿康、何可、梁月冰、陈洪忠、耿阳等诸位同门对本研究的帮助。

在美国迈阿密大学建筑学院任教期间，感谢Rudolphe院长给予的教学实践机会和研究指点，感谢Teofilo教授和Adib教授对本研究的建议与启发。

本书承蒙国家自然科学基金青年项目（52008276）、重庆市艺术科学研究规划重点项目（20DZ02）、四川美术学院设计学一流学科建设基金资助，特此致谢。